"室内设计方法"教材

室内设计原理

蒲　波◎著

中国纺织出版社有限公司

图书在版编目（CIP）数据

室内设计原理 / 蒲波著 . -- 北京 : 中国纺织出版
社有限公司 , 2022.10
"室内设计方法"教材
ISBN 978-7-5180-9821-7

Ⅰ . ①室… Ⅱ . ①蒲… Ⅲ . ①室内装饰设计—教材
Ⅳ . ①TU238.2

中国版本图书馆 CIP 数据核字（2022）第 158797 号

责任编辑：赵晓红　　责任校对：高　涵　　责任印制：储志伟

中国纺织出版社有限公司出版发行
地址：北京市朝阳区百子湾东里 A407 号楼　　邮政编码：100124
销售电话：010—67004422　　传真：010—87155801
http://www.c-textilep.com
中国纺织出版社天猫旗舰店
官方微博 http://weibo.com/2119887771
北京虎彩文化传播有限公司印刷　　各地新华书店经销
2022 年 10 月第 1 版第 1 次印刷
开本：710×1000　1/16　印张：14.75
字数：234 千字　定价：98.00 元

凡购本书，如有缺页、倒页、脱页，由本社图书营销中心调换

前 言

随着社会经济的不断发展,室内设计也在发生变化。无论是设计理念、设计方法,还是装饰材料、施工工艺,都在不断地发展、更新。同时,室内设计市场也逐步走向规范化,对职业设计师的要求也越来越高。在高校转型发展的背景下,为社会培养具有较高专业素质的应用型室内设计人才是高等艺术设计院校教学的根本目标。

室内设计可以追溯到史前时代,绵延数千年的建筑室内设计成为人类文化的纪念碑。完美的建筑必定是室内外空间与环境的整合,室内空间是从建筑环境空间的宏观尺度转化为人的尺度的核心。由于社会生产、生活方式和自然环境的差异,不同时代的宗教、社会、文化、艺术、审美和科学技术对室内设计产生了根本性的影响,而不同的建筑类型和功能也产生了丰富多彩的室内空间。

室内设计是建筑设计的一个重要组成部分,同古老的建筑设计一样,室内设计历史悠久,源远流长。随着社会的不断发展,人们已经认识到,知识经济体系的变化将使我们以新的姿态来面临21世纪的挑战,科学技术的革命将不断地引起边缘学科的产生。因此,专业与专业之间的相互渗透、相互介入及相互融合已成为时代发展的必然。随着建筑内部空间不断扩大,使用功能日趋复杂,对室内设计也提出了全新的要求。因此,室内设计出现了前所未有的新发展,并逐渐成为建筑设计中一个独立的分支。

室内设计是人们根据建筑空间的使用性质,运用物质技术手段,创造出功能合理、舒适优美的室内环境,以满足人们的物质与精神需求而进行的空间创造活动。室内设计所创造的空间环境既有使用价值,又能满足相应的功能要求,同时也反映了历史文脉、建筑风格、环境气氛等精神因素。"创造出满足人们物质和精神生活需求的室内环境"是室内设计的目的。现代室内设计是综合的室内环境设计,它既包括视觉环境和工程技术方面的问题,也包括声、光、热等物理环境,以及氛围、意境等心理环境和文化内涵等内容。

室内设计的主要目的就是要创造舒适美观的室内环境,满足人们多元化的物质和精神需求,确保人们在室内的安全和身心健康,综合处理人与环境、人际交往等多种关系,科学地了解人们的生理、心理特点和视觉感受对室内环境设计的影响。

蒲波

2022 年 4 月

目 录

第一章　室内设计概述

第一节　室内设计的内涵

一、设计的界定

"设计"最早出现于《牛津英文词典》,其解释为:为艺术品……(或是)应用艺术的物件所做的最初绘画的草稿,它规范了一件作品的完成。《牛津现代英汉双解大词典》对其是这样解释的:设计,是欲生产出物体的草图、纹样与概念;是图画、书籍、建筑物和机械等的平面安排和布局;是目的、意向和计划。我国1980年出版的《辞海·艺术分册》是这样解释设计的,广义指一切造型活动的计划,狭义专指图案装饰。这些是早期的设计概念❶。

现代设计大师蒙荷里·纳基曾经指出:"设计并不是对制品表面的装饰,而是以某一目的为基础,将社会、人类、经济、技术、艺术、心理等多种因素综合起来,使其能纳入工业生产的轨道,对制品的这种构思和计划技术即设计。"我国尹定邦教授在回答记者的时候曾说:"设计是一个大的概念,目前学术界还没有统一的定义。从广义来说,设计其实就是人类把自己的意志加在自然界之上,用以创造人类文明的一种广泛的活动。任何生产都有一个理想目标,设计就是用来确定这个理想目标的手段,是生产的第一个环节。设计后面必须有批量生产、规模生产,否则设计就失去了意义,这也是社会进步的体现。"由此可以看出,设计的目的是为人们服务的,是为了满足人各方面的需要。可见,设计并不局限于对物象外形的美化,而是有明确的功能目的的,设计的过程正是把这种功能目的转化到具体对象上去。据此,可以对其进行相关定义:设计是根据一定的步骤,按照预期的意向谋求新的形态与组织,并满足特定的功能要求的过程,是将一种计划、规划、设想通过视觉的形式传达出来的活动过程。人类通过劳动改造世界,创造文明,创造物质财富与精神财富,而最基础、最主要的创造

---

❶朱亚明.室内设计原理与方法[M].长春:吉林美术出版社,2019.

活动是造物。设计便是造物活动所进行的预先计划,我们可以把任何造物活动的计划技术和计划过程都理解为设计。

设计就是设想、运筹、计划与预算,它是人类为实现某种特定目的而进行的创造性活动。设计只不过是人在理智上具有的,在心里所想象的,建立于理论之上的那个概念的视觉表现和分类。设计不仅通过视觉的形式传达出来,还会通过听觉、嗅觉、触觉传达出来,营造出一定的感官感受。设计与人类的生产、生活密切相关,它是把各种先进技术成果转化为生产力的一种手段和方法。设计是创造性劳动,设计的本质是创新,其目的是实现产品的功能,建立性能好、成本低、价值高的系统和结构,以满足人类社会不断增长的物质和文化需要。设计体现在人类生产生活的各个方面,包括人类的一切创造性行为活动,如产品设计、视觉传达设计、服装设计、建筑设计、室内设计等。设计是连接精神文明与物质文明的桥梁,人类寄希望于设计来改善自身的生存环境。

二、室内设计的概念和特点

(一)室内设计的界定

室内设计是人们按照建筑空间的使用性质,运用物质技术手段,创造出功能合理、舒适优美的室内环境,以满足人们的物质与精神需求而进行的空间创造活动。室内设计所创造的空间环境既有使用价值,又能满足相应的功能要求,同时也反映了历史文脉、建筑风格、环境气氛等精神因素。"创造出满足人们物质和精神生活需求的室内环境"是室内设计的目的。现代室内设计是综合的室内环境设计,它包括视觉环境和工程技术方面的问题,也包括声、光、热等物理环境,以及氛围、意境等心理环境和文化内涵等内容。

关于室内设计,中外优秀的设计师有许多好的观点和看法。建筑师戴念慈先生认为:"室内设计的本质是空间设计,室内设计就是对室内空间的物质技术处理和美化。"建筑师普拉特纳则认为:"室内设计比包容这些内部空间的建筑物要困难得多,这是因为在室内你必须更多地同人打交道,研究人们的心理因素,以及如何能使他们感到舒适、兴奋。经验证明,这比同结构、建筑体系打交道要费心得多,也要求有更加专门的训练。"美国前室内设计协会主席亚当认为:"室内设计的主要目的是给予各种处在室内环境中的人以舒适和安全,因此室内设计与生产、生活息息相关,室内设计不能脱离生活,盲目地运用物质材料去粉饰空间。"建筑师E.巴诺玛列娃认为:"室内设计应该以满足人在室内的生产、生活需求,以功能的实用性为设计的主要目的。"

(二)室内设计的特点

室内设计是一门综合性学科,其所涉及的范围非常广泛,包括声学、力学、光学、美学、哲学、心理学和色彩学等知识。它具有如下鲜明的特点:

1.室内设计强调"以人为本"的设计宗旨

室内设计的主要目的就是创设舒适而又美观的室内环境,来满足人们多元化的物质与精神需求,保障人们在室内的安全和身心健康,综合处理人与环境、人际交往等多种关系,科学地了解人们的生理、心理特点和视觉感受对室内环境设计的影响。

2.室内设计是工程技术与艺术的结合

室内设计强调工程技术和艺术创造的相互渗透与结合,运用各种艺术和技术手段,使设计达到最佳的空间效果,创造出令人愉悦的室内空间环境。科学技术不断进步,使人们的价值观和审美观产生了较大的改变,对室内设计的发展起到了积极的推动作用。新材料、新工艺的不断涌现和更新,为室内设计提供了无穷的设计素材和灵感。运用这些物质、技术手段结合艺术的美学,创造出具有表现力和感染力的室内空间形象,使得室内设计更加为大众所认同和接受。

3.室内设计是一门可持续发展的学科

室内设计的一个显著特点就是它对由于时间的推移而引起的室内功能的改变显得特别突出和敏感。当今社会生活节奏日益加快,室内的功能也趋于复杂和多变,装饰材料、室内设备的更新换代也不断加快,室内设计的"无形折旧"更趋明显,人们对室内环境的审美也随着时间的推移而不断改变。这就要求室内设计师必须时刻站在时代的前沿,创造出具有时代特色和文化内涵的室内空间。

三、室内设计的基本要素

(一)空间要素

空间的合理化给人们以美的感受是设计基本的任务。设计师应该勇于探索时代、技术赋予空间的新形象,不要拘泥于过去形成的空间形象。

(二)色彩要求

室内色彩除了对视觉环境产生影响以外,还会直接影响到人们的情绪和心理。科学用色有利于工作,有助于健康。色彩处理得当既能符合功能要求,又能取得美的效果。室内色彩除了必须遵守一般的色彩规律外,还应随着时代审美观的变化而有所不同。

(三)光影要求

人类喜爱大自然的美景,常常把阳光直接引入室内,以消除室内的黑暗感和封闭感,特别是顶光和柔和的散射光,使室内空间更为亲切自然。光影的变换,使室内空间更加丰富多彩,给人以多种感受。

(四)千变万化要素

室内整体空间中不可缺少的建筑构件,如柱子、墙面等,结合功能需要加以装饰,可共同构成完美的室内环境。充分利用不同装饰材料的质地特征,可以获得千变万化和不同风格的室内艺术效果,同时还能体现各个地区的历史文化特征。

(五)陈设要素

室内家具、地毯、窗帘等均为生活必需品,其造型往往具有陈设特征,起着装饰作用。实用和装饰二者应互相协调,目的是使功能和形式统一而有变化,使室内空间舒适得体,富有个性。

(六)绿化要素

室内设计中绿化已成为改善室内环境的重要手段。室内移花栽木,利用绿化以沟通室内外环境,对扩大室内空间感及美化空间均起着积极的作用。

四、室内设计的基本原则

(一)功能性原则

室内设计的本质任务就是为使用者提供便于使用的室内空间和环境,通过技术处理保护结构,并对室内空间进行装饰。在室内的设计中功能与装饰需要进行有机的结合,在保证使用功能的前提下,进行装饰和美化。以室内装饰构件为例,踢脚线是为了防止清洁地面及其他撞击对墙脚的损坏而设置的;墙面的壁纸及乳胶漆等饰面处理除了满足装饰效果的需要,更是为了保护墙面而设计的;不同性质的空间,根据要求使用的需要进行不同单元的划分。因此,室内设计中功能性原则居于首位。

1.满足使用功能的要求

使用功能是具有物质使用意义的功能,它的特性通常带有客观性。根据使用者的使用功能不同,能够提供相应服务空间的使用功能也有所不用。使用功能是空间设计的前提,根据使用的特点和行为的特征进行组织和安排,能够使使用功能得到更合理的体现。特别是在厨房的设计中,洗菜、切菜操作、烹饪按照顺序进行安排相应的功能,如果距离较远或者距离过于紧凑都会影响正常使用功能的发挥,因此在使用功能的设计中,动作流线的组织、使用功能的布置十分重要。

2.满足基本功能的要求

基本功能是与对象的主要目的直接有关的功能,是对象存在的主要理由。居住空间中卧室、客厅分别满足的是对象睡眠和会客的作用;餐饮空间中就餐区和厨房担任的是就餐和烹饪的功能;商业空间则是满足了使用者消费和休闲的需求等。

3.满足辅助功能的要求

辅助功能是为更好地实现基本功能而服务的功能,是对基本功能起辅助作用的功能,对心理需求和人体工程学的要求均属于辅助功能中的重要内容。一般情况下,人的活动有聚集、从众、捷径及安全距离的心理因素。在室内设计中,将心理因素与人体工程学的因素进行综合考虑,使室内空间更加合理。

(二)安全性原则

在满足空间功能性的条件下,室内空间必须是安全的。这种安全性不仅体现在尺度和构件的合理设计中,室内环境也需要安全可靠的保障。在幼儿园设计中,栏杆之间的宽度要小于0.11米,目的就是保证行为不定的儿童安全的要求而进行考虑的尺度。近年来,由于人们对环保和绿色理念的关注,在室内装修施工过程中装饰材料的环保问题受到大量关注。装饰材料是否环保,以及设计时大量辐射材质的应用是否适宜,直接关系着室内环境是否适宜进行使用。特别是老年人和孩子,身体抵抗能力较弱、对室内环境的敏感程度较高,室内空间的安全性成为人们关注的重点。

除了室内设计中使用的材料和结构构件的安全性外,其他构成要素的安全性也十分重要。例如,在室内设计中绿化的选择上,如果不加以甄别,很多不利于人们生活的绿化反而会使室内空间变得不安全。再如,在室内种植夜来香,当夜来香夜间停止光合作用时,会排出大量有害气体,使居室内的人血压升高,心脏病患者感到胸闷,长久闻之会使高血压和心脏病患者病情加重。很多人对室内色彩也存在一定的感觉差异。有试验表明,以红色为基调的室内设计比以蓝色为基调的室内设计视觉温差达到2度,对于不同体质的人会有不同的影响。

(三)可行性原则

设计方案最终要通过施工才能得以实现,如果设计方案中出现大量无法实现的内容,设计就会脱离实际,成为一纸空谈。同时,设计技术的关键环节和重要节点,需要专业的施工人员对设计师的设计图纸表达的内容进行全面的理解,否则会出现设计与效果之间较大偏差的情况。设计的可行性包括设计要符合现实技术条件、国家的相关规范、设计施工技术水平和能力的标准,才能保证设计的完成。

(四)经济性原则

经济性是室内设计中一个十分重要的原则,针对同一个方案,十万元可以进行装修,一百万元同样也可以进行装修。采用什么样的标准来进行设计,不同的需求在设计中会有不同的价值体现,只有符合需求的适用性方案才能保证工程的顺利进行。在设计方案阶段遵循经济适用性原则,设计师能够根据使用者提供的经济标准,进行设计内容的组合,在保证艺术效果的同时,还能避免资金浪费,从而保证使用者需求的最优化实现。

第二节 室内设计的发展

一、国内室内设计的发展

在原始社会中,西安半坡村的方形、圆形居住空间,已经考虑根据使用需求把室内做出分隔,使入口和火炕的位置布置合理。方形居住空间近门的火炕安排有进风的浅槽,圆形居住空间入口处两侧也设置有起引导气流作用的短墙。

早在原始氏族社会的居室里,已经有人工做成的平整光洁的石灰质地面,在新石器时代的居室遗址里面,还留有修饰精细、坚硬美观的红色烧土地面。即便是原始人穴居的洞窟里面,洞壁而上也已经绘有兽形与围猎的图形。也就是说,在人类建筑活动的初始阶段,人们就已经开始对"使用和氛围""物质和精神"两方面的功能同时给予关注了。

商朝的宫室,从出土遗址显示,建筑空间秩序井然、严谨规整,宫室中装饰着朱彩木料、雕饰白石,柱下置有云雷纹的铜盘。到了秦时的阿房宫与西汉的未央宫,虽然宫室建筑已经荡然无存,但是从文献的记载,从出土的瓦当、器皿等实物的制作,以及从墓室石刻精美的窗棂、栏杆的装饰纹样来看,毋庸置疑,当时的室内装饰已经相当精细和华丽。

春秋时期思想家老子在《道德经》中曾经提出:"凿户牖以为室,当其无,有室之用。故有之以为利,无之以为用。"形象生动地论述了"有"与"无"、围护与空间的辩证关系,也提示了室内空间的围合、组织和利用是建筑室内设计的核心问题。同时,从老子朴素的辩证法思想来看,"有"与"无"也是相互依存,不可分割地对待的。室内设计与建筑装饰紧密地联系在一起,自古以来建筑装饰纹样的运用,也正说明人们对生活环境、精神功能方面的需求。在历代的文献《考工记》《梓人传》《营造法式》及计成的《园冶》当中,均有涉及室内设计的内容❶。

清代名人笠翁李渔对我国传统建筑室内设计的构思立意和对室内装修的要领和做法,具有极为深刻的见解。在专著《一家言居室器玩部》的居室篇中提及:"盖居室之前,贵精不贵丽,贵新奇大雅,不贵纤巧烂漫""窗棂以明透为先,栏杆以玲珑为主,然此皆属第二义,其首重者,止在一字之坚,坚而后论工拙",这些都是李渔对室内设计和装修的构思立意独到和精辟的见解。

在我国各类民居中,如北京的四合院、四川的山地住宅、云南的"一颗印"、傣族的干阑式住宅及上海的里弄建筑等,在体现地域文化的建筑形体和室内空间组织及建筑装饰的设计与制作等许多方面,都有极为宝贵的、可供我们借鉴的成果。

二、国外室内设计的发展

公元前,在古埃及贵族宅邸的遗址中,抹灰墙上绘有彩色竖直条纹,地上铺有草编织物,配有各类家具和生活用品。古埃及卡纳克的阿蒙神庙,庙前雕塑及庙内石柱的装饰纹样均极为精美,神庙大柱厅内硕大的石柱群和极为压抑的厅内空间,正是符合古埃及神庙所需的森严神秘的室内氛围,是神庙的精神功能所需要的。这标志着古希腊和罗马在建筑艺术和室内装饰方面已发展到很高的水平。古希腊雅典卫城帕提隆神庙的柱廊起到室内外空间过渡的作用,精心推敲的尺度、比例和石材性能的合理运用,形成了梁、柱、枋的构成体系和具

❶王沛.室内设计的发展应用[M].成都:电子科技大学出版社,2015.

有个性的各类柱式。在古罗马庞贝城的遗址中,从贵族宅邸室内墙面的壁饰,铺地的大理石地面,以及家具、灯饰等加工制作的精细程度来看,当时的室内装饰已相当成熟。罗马万神庙室内高旷的、具有公众聚会特征的拱形空间,是当今公共建筑室内中庭设置最早的原型。

自欧洲中世纪和文艺复兴以来,哥特式、古典式、巴洛克和洛可可等风格的各类建筑及其室内均日臻完美,艺术风格更趋成熟,历代优美的装饰风格和手法,至今仍是我们创作时可供借鉴的源泉。

1919年,在德国创建的鲍豪斯学派,摒弃因循守旧,倡导重视功能,推进现代工艺技术和新型材料的运用,在建筑和室内设计方面,提出与工业社会相适应的新观念。鲍豪斯学派的创始人格罗皮乌斯当时就曾提出:"我们正处在一个生活大变动的时期。旧社会在机器的冲击之下破碎了,新社会正在形成之中。在我们的设计工作里,重要的是不断地发展,随着生活的变化而改变表现方式……"20世纪20年代格罗皮乌斯设计的鲍豪斯校舍和密斯·凡·德·罗设计的巴塞罗那国际博览会德国馆都是上述新观念的典型实例。

三、当前我国室内设计和建筑装饰应注意的问题

(一)环境整体和建筑功能意识薄弱

对所设计室内空间内外环境的特点及所在建筑的使用功能、类型性格考虑不够,容易把室内设计孤立地、封闭地对待。

(二)对大量性、生产性建筑的室内设计有所忽视

当前很多的设计者与施工人员,对旅游宾馆、大型商场、高级餐厅等的室内设计较为重视,相对的,对于涉及大多数人使用的大量性建筑,如学校、幼儿园、诊所、社区生活服务设施等的室内设计重视研究不够,对职工集体宿舍、大量性住宅及各类生产性建筑的室内设计也有所忽视。

(三)对技术、经济、管理、法规等问题注意不够

现代室内设计与结构、构造、设备材料、施工工艺等技术因素结合非常紧密,科技的含量日益增高,设计者除了要具有必要的建筑艺术修养以外,还必须认真学习和了解现代建筑装修的技术与工艺等相关内容;同时,应当加强室内设计与建筑装饰当中有关法律法规的完善和执行,如工程项目管理法、合同法、招投标法及消防、卫生防疫、环保、工程监理、设计定额指标等各项有关法规和行业规定的实施。

(四)应当增强室内设计的创新精神

室内设计固然可以借鉴国内外传统与当今已经存在的设计成果,但不应该是简单的"抄袭",或者不顾环境和建筑类型性格的"套用",现代室内设计理应倡导结合时代精神的创新。

四、推动中国室内设计发展的内在动力

纵观中国五千年文明以来,人们随着刀耕火种、随着对生活的一步步探索,创造出了无数辉煌。从原始社会的穴居,到后来金碧辉煌的宫殿,跨过三个历史高峰的中国传统木建筑已经成为中国建筑师心中自豪的烙印。室内设计虽然对于中国来说还是一个较为年轻的行业,但是其也伴随中国传统的木建筑走过了辉煌的五千年。中国的古代的室内设计,其发展历程是非常复杂且又多变的,其受到了很多方面的制约和影响。制约中国室内设计发展的内在动力主要包括朝代的更替、儒学思想、人们的生活习惯、地域性及社会生产力的发展。

(一)朝代的更替

中国拥有漫长的两千多年的封建王朝史,经历了无数次的江山易主和朝代更替,在一个封建帝王极度专政的年代,国家的全部命运掌握在一个人的手中,一个朝代或者一个时期社会发展的方向,通常是受到帝王意志的影响。例如,宋朝时期室内装饰非常崇尚张挂字画,喜欢以名家作品"装堂遮壁",这和从宋太祖赵匡胤开始的各宋朝皇帝的热心书法是分不开的;再如,乾隆、嘉庆年间发展到最盛的装饰盆景,很大一部分原因就是由于康熙大帝特别喜爱盆景;武宗灭佛及南北朝时期的帝王极度尚佛,对当时佛教建筑的衰败与兴盛所产生的重要影响,也都是帝王意志对社会发展产生作用的最好见证。

当然,朝代更替带来的影响还具有另外一方面的内容——统治阶级的民族特性也极大地影响着当时室内设计的风格与特点。例如,在元朝时期,蒙古族是骑在马背上的民族,生活多为毡房及耐用的织物而很少会使用容易破碎的瓷器,所以当时社会民间房间布局形式多模仿毡房的布局形式,而且当时的纺织业也获得了很大的发展,为后来明清时期的高潮奠定了重要基础,而在宋朝有极大发展的瓷器,却在此时陷入了停滞减产的局面,发展受到了严重限制。

(二)儒学思想

儒学思想充分体现在中国古代的建筑不管是形制还是装饰,都具有十分严格和森严的等级制度,作为封建帝王思想统治工具的儒道思想,在其中起到了

很大的作用。同时,儒家思想在装饰精神上的体现也极大地影响到室内装饰的
发展。

(三)人们生活习惯的影响

从席地而坐到高型家具的出现,人们生活习惯的不断变化、改变起到了很
大的作用。从汉末开始出现的高型座椅,逐渐取代传统的座榻,并最终在宋朝
成为社会的主流。家具的变革必然会影响到室内装饰的方法与形式。当然,这
只是其中的一方面,人们的习惯往往在帝王意志影响下,并左右着民间装饰风
格做法。

(四)地域性

中国幅员辽阔,各民族各区域的人员交流有所不便,这也是导致中国古代建
筑装饰各地风格往往存在很大不同的重要因素,虽然现在各民族风格已经相互
融合,但是依然存在着较大的差异,这给中国室内设计提供了很大的创作空间,
而且在大部分为手工制作物品的古代,制作者的手艺也往往会面临流传与失传
的窘境,这也是为什么有些手工艺品现朝不如前朝的一个重要原因,新石器时代
的黑陶就是个很好的例子。

(五)社会生产力的发展

由于生产工艺的不断提高,家具制作越来越复杂,形式越来越多、功能也越
来越复杂,使得室内设计的内容也随着社会生产力的发展而不断地发生变化,
至明清时期,木构建筑发展到达第三个高峰,社会生产工艺在纺织、瓷器方面达
到顶峰,家具制作也越趋精细和复杂,这也为此时期能留下大量精美的园林作
品提供了物质保障。

五、现代室内设计发展趋势

(一)回归自然化

随着环境保护意识的增强,人们向往自然,喝天然饮料,用天然材料,渴望
住在天然绿色环境中。北欧的斯堪的纳维亚设计流派由此兴起,对世界各国室
内设计影响很大。在住宅中创造田园的舒适氛围,强调自然色彩和天然材料的
应用,采用许多民间艺术手法和风格,在此基础上,设计师们不断在"回归自然"
上下功夫,创造出新的肌理效果,运用具象的抽象的设计手法来使人们联想
自然。

(二)整体艺术化

随着社会物质财富的丰富,人们要求从"物的堆积"中解放出来,要求室内各种物件之间存在统一整体之美。室内环境设计是整体艺术,它应是空间、形体、色彩及虚实关系的把握,功能组合关系的把握,意境创造的把握及与周围环境的关系协调。许多成功的室内设计实例都是艺术上强调整体统一的作品。

(三)高度现代化

随着科学技术的发展,在室内设计中采用一切现代科技手段,使设计达到最佳声、光、色、形的匹配效果,实现高速度、高效率、高功能,创造出理想的值得人们赞叹的空间环境来。

(四)服务方便化

城市人口集中,为了高效方便,在国外十分重视发展现代服务设施。例如,在英国采用高科技成果发展城乡自动服务设施,自动售货设备越来越多,交通系统中计算机问询、解答、向导系统的使用,自动售票检票、自动开启、关闭进出站口通道等设施,给人们带来高效率和方便,从而使室内设计更强调以"人"为主体,让消费者满意,便利为目的。

(五)高技术高情感化

现在国际上工艺先进国家的室内设计正在向高技术、高情感方向发展,这两者相结合,既重视科技,又强调人情味。在艺术风格上追求频繁变化,新手法、新理论层出不穷,已经形成了不断探索创新的局面。所以,笔者认为我国的室内设计文化要跟上国际化的步伐必须由设计师们细致化、系统化地来引导客户。

第三节 室内设计与建筑设计

一、建筑设计

(一)建筑设计概述

建筑设计是指建筑物在建造之前,设计者按照建设任务,将施工过程和使用过程中所存在的或可能发生的问题,事先做好所有的设想,拟定好解决这些问题的办法、方案,用图纸和文件表达出来。建筑设计作为备料、施工组织工作和各工种在制作、建造工作中互相配合协作的共同依据。便于整个工程在预定的投资限额范围内,按照周密考虑的预定方案,统一步调,顺利进行,并使建成的建筑物充分满足使用者和社会所期望的各种要求。简单来说,建筑物要的是最后的使用功能,它有一定的要求,而建筑设计就是针对这些要求而创造出来的解决办法。解决的办法千变万化,而能够超乎原先设定的要求,就是好的建筑设计。

(二)建筑设计的发展

在古代,建筑技术和社会分工比较单纯,建筑设计和建筑施工并没有很明确的界限,施工的组织者和指挥者往往也就是设计者。在欧洲,由于以石料作为建筑物的主要材料,这两种工作通常由石匠的首脑承担;在中国,由于建筑以木结构为主,这两种工作通常由木匠的首脑承担。他们根据建筑物主人的要求,按照师徒相传的成规,加上自己一定的创造性,营造建筑并积累了建筑文化[1]。

在近代,建筑设计和建筑施工分离开来,各自成为专门学科。这在西方是从文艺复兴时期开始萌芽,到产业革命时期才逐渐成熟;在中国则是清代后期在外来的影响下逐步形成的。

随着社会的发展和科学技术的进步,建筑所包含的内容、要解决的问题越来越复杂,涉及的相关学科也越来越多,材料上、技术上的变化越来越迅速,单纯依靠师徒相传、经验积累的方式,已不能适应这种客观现实,加上建筑物往往要在很短时期内竣工使用,难以使匠师一身二任,客观上需要更为细致的社会分工,这就促使建筑设计逐渐形成一门独立的专业分支学科。

(三)建筑设计工作核心

建筑师在进行建筑设计时面临的矛盾主要包括内容和形式之间的矛盾;需求和可能之间的矛盾;投资者、使用者、施工制作、城市规划等方面和设计之间,以及它们彼此之间由于对建筑物考虑角度不同而产生的矛盾;建筑物单体和群体之间、内部和外部之间的矛盾;各个技术工种之间在技术要求上的矛盾;建筑的适用、经济、坚固、美观这几个基本要素本身之间的矛盾;建筑物内部各种不同使用功能之间的矛盾;建筑物局部和整体、这一局部和那一局部之间的矛盾等这些矛盾构成非常错综复杂的局面。而且每个工程中各种矛盾的构成又各有其特殊性。

---

[1]陈露.建筑与室内设计制图[M].合肥:合肥工业大学出版社,2019.

所以,建筑设计工作的核心,就是要寻找解决上述各种矛盾的最佳方案。通过长期的实践,建筑设计者创造、积累了一整套科学的方法和手段,可以用图纸、建筑模型或其他手段将设计意图确切地表达出来,才能充分暴露隐藏的矛盾,从而发现问题,同有关专业技术人员交换意见,使矛盾得到解决。此外,为了寻求最佳的设计方案,还需要提出多种方案进行比较。方案比较,是建筑设计中常用的方法。从整体到每一个细节,对待每一个问题,设计者一般都要设想好几个解决方案,进行一连串的反复推敲和比较。即使问题得到初步解决,也还要不断设想有无更好的解决方式,使设计方案臻于完善。

总而言之,建筑设计是一种需要有预见性的工作,要预见到拟建建筑物存在的和可能发生的各种问题。这种预见,往往是随着设计过程的进展而逐步清晰、逐步深化的。

为了使建筑设计顺利进行,少走弯路,少出差错,取得良好的成果,在众多矛盾和问题中,先考虑什么,后考虑什么,大体上要有个顺序。根据长期实践得出的经验,设计工作的着重点常是从宏观到微观、从整体到局部、从大处到细节、从功能体型到具体构造步步深入的。

为此,设计工作的全过程分为几个工作阶段:搜集资料、初步方案、初步设计、技术设计施工图和详图等,循序进行,这就是基本的设计程序。它因工程的难易而增减。

设计者在动手设计之前,首先要了解并掌握各种有关的外部条件和客观情况;自然条件,包括地形、气候、地质、自然环境等;城市规划对建筑物的要求,包括用地范围的建筑红线、建筑物高度和密度的控制等;城市的人为环境,包括交通、供水、排水、供电、供燃气、通信等各种条件和情况;使用者对拟建建筑物的要求,特别是对建筑物所应具备的各项使用内容的要求;对工程经济估算依据和所能提供的资金、材料施工技术和装备等;以及可能影响工程的其他客观因素。这个阶段,通常称为搜集资料阶段。

在搜集资料阶段,设计者也常协助建设者做一些应由咨询单位做的工作,如确定计划任务书,进行一些可行性研究,提出地形测量和工程勘察的要求,以及落实某些建设条件等。

二、室内设计与建筑的关系

(一)整体关系

室内设计是从建筑设计中的装饰部分演变而来的,是建筑设计的重要分支与延续,也是对建筑物内部环境的完善、细化及补充,更是对空间环境重新定义和再创造。室内设计是根据建筑空间的使用性质,运用物质技术手段,以满足人们的物质与精神需求为目的进行的空间创造活动。

室内设计和建筑设计在很多方面都具有一定的异同点,它们既有相互的独立性,又有相互的关联性,甚至它们也能够进行一定程度的相互渗透。例如,米开朗琪罗设计的"佛罗伦萨的美狄奇家庙"和"劳伦奇阿纳图书馆"两处都是室内建筑,却使用了建筑立面的处理方法,壁柱、龛、山花、线脚等起伏比较大,突出垂直划分,强烈的光影与体积变化,使它们具有紧张的力量和动态。其中,"劳伦奇阿纳图书馆"的一个大理石阶梯,形体富于变化,设计中首次将楼梯用于室内装饰。

室内设计是从属于建筑设计,扮演"装饰"的角色,但还是独立于建筑设计,表演着内部空间的"独幕剧"。很明显,室内设计与建筑设计是有机统一、不可分割的一部分,它们都遵循相同的美学规律,都是为了满足人们的生活需要,它们有着千丝万缕的联系。

(二)材料

材料是建筑和室内设计的主要物质基础,建筑的空间划分、形体、风格等,都是通过材料的运用来体现的。对于室内设计和建筑设计来说,材料都是表达作品思想、效果重点,材料选用的好坏也会直接影响建筑的实际效果。材料是建筑与室内设计统一的关键因素,同时,很多建筑与室内设计的细节都是通过材料来表达的。例如,密斯设计的巴塞罗那德国馆就是通过材料诠释细节。巴塞罗那德国馆在建筑形式处理上,突破了传统的砖石建筑以手工方式精雕细刻和以装饰效果为主的手法,而主要靠钢铁、玻璃等新建筑材料表现其光洁平直的精确的美、新颖的美,以及材料本身的纹理和质感的美。建筑物采用了不同色彩、不同质感的石灰石、缟玛瑙石、玻璃、地毯等显出华贵的气派。

建筑材料与室内设计的材料同时也存在一些不同点。

第一,建筑材料必须要满足建筑的基本热工及结构要求,而室内材料则没有这方面的强制规定(部分材料要满足一些基本性质,如一定强度、耐水性、抗火性、耐侵蚀等,以保证材料在一定条件下和一定时期内使用而不损坏)。建筑材料还要能在室外环境下保证其不被腐蚀、破坏等,正是这方面的要求,使得有些材料只适用于室内。建筑材料要承担起建筑结构的责任,必须要能满足承载力及抗压、抗弯等要求。只要能达到设计效果,我们甚至可以将钢筋和砖块用于室内设计中,但我们却无法将木材代替钢筋用于墙体中。总体而言,建筑材料的选择没有室内设计材料来的随意和多样。

第二,建筑材料的选择要更多地与周边环境形成一定的联系,或相似统一或对比鲜明,而室内材料的选择则没有这方面的考虑,如莱特的流水别墅,就是一个与环境相呼应而形成的一个成功作品。流水别墅与周围的自然风景紧密结合,建筑外形通过一道横墙和几条竖向的石墙组成横竖交错的构图。通过材料和形体,建筑与大自然形成相互渗透的格局。相比较而言,室内的材料选择则更多地考虑室内环境与人之间的联系,甚至有些建筑直接通过墙体形成封闭空间与不良的外界环境隔绝。

三、室内设计与建筑设计一体化措施

(一)室内设计师与建筑设计师共同参与建筑整体设计

现代社会分工正在朝着精细化的方向发展,设计师也是这样,他们通常都各自掌管着自己的领域,很少会考虑整体布局。为了实现室内设计与建筑设计的一体化,室内设计师应当提前参与建筑整体设计,应该能够把自己的想法表达出来,并且能够与建筑设计师共同探讨。在这种情况下确定建筑空间与室内空间,如此可以使整体设计风格更加协调一致,空间布局更为合理。建筑设计是室内设计依托的框架,在一定程度上会限制室内设计。只有将室内设计与建筑设计实现一定的融合才能减轻这种限制。为实现这一目标,室内设计师与建筑设计师进行沟通探讨是十分有必要的,所以设计师应该可以及时调整设计方案,实现整体设计的有机结合。

(二)室内设计与建筑设计风格趋同

室内设计与建筑设计在风格的呈现上趋向于色彩、色调、空间布局,以及文化内涵等多个角度,体会房屋建筑中所具有的美学理念。所以,为了满足人们的视觉及情感方面的艺术追求,设计师应该侧重于建筑设计理念及建筑构造的深入探究。而且,需要以此为依据切实开展室内设计,实现与房屋建筑一体化的设计目标。同时,设计者还应该加强文化内涵的摄入。例如,可以与当地的文化标准有机结合,以及住户的实际需求,合理地选择欧式、复古式及沙滩海域等风格的室内建筑设计。同时,设计者在室内设计的时候也应该明确建筑使用功能。例如,幼儿园就应该在墙体颜色的选择上多以鲜亮的颜色为主,并绘制一些的卡通绘画。

(三)提高室内设计人员整体素质

室内设计质量会严重影响到房屋建筑使用周期与使用寿命。随着人们加大了对房屋建筑品质的需求,设计师怎样提高自己的专业素质能力,是如今受到广泛关注的一个话题。教育部门在培养室内设计师的时候,要更加重视丰富课程教学实际内容,及时调整教学策略。在培训中,设计师应当掌握的知识内容,不仅要包含室内设计专业课程,也应该包括建筑结构设计等相关课程,确保设计人员具有更为全面、更加系统化的专业技能。与此同时,相关企业也应当侧重于室内设计师的重点培训,完善相应的监管机制,推动设计师提升专业设计技能及职业素养。

(四)室内设计风格与建筑设计风格要合二为一

室内设计与建筑设计之间的和谐统一还应该着重体现在设计风格之上,包括建筑物的视觉效果、文化内涵及是否能够满足使用者的心理需求等。视觉效果是人们对建筑物的感知,所以在室内设计阶段应该考虑到建筑物的整体外观风格,要融合内外的设计风格。另外,文化融合也是室内设计与建筑设计统一的重要表现,所以建筑物要按照当地的人文特征和风俗习惯进行设计,室内设计也是这样,要结合当地的风土人情,选择适合的材料、图案、色彩来进行表现。建筑风格要满足使用者的心理预期,室内与室外要做好衔接,包括色彩、图案、材料的衔接,进而实现建筑设计及室内设计的一体化。

第四节　室内设计的理论基础

一、功能概念

功能指的是事物或方法所发挥出来的有利作用,是对象得以满足某种需求的一种属性,只要是可以满足使用者需求的任何一种属性,都是属于功能里的范畴,不管是现实需求还是潜在需求的属性,都属于功能的范畴。功能作为满足需求的属性具有客观物质性与主观精神性两个方面,被称为功能的二重性。

设计的目的被解读主要是为了满足人们的需求,所以,设计的目的也能够被理解为是为了达到某种功能的实现。早在古希腊时期,哲学家苏格拉底就提出了"任何一件东西,如果它能实现它在功能方面的目的,它就是同时善而美的"。设计的过程是一个创新的过程,人们利用经验和智慧,在原有自然物的基础上进行再创造以获得我们所需的功能。例如,椅子的设计主要是为了满足人们"坐"的功能,衣服的设计是基于满足人们"穿"的功能,房子的设计是为了满足人们"住"的功能等,这些功能均是设计最本质的目的,功能随着人类社会的发展,与人们的生活息息相关。

室内设计属于设计的范畴,室内设计的目的是达到人们基于室内的各种功能需求,包括居住、学习、工作、娱乐等,室内设计主要是围绕人们在室内中的各种功能需求而进行的,失去了功能,设计就会变得没有任何意义❶。

功能的实现需要利用一定的媒介,这一媒介就是功能载体,麦尔斯在创立价值工程时就曾经说过,顾客购买物品的时候主要看中的是其功能,而不是物品本身,物品只是功能的重要载体。只要功能一样,载体也能够被替代。这就是功能与其载体在概念上本质的区分。但是,一种功能的实现必然会需要一定的载体,所以功能与其载体又必须进行结合。例如,写字的需求能够通过使用钢笔、铅笔、毛笔、粉笔等来实现,如果没有笔或其他工具,就不可能完成写字的需求;人们有喝水止渴的需求,可以利用杯子、碗,甚至是自己的手来作为盛水的容器,只有通过功能载体才能实现相应的功能。

二、分形理论的发展进程

(一)分形理论的产生

分形理论最初是以分形几何体学的面目呈现出来的。它是法国数学家曼德布罗特在一篇名为《英国的海岸线有多长》的著作论文中首先提出来的。曼德布罗特涉猎的学科有很多,既研究现实问题,也会探索历史问题,这是他创立分形几何的一个非常重要的基础。又加上其善于将二者联系起来,从具体、个别问题中发现抽象的、一般的共性,最终形成了分形思想。所以,分形思想的形成过程就是从个性探寻共性的过程。

(二)分形理论的形成

分形理论的形成表明了数学研究对象的拓展,开拓了一个全新的研究领域。人类最初面临的是多姿多彩的、复杂而且无序的事物形态,用曼德布罗特的话说就是一种"几何混沌"。随着人类社会的进步和发展,开始从复杂的事物形态当中分离出那些较为规则的、简单的形态进行研究,并用于近似表达复杂

---

❶耿暖暖.室内设计理论基础课教学及考试改革探索[J].教育教学论坛,2015(36):129-130.

的事物形态。于是,得到点、线、面、体这些较为简单的基本图形,用于构造各种各样的图形,接着探究其中的关系,几何学由此产生。自此之后,几何学虽然也经历了一系列的发展,能够描述更加复杂的事物形态。但是,它们的研究对象依然是规则而又光滑的。至此,按照研究对象进行分类,存在着"任意复杂和粗糙的形态"与"极度有序和光滑的形态"两类,相应地形成"几何混沌"与以欧几里得几何为代表的传统几何学。时至今日,人们又从"任意复杂和粗糙的形态"中分离出一部分,这部分虽然具有一定复杂性和粗糙性,但其同时也具有"粗糙和自相似"的特征,作为新的研究对象。所以,分形的发现又为数学打开了一片新天地,为数学发展开拓了一个新的领域。

这种情况就如同曼德布罗特所说的一样:"几何分类学直到当时只限于研究两种类型,'粗糙和自相似性'要挤到这两种类型之间,成为'中间'第三种可能类型。第一种类型的范例就是欧几里得体系,它考虑的是极度有序和光滑的形态。在欧几里得几何下一条曲线仔细看来也是自相似的,但这种自相似显得平淡无奇,所有曲线局部看来是直的,而直线是自相似的。第二种类型是考虑任意复杂和粗糙的形态。今天,可以称这些形态为'几何混沌',不过在那时,我用了较弱的拉丁同义词杂散一词。对混沌概念的细分推动了我对新领域的研究。原来混沌类中很难着手处理的部分留下不管,分离出一部分不很普遍但具有本质特性的来加以研究。我在自然界中发现了无数的自相似现象,因此对后一部分的研究十分重要,也很现实。"

三、室内设计批评

(一)设计批评

设计,即英文中的"design",第十五版《大不列颠百科全书》对"design"的解释中最重要的部分如下:"design"是进行某种创造时,计划、方案的展开过程,即头脑中的构思。一般指能用图样、模型表现的实体,但最终完成的实体并非"design",只指计划和方案。在当今社会中,设计已经成为了结合艺术世界与技术世界的"边缘领域",即设计已成为"艺术+技术"的活动。

根据批评的含义,我们可以认为人们对于设计或设计作品所进行的价值判断,就是设计批评。具体来说,其指的是利用正确的思想方法,客观、科学、艺术并全面地对设计与设计师的创作思想、设计与设计作品、设计和作品制作过程、使用设计的过程、使用设计的社会个体与社会群体的鉴定和评价,对设计进行全面而又系统地研究、描述、分析、阐释、评价、论证、判断和批判。其核心就是判断设计客体对人与社会的意义和价值。一般将鉴赏者对设计作品在深层次上的质量和意义的判断,尤其是价值判断称为批评。设计是一种创造性的活动,设计作品是一种创造的成果,而设计批评也是一种创造性的实践活动及成果。

(二)室内设计批评的概念

室内设计批评,主要是指人们对室内设计或室内设计作品的形式、功能、质量及意义的科学分析和评价,尤其是对其深层含义价值的判断。一般意义上的室内设计批评,重点呈现为对室内设计作品的批评,内容主要包括室内设计作品与室内设计师的创作思想,室内设计作品形式、功能和意义,室内设计作品的设计过程,室内设计作品的施工过程,室内空间使用者的使用过程与使用后的鉴定与评价等。

这样的室内设计批评不仅是对一件具体的设计作品的描述、分析、鉴赏和评价,更应当注重对一件设计作品、一系列的设计或设计作品的价值和意义做出的评价与判断。当然,这种判断一般以公认的批评标准或评价体系作为基础,并对怎样获得评价结果做出解释。这种类型的批评,通常是由设计师或批评家等专业人士来做,而且他们自身的意识、学识、审美标准及价值取向也都具有十分重要的作用。当然,"一味强调依照某一评价标准来做批评结论的做法导致许多人(包括教师在内)将艺术批评看作是一种严格的裁决,令人有些难以接受。"并且显得高不可攀,其实不然,人人都可以也都能对室内设计的客体做出自己的批评。批评"应更多地表现出它的辅助性和支持作用,它的宽厚和容忍的一面应该占主导。"

室内设计批评能够对设计师及其鉴赏者、使用者起到直接作用,而又基于一定理论指导的一种实践性活动,其自身具有与设计作品本身的价值创造有所区别的价值,是整个室内设计体系有机的组成部分。

从广义上来讲,室内设计批评应当是对一切室内设计现象与设计问题的分析和科学评价,是沟通室内设计与室内设计、室内设计与公众、室内设计与社会的一个重要环节。

四、视知觉形式动力理论

视知觉形式动力理论,又被称为格式塔心理学,是著名心理学家鲁道夫·阿恩海姆在格式塔的基础之上,对人类视知觉特性的研究分析得出的一套理论。他通过在格式塔心理学当中引入动力概念,更加确切地描述出了形式的完形倾向。这种理论的研究重点在于人的视知觉行为及观察物体之间的关系。阿恩海姆把完形理论应用到人对形式的直觉能动性研究方面,进而将格式塔理论思想拓展到了心理学的范畴。由于形式的完形趋势,人对于形式的视知觉解读通常是一种自主自觉的行为。这种视知觉动力形式的作用过程是连续:物体的形态中表现出的动力式样,对知觉主体的视知觉形成一定的刺激,之后视知觉会将物体的形象重新建构,而这一过程也伴随着与人心理相关的感受、情绪及经验等心理元素的参与,进而在视知觉形式动力的作用下对观察物形成了其个人的视知觉认识。

阿恩海姆将视知觉界定为一种视觉思维,由于其一方面是人的思维认识的一种途径,另一方面自身也具有一定程度的认知能力。而视知觉的认知行为一般会表现出两个方面的特性:整体性和主动性。视知觉的整体性主要表现在人对于视知觉认识的物体的完整把握,进而得到一些相对抽象且情感的结论,如喜欢、讨厌等。这种把握主要是来自对视知觉刺激物形式上的感受和理解。视知觉的主动性主要是指人对于事物的特征和性质是基于其主动的角度来分析和诠释的。视知觉的过程虽然非常快速,但这并不是对于各种要素的简单叠加,而是知觉主体自身视觉与心理之间相互作用的结果,是一种主观的认识思维而不是简单的直觉反应。所以,物体本身的形式和特性,在知觉主体的认知过程中具有十分重要的意义。完形主要强调视知觉的主动性,在视知觉的认知过程中,知觉主体往往会主动地遵循相似、闭合等组织原则对观察物的形象进行处理,这种认识的完形趋势主要体现为"补足"和"重构"。

第二章　室内设计的美学与风格

第一节　室内设计的美学

一、室内设计的样式美

(一)朴实之风

巢即窝棚之类的东西,其支撑稳妥,居住面积大,可以抗御兽害与潮湿,这就是人工的"居巢",它可以被看作后来我国南方地区干阑式木构建筑的一个原始雏形。在上古时代,人类对于室内空间的认知程度仅出于人类与自然的冲突。从四川出土的青铜器上来看,有一个显示悬空窝棚的象形文字。穴居与"巢居"不同,现已发掘大量遗址,特别是在黄河流域黄土地带较为集中,那时就初步完成了由"穴而居"向坐落于地面的屋的蜕变。原先的活动顶盖,其支撑物构成了屋的柱,即所谓"极"。

以构木为巢的干阑建构室内空间是长江流域最典型的建筑方式,这一时期,从纵向的室内空间风格始源来看,确实闪烁着审美意义上的朴实之遗风,表现着原始人对人类伟大力量的崇拜与赞美❶。

(二)宗庙与陵墓

至隋唐时期,中国艺术文化处于鼎盛时期,中国传统中以宗庙为先的精神意识和建筑空间思想的形成深深地影响着中国建筑空间构建活动的诸多方面。在宗庙建筑室内空间中,忽视人类实用功能的需求成为设计的特点。宗庙、陵墓的设计无视人们的实用功能空间,在今天的人们看来已觉十分遥远。宗庙、陵墓里的巨大室内空间既不符合社会大多数人的正常生理功能需求,也不符合人的正常心理功能需求,如换一个角度讲,作为封建时代浩大规模的建筑活动来看,其对后世的影响是显著的。

---

❶汪丽媛.室内设计美学分析和应用[J].长江丛刊,2018(16):92,104.

(三)宫殿

由于中国封建社会的体制限定,宫殿成为中国建筑史及世界建筑史上的一座熠光的星碑,对后人醉心于无止境的室内装饰而忽视人的生理与心理需求产生了深远影响。

宫殿内外木材上均施彩画,红、黄、蓝、绿,金碧辉煌,在世界建筑空间中,唯我国建筑始有。壮观华丽的宫殿建筑是封建社会时代的历史产物,同时,也反映了当时统治者的设计审美思想与特定历史时期官方的审美风格。宫殿建筑设计风格表现出的是中国人与宇宙空间关系的意识概念,既然自然宇宙如此之大,而人王理应与天地等大,壮观奢华也就是情理之中的事了。

(四)民居

几百年前,中国民间居室设计在历史上已占有自己的位置,西汉以前已经有"一堂二内"的民居形式。《汉书》张晏注曰:"二内,二房也。"段玉裁注曰:"凡堂之内,中为正室,左右为房,所谓东西房也。"侯幼彬先生将其形式称为平民居住的通用形式,是当时民居的"基本型"。古代"一堂二内"的民居房型,是功能与形式相结合的典范,是中华民族智慧的体现,其房型用今天的审美看仍具有较高的设计水平和审美价值。它注意到人的基本生理需求,又考虑到人与空间的渗透关系,强调了人在房中的主要地位,与宫殿的设计风格迥然不同。从室内空间设计形态的审美角度来看,"一堂二内"的室内空间设计具有以下优点。

1.面积尺寸符合人们的基本使用功能

据记载,"一堂二内"的每间面宽3.2米左右,进深4米至6.4米,三间共折合面积约40平方米至60平方米,作为起居用房,无论单独使用,还是组合于庭院中使用,空间大小都较为适宜。在当时的物质、经济条件下,该空间的面积已足够人们使用了。

2.满足人们居住私密性要求,尊重人们的生理和心理特性

一明两暗、一堂二内式的空间分割使堂屋处于中轴线,内室各为其侧,既有良好的私密性,又保持了室内空间的连贯性、整体性,间架分明、合理、主从关系明确。

3.获取良好的光照与通风,符合人们的健康需求

堂屋与两侧内室都可以在前后檐自由开窗,形成过堂风。

4.房型构造有利于组群整体布局

其三开间的建筑单体,平面呈矩形,立面上明显地区分出前后檐的主立面

和两山的次立面,这种规整的、主次分明的设计既适用于单栋独立布局,也适用于庭院式组合布局,其形式有无限的可延伸性,对后来大型花园、宫殿布局设计具有启发作用。

从上面分析来看,"一堂二内"的民居形式正是具有这些优点才成为中国住宅设计木构架体系长期延续,颇具生命力的主体房型之一。由于各地区自然环境、生活方式的差异,产生了与北方屋型既有共性又有不同的各种住宅的房型。例如,晋豫陕北地区黄土地带的居民,土崖挖穴,其较大住宅往往并列,其间辟门相通,比较富有者在穴内砌砖,至地面建筑,发圈作窑居形;江南地区,因气候较北方温和,墙壁之用仅区别于内外,为避风雨,故多编竹抹灰,作夹泥墙,其全部构架、用材皆趋向轻简;云南地区气候四季如春,故其风格兼南北之风尚,其室内平面布置近于江南形式,又有北方木构房型之优点,各房配合多使其成正方形,称"一颗印"。

从各地区民居房型特点来审视,"一堂二内""一明两暗""一正两厢"的空间设计形式是其共同特征,只是在配置和比例上有所不同,其满足使用功能、注重人的本性需要的室内空间设计思想和审美风格是一致的,比起那些雍容华贵的楼台亭阁、宫殿庙宇要朴实、亲切得多。

每一个历史时期的设计现象都不是简单的重复,而是赋予新的内容,新的创造。在我国20世纪二三十年代的室内设计中,出现了几种设计风格倾向,一些建筑师探索"中国民族形式"的建筑室内空间设计风格,努力吸取民族形式的传统表现手法。

(五)中国20世纪20年代至当代的室内设计

1.传统型

建筑是时代与民族文化并存的产物,室内空间随建筑的发展与演变,从依附到形成自己的设计体系走过了漫长的岁月,在积淀与流失中逐步体会到空间与人的关系问题,这是室内设计的根本问题,这个过程也渗透了外域的精华与糟粕。例如,广州中山堂就是反映民族特色的"宫殿式"的建筑杰作,其设计在采用新材料、新技术的同时,仍保留着中国传统贵族式的室内空间造型与装饰特点,南京中山陵藏经楼的室内设计采用传统八角形的藻井装饰和梁仿彩画装饰,广州中山堂的室内设计,色彩鲜明亮丽,富有传统装饰特色。

2.折中型

仿中国古典折中主义建筑的室内设计。有些中外建筑师追随和抄袭西方古典建筑手法为时髦的创作倾向,同时适应新的结构要求和新的材料性能。这时期的代表作品虽然从设计风格上看,有点牵强附会,但无疑是对纯粹仿制古时"宫殿式"建筑空间装饰做法的革新。

3.引进型

由于受西方现代主义建筑思潮影响,大力倡导建筑产品批量化,如上海国际饭店等高层建筑都受当时西洋风之影响。

4.民俗型

尽管在大城市里会受到西方设计思潮的影响,但不可忽视的是,同时期的中国多数城市在按其特有的乡土情怀和传统方式进行设计和施工,它们以独特的设计语言表现着人们对室内空间设计的理解和认识,如南方的里弄、西北的窑洞、北方的四合院及少数民族的竹楼等,这一时期的建筑形象地反映出当地的人文与民俗意义。

(六)中华人民共和国成立后的室内设计风格

1.从北京饭店看新中国成立后的室内设计

1974年建成的北京饭店东楼共20层,是当时在北京能较好地解决声、光、热问题的较大规模饭店。室内设计典雅华贵,富于装饰美感,是现代设计风格与中国传统风格相结合的设计作品。在北京饭店东楼的西侧,是20世纪60年代初启用的扩展部分,从外表上看并不华丽,但室内设计与制作及选用材料上都非常讲究,内部空间的功能划分实用性能良好,特别是一楼大宴会厅,成为国内大酒店多功能大厅设置的先河,宏阔高雅,直至今天都不甘落后。在外部形态上既照顾到与旧楼的风格统一,又在顶部自然地使用了民族化的亭子装饰,因为有意不使用琉璃瓦,同样能与楼体浑然一色,在视觉上给人以不突兀的灵动感,化解了整栋楼体过于方正的单调印象。

从北京饭店建成到不断完善,反映出中华人民共和国成立后设计师对功能与审美需求二者辩证关系的认识,也同时看出北京饭店首次对技术问题的重视。1976年唐山大地震,虽然北京市也受到一定影响,但20层高的北京饭店却安然无恙,充分显示了较高的建筑水平与装修质量。另外,它还首次使用了让北京人感到新奇而自豪的人体感应自动门装饰。室内设计也从追求现代派风格的强调功能性到与民族传统装饰艺术的融合,形成了浑然天成的现代设计与民族装饰相统一的风格。

2.20世纪50年代至90年代室内设计风格

第一阶段,中华人民共和国成立初期,百废待兴,国民经济处于恢复时期。1949—1958年,基本上没有兴建大型服务性建筑,也谈不上室内设计的发展与风格。

第二阶段,在1958年为迎接即将到来的中华人民共和国成立10周年时,中共中央决定在北京兴建反映新中国气象的国庆工程,这项计划也包括了当时闻名的"十大建筑"项目。在室内设计方面,重点放在了人民大会堂项目上,首次聘请美术家和装饰设计专家配合建筑师进行室内装饰配套设计。因此,可以说这一时期的室内设计风格在今天看来主要体现了当时的时代特点,表现出我国欣欣向荣的气象,重点反映出政治性与艺术性高度结合的设计审美原则,如人民大会堂,从万丈光芒的满天星顶棚设计上既可以看出象征全国人民和各个党派团体紧密地团结在中国共产党周围的政治意蕴,又通过深邃璀璨的星空可以看出设计者所创造的优美装饰形式和魅力四射的审美内涵。室内设计的色调基本上为暖红色调,象征其热烈和革命性,如大红地毯等。在室内不同空间的局部设计上,如门头、檐口及会场舞台台口、柱头等重要部位的装饰处理上,设计师都进行了反复推敲,以求取得最佳艺术效果,同时也反映出设计师在尽可能地追求中西结合的装饰风格。北京国庆工程中配套完成的室内设计是我国20世纪50年代之后首批规模宏大、影响广泛的室内设计成果,通过国庆工程的实践,探索了立足于传统又体现时代精神的现实主义室内设计风格,获得了中央领导和社会各界的较高评价。

第三阶段,20世纪70年代至80年代的室内设计风格有了很大变化,国内一大批室内设计人员去西方学习考察,同时大批国外的室内设计画册陆续地引进来,使设计师开阔了视野,逐步走向以研究室内设计的审美主体——"人"为主要课题。这一时期有代表性的室内设计空间是20世纪70年代新建的北京饭店东侧楼20层主楼,20世纪80年代初建成的广州白天鹅宾馆和北京香山饭店,其室内设计的品位都非常高,尤其是广州白天鹅宾馆的室内设计,中西融合、环境幽雅。大厅的设计运用了多种设计形态的对比与统一,既有潺潺流水的动感形态,又有空间组合的分流导向,既有横切式的环形简洁造型,又有民族形式的园林设计,是我国宾馆中首次被"世界第一流旅游组织"接纳为会员的旅游宾馆。1982年,在北京建成的香山饭店是著名的华裔建筑家贝聿铭先生设计的,设计风格追求中国园林的意境和格调,同时反映出江南民居的风土人情特征,品位极高。我国建筑家戴念慈设计的曲阜阙里宾舍,其室内部分由黄德龄先生设计,地域文化性极强、高雅脱俗,民族传统气质得到很好体现。上海的龙柏饭店、华亭饭店,南京的金陵饭店等,都在室内设计中的环境气氛与审美意境上做了充分的研究探索,在施工技术水平上也有很大提高。

第四阶段,20世纪80年代末至90年代,室内设计从贵族走向平民大众。经济不断发展,改革开放深入人心,人民的生活质量与收入不断提高。人们从对居住环境的"能用、够用、好用"提高到追求"舒适、安逸、美观、情调"的室内设计高度上,室内设计走进普通家庭。经济的高速发展也刺激了商业竞争,各大商场、商业机构等也对室内装饰设计提出了更高的要求,开始寻求与国际接轨,追求符合人的本性,满足其生理、心理需求的理想购物环境。随着更多的外资企业进入中国,它们对所租用的办公空间进行的室内设计装饰,不论是设计水平、材料选用,还是施工技术标准,都对我国办公系列的会议室、写字间、办公室的室内设计产生了很大影响。室内设计无论从理论上还是从实践上,大踏步地超越了历史上任何一个时期的水平。设计师思考的角度已站在文化品位与审美内涵的高度上来表述对空间环境的理解,并且开始审视未来,连接未来,设计风格进入了一个多彩的个性化阶段。例如,云南省路南石林宾馆室内设计强调云南地方风情,突出当地审美习俗特点。1988年,中央工艺美术学院的梁世英、何镇强等设计的北京国贸中心中国大饭店"夏宫"中餐厅,以合理的空间划分、高雅的色调、精湛的施工技术取得成功,其设计形式偏向于新古典主义风格。又如,西藏的拉萨宾馆室内设计、北京的民族文化宫设计,其风格特点是在现代建筑的内部空间象征性地表现少数民族建筑的空间形式,并在室内空间的结构构件上较为直接地采用适当简化的少数民族装饰图案,保持少数民族的陈设艺术品等形式来营造室内环境氛围,既有明显的少数民族特色,又具现代装饰设计意识,其设计偏向于新少数民族风格。再如1985年,柴斐义先生设计的中国国际展览中心,外形利用简练的几何形体,具有强烈的现代建筑特征,室内设计采用裸露网架结构,表现对材料本质美的展现和对力量的崇拜,主要入口及门厅上空突出横切面结构,色彩明亮简洁。1991年,建成的广州国贸中心大厦的室内设计也明显带有现代主义设计风格,追求材料的自然纹理,装饰构图简洁大方,它们汲取西方现代主义简洁设计手法,偏向于现代主义风格。

进入20世纪90年代中期后,室内设计风格出现新趋势,一是回归自然化,随着环境保护意识增长,人们向往自然,呼唤绿色设计,在室内设计中强调与室外的大自然交流,选用天然材料,寻其自然纹理的亲切感;二是在设计上反映个性化,尊重审美主体的生理与心理特殊需求,反对设计风格千篇一律;三是强调设计高度现代化,将室内设计与当前现代化科学文明技术相结合,使声、光、热、色、质等高度统一;四是设计弘扬民族特色的涉外服务室内空间环境;五是探寻人情味的设计意念。越是在高科技发达的今天,就越要注重人的内心世界的心理需求,研究人的心理平衡,让人们在喧嚣匆忙中置身于一个富有人情味的建筑空间里。上述新趋势多偏向于后现代主义设计风格。

二、室内设计的空间美

(一)室内空间的分隔美

隔断分为虚隔和实隔。虚隔通过门、洞、窗向庭院借景,将室外的无限风光引入室内,实隔则是在室内利用各种形式的隔断,取得室内空间"围与透"的辩证关系。

1.虚隔

明朝文人计成在《园冶》中说:"轩楹高爽,窗户邻虚,纳千顷之汪洋,收四时之烂漫。"小中见大,大中见小,你中有我,我中有你。例如,贝聿铭设计的北京香山饭店四季厅墙面的圆形门洞与香山的美丽景色浑然一体,香山饭店的设计特色吸收了中国古典园林建筑的优秀精华。在西方,窗户就是为了让光线、空气和阳光进入室内,但是在中国,窗户却是一幅图画,窗户的形状就是这幅画的镜框。

2.实隔

实隔是室内空间中的物质隔体,隔断在室内空间中的审美作用是非常重要的,它既有使用功能之美,又具审美功能之美,同在大的空间之中,又能时常感到亲切的氛围。用博古架形成的隔断则更具室内审美意味,使两个空间成为一个大的共享空间,创造出实中有虚的流动感,其形式历史悠久,造型多变,在我国早已广泛应用于各种室内空间,其种类繁多,集功能与形式于一身。另外,还有窗帘、帷幔制成的软隔断,既轻巧又方便,为室内设计赏识乐用。

(二)室内设计中空间设计的重要性

"埏埴以为器,当其无,有器之用。凿户牖以为室,当其无,有室之用。故有之以为利,无之以为用。"古代哲学家老子的这段话,玄妙的哲理隽永深奥,富有诗意,令人回味,室内设计离不开空间,建筑像一座巨大的空心雕刻品,空间是一种将人包围在内的三度空间,所说的人可以进入其中是指四度空间的时空概念。

空间是一种物质,宇宙空间就是无限的,一旦放置一件物品就会出现视觉关系,空间就这样为我们所感觉着、生成着。当我们进入一个建筑物,就会感受到空间的存在,这种感觉来自周围室内空间的天棚、地面与墙面所构成的三度空间。当一把椅子放在一个房间中,它也同时在四周建立起一种空间关系,同时让人意识到椅子填充了一部分虚体之后,还有无形的空间意味。空间关系也随之复杂化,这便成了有审美意味的三度空间,它反映设计者的意愿和对场合的容量控制。在空间感受上多呈静态感,空间的第三维度是高度,低矮的天花板常具有巢穴般亲切和温馨的内涵,表现设计者心理与生理的体验与美的表达。

人除了对三度空间的体验之外,还有时间的空间满足了人们对时空体验的要求,清丽或庄重,平和或隆重。在这个流程中可以静观品味其流动的画面上所产生的设计形式和装饰形态。

室内空间的时空美感,这个序列设计犹如一曲乐章或一篇优美的文章,中国传统的园林设计非常讲究时空构成和空间流动美感。空间的流动序列布置是运用流线或导引式布置方式。

(三)空间设计的功能性

只有满足特殊功能要求的空间设计而没有与之呼应的装饰设计美的设计便是无效的。通过对其不同功能需求进行分析,充分地将人的行为方式放在核心位置,才能让空间使用者在精神上得到陶冶。

1.空间的主与次

哲学中将矛盾分为主要矛盾与次要矛盾,而处理问题成功与否的关键在于是否抓住了主要矛盾。室内空间也分主空间与次空间。人们从事生产、生活等活动不仅对单纯地使用空间有一定的要求,还对相应的辅助空间提出一定要求,如一个普通的餐馆之所以能开展营业活动,除了具备人们进行饮食的餐饮空间,还要具备一系列如厨房操作间、仓库等不可缺少的辅助空间。建立起主与次的空间概念才能有助于设计师在设计过程中分析复杂的大型室内空间的矛盾关系,抓住主要矛盾和主要方面,从而有条不紊地组织空间。室内设计的主次关系处理适度,室内装饰的主次便可根据资金的投入进行从容设计。

2.空间分区

根据空间的使用功能性质,可分为公共空间和私密空间。前者如公共建筑中的会议室、休息室,酒店宾馆的大厅、多功能厅、餐厅等,住宅建筑中的起居室、客厅、餐厅等;后者如公共建筑中的老板室、客房,住宅建筑中的卧室、书房等。前者空间里人的共占性强,具有"闹"的特点;后者独自使用的多,需要宁静、隐蔽的空间,具有"静"与"私密性"的特点。"闹"与"静"是空间中相互补充的设计元素,也是变化与统一完美协调的美学原理的运用。"闹"是相对的,如迪厅的音响设计,追求的是"闹",但舞厅里的光线深暗,突出频闪,便是"闹"的视线与心理的"静"的补充。宾馆的客房虽需安静的氛围,但窗外的鸟儿鸣啾也能给客人带来消除孤独的快慰。另外,可以运用技术手段来调整闹区与静区之间的分差,如隔音吸声材料、坚硬的花岗石地面与墙面肌理自然的木质纹路和软色锦缎贴饰都是对静与闹的适度调理手段,从而达到更好地符合功能的空间需要。

3.空间的流通设计

人们在室内从事各方面的活动,需要一定的范围。可以按不同的行为做空间基本流动尺度的分析与分隔,寻找到符合人流空间的确切尺寸和依据,划定出单位空间的容量。人体工程学便是根据人的生理、心理特征,研究人的活动能力、尺寸、尺度和极限的学科,为我们研究空间容量提供了详细的科学依据。所以,空间容量的设计要符合人体工程学的基本要求。例如,一个容纳个人的空间,你却设计了15个人的使用区,显然其室内空间失去了流动范围,产生挤塞,造成心理压抑、烦躁,失去了功能美感。又如,大型剧场的空间设计,因为观众多,必须尽可能多设计几个安全出口和分流通道,否则遇有紧急情况会造成灾难。再如,家庭居室中的起居室采用围坐式沙发布置,要充分考虑到家人和客人的自由活动流线,否则,便会出现能坐不能出的难堪局面。

4.环境对室内空间的影响

对室内空间环境来讲,产生间接影响的就是室外的自然环境。自然环境是指建筑物周围的环境。在室内空间容量的质量分析中,应尽量顾及与室外自然环境的联系,如该建筑周围的环境是生机盎然、阳光充足、树影婆娑,在室内设计时应尽可能地采用敞开式的通透采光手法,将人的视野引到室外的环境中去,让室内的空间容量尽量减少隔挡与封闭。假如建筑周围的环境景观不雅,对室内易产生污染性气体和嘈杂声音,那么在设计中就应尽量采用多层实隔手段,减轻室外的不利因素对室内空间环境的影响。

（四）虚体、实体环境的结合

室内设计也是一件立体的艺术作品,室内空间的美感生成是实体环境与虚体环境交融时才会显现的。虚实相生,无画处皆成妙境。美产生于虚实相生,基础在实。室内家具、隔断、陈设物品、绿化小品等所占有的空间是不定的,是需要通过感悟和想象才能领略的虚体环境。忽略虚体环境的设计将是呆滞的、没有灵动的设计。

广州白天鹅宾馆的内厅设计,让意念插上翅膀,寓情于景,营造出园林氛围,唤起了游子思乡之情。实体环境设计反映的这种美的享受就是实体环境所带来的虚体环境之美。室内设计中的实体与虚体环境的互补与统一是对艺术美的实境与虚境的性质、特点的概括,也是室内设计中虚体与实体环境艺术处理的精妙阐述。

（五）空间的平面设计之美

前面讲过室内设计是四度空间的组合体,从整个室内设计的思维过程来讲,一切美的空间形成将是无目的的、混乱的,是"以图为据"的基础设计资料凭证。室内所需的各种实质物品控制于优美的形式规则之中,平面布局设计的最大实效是功能、技术、艺术、经济等方面一目了然的体现,它控制了水平方向纵横两轴开合的尺寸数据。室内空间平面布局美产生于设计师对形式美的控制能力。

室内平面布局中常常出现的目的失控现象在二维空间上的构图能力和驾驭形式美的规则与原理方面无能为力。平面布局的整个行为设计过程及这种精神的能动作用本身就是完成美的调控过程。设计师失去控制将会出现混乱甚至产生自我消亡,将导致无效设计。

如果将几何图形中的其他形式,如圆形、三角形合理地布置在其中,实物的元素形态的简化和重复在室内平面布局中也是美感显现的一种设计形式,它们的重复排列,侧重于体验几何体圆形与方形对比排列与重复的美感体验。

三、室内设计的意境构建

（一）室内设计的意境之美

为了满足人们这一特殊的生理与心理需求,意境是中国古典美学的一个重要的范畴,意境说的前身是意象说,思想源头可以一直追溯到老庄哲学,意境这一美学概念渗透到几乎所有的艺术领域,并以它作为衡量艺术作品的最高层次的艺术标准。

意境在中国传统审美标准中具有如此显赫的地位,在一个艺术表现里情和景交融互渗,一层比一层更深的情,一层比一层更晶莹的景,因而涌现了一个独特的宇宙,为人类增加了丰富的想象,正如恽南田所说"皆灵想之所独辟,总非人间所有了"。意境是突破有限进入无限,为观赏者的遐想提供了辽阔的驰骋天地。营造出室内空间的虚体环境的意境美感,还是个性、情调、品位上都能感悟到艺术意境的美感。为什么许多家庭在装潢后,投入很多资金却体会不到艺术的氛围呢?一般人都难以站在设计角度来表达出这种感受,首先要考虑的是实体环境的整体设计风格与格调的定位,其次才能进行材料搭配、色彩主调与层次、家具、灯具、室内陈设等进一步的细部设计,如为了充分表现出家庭主人知识分子的特点,在选择色调上确定为乳白色与原木色相统一的主色调。起居室吊顶设计采用中心圆形灯池,蜡烛式水晶吊灯装饰,白乳胶漆涂饰;墙面以白桦木板局部造型贴面和空白乳胶漆相互衬托,家具选择以现代简洁造型为主。空间中再加以绿植小品点缀,更能体现出室内环境高雅的艺术品位。

室内设计是设计师通过对文化、科学、技术、生产各种系统要素整体化的联系,心理学、人体工程学、人文科学的相互渗透,技术因素、自然因素、人和社会因素的综合体现出的一种设计文化整合。这种整合过程便是根据审美主体的个性、特点所进行的室内设计过程。通过对室内装饰形态所表现出的客观实在的"景"来唤起人们的愉悦之"情",这个情景交融的过程就是室内设计意境美的生成过程。

(二)室内设计的艺术思维过程

在思维过程中,通常分为抽象思维、形象思维和灵感思维,而形象思维呢?不是线型的,也不是流水线加工的,而是多路网络加工的。

艺术思维是形象思维的最高层次,从有意识地选取独特的视角来审视被描绘的事物直到艺术表现,产生出有审美意味的艺术作品,一步一步地设计出具有美感意蕴的室内空间环境。

室内设计装饰内容的艺术思维是上一阶段思维过程的延伸。一个设计的主题定位可以产生不同概念的具体内容,将它们集合起来汇聚到整体的答案中去,其具体内容为室内空间占据、功能区分音与光影等。

室内设计的技术性艺术思维是受技术工艺限制的实用艺术学科,要满足其生理与心理上的审美体验,如材料的性能参数、比例的分隔、结构的稳固。科学的思维是否会限制艺术的思维呢?不会。室内设计就是要在有限的空间和技术制约下,在这一阶段的艺术思维过程契合了科学思维的部分过程,它们始终被一条主线所贯穿着,都要通过对室内设计的现象与本质进行双重加工,从情感形式上体验到室内设计的整体美感。

第二节　室内设计的风格

一、室内设计风格的概述

(一)风格的概念

风格泛指作家、艺术家在艺术创作中所表现出来的艺术特质和个性。由于每个艺术家、设计师的生活经历都会有所不同,时代也不同,所处地域的文化差异的影响不同,文化艺术修养、个性特征不同,在艺术创作与设计创作、艺术构思创意、艺术造型设计、艺术表现手法及运用艺术语言等诸多方面都会反映出不同的特色和格调,形成作品的风格和神韵。所以,风格主要是指一种精神风貌和格调,是通过造型艺术语言呈现的精神风貌和品格、风度。

室内设计的风格属于室内环境当中的艺术与精神范畴,但是这些风格大多都是体现在各具特色的、外在的可视形式之上的,所以,我们可以这样认为,风格实际上是建筑设计、室内设计所追求的一种形式或形式的荟萃。值得注意的是风格虽然主要表现于形式,但是其绝不仅等同于或者停留于形式,室内空间的风格绝不等同于样式,同样也不等同于形式。

(二)当代室内设计流行风格

1.简约风格

简约风格起源于19世纪末20世纪初,简约风格从建筑设计出发,影响到城市规划设计、环境设计、家具设计、工业产品设计和平面设计等各个设计领域,是一次完整的现代设计运动。简约风格具有鲜明的个性,常运用钢筋混凝土、平板玻璃和钢材等材料,也常使用简单的几何图形或直线元素组合❶。

简约风格的特色是将设计元素,如色彩、照明、原材料等简化到最少,但对材料的质感与施工工艺要求很高。因此,简约的空间设计通常非常简洁,往往

---

❶赵晓菁.现代室内设计的风格探索[J].明日风尚(下旬),2021(5):101-103,149.

能够达到以少胜多、以简胜繁的效果。简洁、实用与经济是现代简约风格的基本特点,这是因为人们装修时总希望在经济、实用、舒适的同时,体现一定的生活与文化品位,而简约风格不仅注重居室的实用性,还体现了工业化社会生活的精致与个性,符合现代人的生活品位。

2.简欧风格

简欧风格,就是利用现代简约的手法、现代材料及工艺重新演绎欧式古典风格,营造出古典欧式的浪漫、休闲、华丽大气的室内氛围。欧洲文化丰富的艺术底蕴、开放和创新的设计思想,一直以来颇受众人的喜爱与追求。简欧风格其实就是经过改良的古典欧式主义风格。简欧风格从简单到繁杂、从整体到局部,精雕细琢,镶花刻金都给人一丝不苟的印象,其保留了欧洲古典风格运用的材质、色彩以及传统的历史痕迹与浑厚的文化底蕴,同时又摒弃了古典风格中过于复杂的肌理和装饰。简欧风格是现代别墅装修流行的一种风格。

3.欧式古典风格

欧式古典风格自拜占庭帝国开始,经过罗马式、哥特式、文艺复兴式、巴洛克和洛可可风格等多元文化的影响,焕发出古典与奢华的魅力。欧式古典风格多引入建筑结构元素如凸凹有致的墙壁、罗马柱、雕花等,室内常摆放带有卷叶草、螺旋纹、葵花纹或弧线等欧式古典纹饰的精致家具与陈设,重现了宫廷般的华贵。

作为欧洲文艺复兴时期的产物,欧式古典风格继承了巴洛克风格中豪华、动感、多变的视觉效果,也吸取了洛可可风格中唯美的细节处理方法,受到了社会上层人士的青睐。特别是欧式古典风格深沉中显露尊贵、典雅里浸透豪华的设计哲学,也成为这些成功人士享受品质生活的一种写照。

欧式古典风格在设计时强调空间的独立性,配线的选择要比新古典主义风格复杂得多。在材料选择、施工与配饰方面的投入比较高,所以欧式古典风格更适合在较大别墅或宅院中运用,而不适合较小户型。

4.新古典主义风格

新古典主义风格起源于18世纪中期,是致力于在设计中运用传统美学法则使现代材料与结构的建筑造型和室内造型产生出规整、端庄、典雅、有高贵感的一种设计潮流,反映了世界进入后工业时代的现代人的怀旧情绪和传统情怀。

"形散神聚"是新古典主义风格的主要特点。在注重装饰效果的同时,通过现代的手法和材质还原古典气质,新古典主义风格具备了古典与现代的双重审美效果,完美的结合也让人们在享受物质文明的同时得到了精神上的慰藉。

新古典主义风格是融合现代风格的典型代表,但这并不意味着新古典主义风格的设计可以任意使用现代元素,它并不是其他设计元素的堆砌,而是通过简化的手法、现代的装饰材料和加工技术去追求传统样式的大致轮廓及特点。新古典主义风格注重装饰效果,用室内陈设品来增强历史文脉特色,往往会照搬古代设施、家具及陈设品来烘托室内环境氛围。

5.美式风格

美式风格起源于17世纪,先后经历了殖民地时期、美联邦时期、美式帝国时期的洗礼,融合了巴洛克、洛可可、英国新古典主义等装饰风格,形成了对称、精巧、优雅和华美的特点。美式风格多采取金鹰、交叉、双剑、星、麦穗、花彩等纹饰元素,在锡铅合金烛台、几何图案地毯、雕花边柜的装饰中,呈现出独特的韵味。

美式乡村风格摒弃了烦琐和奢华,并将不同风格中的设计元素汇集融合,以舒适性为主,强调"回归自然"。美式乡村风格突出了生活的舒适和自由,不管是感觉笨重的家具,还是带有沧桑感的配饰,都在告诉人们这一点。特别是在墙面色彩选择上,自然、怀旧、散发着浓郁泥土芬芳的色彩是美式乡村风格的典型特征。

美式乡村风格的色彩以自然色调为主,绿色、土褐色最为常见,壁纸多为纯纸浆质地,家具颜色多仿旧漆,式样厚重,设计中多有地中海样式的拱形。

6.地中海风格

地中海风格起源于9~11世纪,特指沿欧洲地中海北岸一线,特别是西班牙、葡萄牙、意大利、希腊这些国家南部沿海地区的淳朴民居住宅风格。地中海风格多用彩色瓷砖、铸铁把手、厚木门窗、阿拉伯风格水池营造出极具亲和力的海洋气息,其柔和的色调和浪漫的气息深受人们的喜爱。

地中海文明在很多人心中都蒙着一层神秘的面纱。它古老而又遥远,宁静而且深邃,无处不在的浪漫主义气息和兼容含蓄的文化品位。其极具亲和力的田园风情,被地中海以外的广大区域人群所接受。对于久居都市,习惯了喧嚣的现代都市人而言,地中海风格给人们以返璞归真的感受,同时体现了人们对更高生活质量的要求。

地中海风格的色彩选择很重要,色彩多为蓝、白色调的纯正天然的色彩,如矿物质的色彩。材料的质地较粗,并有明显、纯正的肌理纹路,木头多为原木。

7.田园风格

田园风格是一种大众装修风格,其主旨是通过装饰、装修呈现出田园的气息。不过这里的田园并不是农村的田园,而是指一种贴近自然、向往自然的风格。田园风格的家具大多都是产于乡村。

这种家具一般都是采用当地的木材和手工技术,模仿精美奢侈的家具,乡村的室内装饰通常是手工的,质朴而简单,外观也比较平常。家具观感朴实、舒适且有一些粗糙,多个地区风格的家具也能够进行相互搭配,哪怕有些历史久远的家具都可以相互组合,显现田园魅力和休闲气氛。最普遍的能够产生这种感觉的是美国殖民地风格、英国中世纪风格、法国乡村风格和西班牙风格。

8.新中式风格

新中式风格诞生于中国传统文化复兴时期,随着国力的增强及民族意识的复苏,在探寻中国设计界的本土意识之初,逐渐成熟的新一代设计队伍和消费市场孕育出了含蓄秀美的新中式风格。新中式风格在设计上继承了唐代、明清时期家居理念的精华,将其中的设计元素提炼并加以丰富,同时改变原有空间布局中的等级、尊卑等封建思想,给传统家居文化注入了新的时代气息。刻板却不失庄重,注重品质和文化内涵是新中式风格的独特魅力,加之其在不同户型的居室中布置更加灵活等特点,如今被越来越多的人所接受。

新中式风格多以明清家具和陈设为主,色彩以红黑色为主。室内多采用对称的布局方式,格调高雅,造型简朴优美,室内陈设主要是字画、匾幅、挂屏、盆景、瓷器、古玩、屏风等。陈设总体布局以相对对称来说比较均衡,端正稳健,而在装饰细节上崇尚自然情趣,如使用精雕细琢且富于变化的花鸟、鱼虫等纹饰。空间之间的关系与欧式风格差别较大,更讲究空间的渗透。

9.日式风格

传统的日式家居将自然界的材质大量运用于居室的装修、装饰中,不推崇豪华奢侈、金碧辉煌,以淡雅节制、深邃神意为境界,重视实际功能。日式风格特别能够与大自然融为一体,借用外在自然景色,为室内带来无限生机,同时也注重选用富有自然质感的装饰材料。

日式风格的室内空间造型极其简洁,陈设布置秩序井然,推拉门扇及窗扇打开以后与庭园空间相互贯通。室内白墙壁上木本色构件的方格几何构图显得朴素、文雅,并悬挂日本式灯笼。家具陈设布置以较矮的茶几为中心,在茶几周围的椅凳或地面上放置日本式蒲团(坐垫)、陈设日本茶道陶瓷或漆器,或用日本"花道"插花、日式挂轴,以及悬挂细竹帘子来增加室内淡雅的气氛。

10.东南亚风格

东南亚风格在设计上逐渐融合西方现代概念和亚洲传统文化,通过不同的材料和色调搭配,在保留了自身的特色之余,还产生更加丰富的变化。东南亚风格主要表现为两种取向,一种为深色系带有中式风格;另一种为浅色系受西方影响的风格,表达着热烈中微带含蓄,妩媚中蕴藏神秘,温柔与激情兼备的室内氛围。东南亚风格广泛地运用木材和其他的天然原材料,如藤条、竹子、石材、青铜和黄铜,深木色的家具,局部采用一些金色的壁纸、丝绸质感的布料。东南亚风格静谧、雅致,略带禅味。

11.LOFT风格

20世纪40年代,LOFT风格这种居住生活方式首次在美国纽约出现。当时,艺术家与设计师们利用废弃的工业厂房,从中分隔出居住、工作、社交、娱乐、收藏等各种空间,在浩大的厂房里,他们构造各种生活方式,创作行为艺术,或者办作品展,淋漓酣畅,快意人生。而这些厂房后来也变成了最具个性、最前卫、最受年轻人青睐的地方。

在20世纪后期,LOFT风格这种工业化和后现代主义完美碰撞的艺术,逐渐演变成了一种非常时尚的居住与工作方式,并且在全球广为流传。如今LOFT风格总是与艺术家、前卫、先锋、798等词相提并论。

LOFT风格的定义要素主要包括高大而敞开的空间,上下双层的复式结构,类似戏剧舞台效果的楼梯和横梁;流动性,户型内无障碍;透明性,减少私密程度;开放性,户型间全方位组合;艺术性,通常是业主自行决定所有风格和格局。进入互联网时代,被工业革命抛弃已久的"个性化"浪潮卷土重来时,LOFT风格作为一种建筑形式,越发被人爱戴,甚至成为一种城市重新发展的主要潮流,它为城市人的生活方式带来激动人心的转变,也对新时代的城市美学产生极大地影响。

二、室内设计风格变迁

(一)中国近代室内设计风格

20世纪20-30年代,在复杂的历史背景影响下,国内设计界开展探索中国"民族形式"建筑的创作活动。设计师努力探求并吸取民族形式传统手法。注意运用近代新建筑材料和新功能,吸收并反映我国民族的传统特色。当时的政府在一部分较大规模的公共建筑中提倡所谓的"中国固有形式"建筑,从而相继出现了被称为"宫殿式"的建筑形式。

1."宫殿式"建筑及其室内设计

例如,20世纪20年代初期,建筑师吕彦直设计的南京中山陵和广州中山堂及董大西设计的"大上海市政府建筑群"。中山陵藏经楼的室内设计采用中国传统八角形藻井装饰和梁枋彩画装饰,广州中山堂的内部装修色彩鲜明,有富丽堂皇的传统装饰效果。

2.仿中国古典折衷主义建筑及其室内设计

20世纪20-30年代,在我国建筑界的中外建筑师曾经一度出现以追随和抄袭西方古典建筑手法为时髦。一批在国外留学受到学院派设计教育的中国建筑师,设计思想带有浓厚的仿古典式的折衷主义色彩。室内设计的特点大多是在现代建筑功能、结构和材料所形成的内部空间的构件和界面上点缀某些中国木构建筑的小构件,并运用传统色彩、纹样、线脚等来取得与传统的联系,这些作品具有中国传统样式格调。

例如,1934年杨廷宝设计完成的上海南京路大新公司及1936年陆谦受设计的上海中国银行大楼的室内装修,外观造型设计和内部装饰都运用了简明的中国传统处理手法,皆具有中国传统形式的现代建筑和室内设计,突破了因循守旧的繁复的仿古作法。

3.近代中国仿西洋古典建筑及其室内设计

20世纪20-30年代是欧美各国进入"现代建筑"活跃发展和传播期。我国一些大城市受装饰艺术的影响,开始出现了"现代建筑"的趋向。由于在结构上运用钢筋混凝土,高层建筑在城市中不断出现,部分折衷主义转向现代主义,西方资本主义国家的传统形式和流派的作品不断出现。1928年建成的表现美国芝加哥学派技术成就的沙逊大厦(今上海和平饭店)是一栋10层(部分13层)钢架结构建筑。整个建筑的室内设计十分讲究,汇集了9个国家不同风格的装饰和家具,其客房至今仍然在使用。这些西洋形式的建筑,都反映了在第一次世界大战后西方建筑逐步走向成熟阶段的设计水平。这些反映近代技术及其设计思潮的室内设计作品,对此后我国室内设计有深远的影响。

4.延续中的我国民间建筑(包括民居)传统样式

我国大多数城市建筑及民居等通常是以其特有的传统方式进行着建造活动。其室内设计也是因地制宜,各有程式化的样式和做法,形象地反映出当地人文文化与民族习俗、优秀民间传统的延续,是中国近代建筑、室内设计的一部分。它们以独特的手法反映当地自然、气候、材料、风俗和文化背景,具有十分强烈的地方特色。例如,北方的四合院住宅、南方的里弄住宅、西北的窑洞住宅,以及各少数民族住宅特有的形式仍然延续着多姿多彩的地方风格。

(二)中国当代室内设计风格

我国的室内设计起步较晚,由于建筑造价的限制,除少数特殊建筑之外,高水平的室内设计项目在20世纪80年代改革开放之后才有所增加。所以,室内设计师设计作品的风格样式及其追求才有了突破和发展,有些已经形成了派别。

1.新古典主义

用现代结构、材料、技术的建筑内部空间,用传统的空间处理和装饰手法(适当简化),以及陈设艺术手法来进行设计使中国传统样式的室内具有明显的时代特征,可称为新古典主义。奚小彭等室内设计师采取折衷主义手法,在人民大会堂和民族文化宫室内设计中,创造了具有典型的中国传统风格基调的室内空间。

2.新地方主义

室内设计师在充分地了解建筑所处地域的自然环境与人文环境状况的基础之上进行室内设计,使原有的地方色彩带有明显的时代特征,故称为新地方主义。

1982年由华裔美籍建筑师贝聿铭设计的北京香山饭店其室内设计具有中国江南园林及民居的明显特征,品格高雅,具有很高的文化品位,是新地方主义的现代旅馆设计。由戴念慈建筑师设计的曲阜阙里宾舍和黄德龄室内设计师作的该宾舍的室内设计,其建筑设计精美和室内装饰典雅,以及陈设艺术等都具有浓厚的中国传统文化气质和地方特色,是新地方主义的优秀室内设计作品。1983年由余竣南、莫伯治建筑师主持设计的广州白天鹅宾馆建筑和室内设计,中厅以"故乡、水"为主题,内有金亭濯月、叠石瀑布、折桥平台等,充分体现出了岭南庭园风韵,具有十分传统的地方风格特点。

3.新少数民族风格

在现代建筑的内部空间,象征性地表现少数民族建筑内部空间形式,并在内部空间的结构构件上较为直接地采用简化了的少数民族装饰图案,保持了其民族色彩特征。并选用少数民族陈设艺术品等所创造的室内环境气氛具有鲜明的少数民族风格特点。同时又具有现代特征,这一类设计风格可称为新少数民族风格。人民大会堂是供全国人民代表大会开会时使用的厅堂,这部分厅堂的室内设计任务,分别由各地区完成,以充分体现地区及民族特色。其中新疆厅以维吾尔族伊斯兰装饰风格为主,西藏厅以藏族浓烈的色彩和现代内容的佛堂、壁画形式装饰和藏式家具配置,具有鲜明的少数民族风格,西藏拉萨宾馆的室内设计,都是新少数民族风格的室内设计作品。

4.中国现代主义

所谓"中国现代主义",就是中国室内设计界在设计构思上的一种设计论,特点如下:

第一,取西方现代主义中简练的设计风格、表现色彩、质感光影与形体特征等的各种手法。

第二,结合中国国情和技术、经济条件而创作具有中国的特色。例如,1991年建成的上海商城(美国建筑师波特曼设计),是具有较高的文化品位的中国现代主义的室内设计作品。入口空间、梯厅、交通厅与休息厅等一层空间与二层空间连贯通透,在色调典雅的现代厅堂之内,用覆盖金箔的大型太湖石置于入口对景的显要位置,配以讲究的照明效果,成为室内视觉中心。两侧墙面装饰及陈设艺术品的设计,虽采用中国传统题材,但是手法新颖、大气,室内环境的格调高雅。

5.超脱流派与自在生成的倾向

中国室内设计界在设计构思上的另一种设计理论是"自在生成"的超脱流派。它的主要特点如下:

第一,实际调研。强调建筑创作和环境设计应重实际,要从体验生活、体验城市开始,而不是从搜集和拼凑各种已有的设计图式开始。

第二,客观设计。主张客观地从作品所处的自然环境与人文环境出发,而不是从先入为主的艺术风格出发。

第三,主导思想。要求在比较开阔的视野和比较舒展的创作心态中,精心地、全面地处理理性与情感,空间与环境。其着重表现为与内涵之间的复杂关系,使作品的艺术品格能极具品位,并上升到高层次。

第四,设计方法。在创作方法上不否认带有普遍性的设计规律,更加强调在深入实际过程中的随机性与随意性的总体把握,注意常规变化与异常变化的有效穿插,既把"变化"视为创新的必要途径,又极力主张不要轻易地去改变,要改变就要赋予建筑及其室内环境以"独特的表情"。这种"独特的表情"以其丰厚的文化内涵极其令人难忘的外显特征而独具风采。

超脱流派、自在生成的结果,将使作品的艺术气氛、文化气质与时代气息融为一体。在整体景象创造上布正伟建筑师的"熟悉中有陌生,协调中有刺激,平淡中有味道"理论,在其所作重庆江北机场航站楼建筑和室内环境设计中进行了实践。

上面概述了国内外主要建筑的室内设计风格和设计流派,这对室内设计的艺术风格创作,特别是对刚接触室内设计的人员,在进行室内风格设计时,具有辅助、参考、识别和引导的作用。

(三)创新室内设计风格的几点思考

1.按照房间居住人员的情况进行设计

如今,人们对于室内设计有了新的要求,而且很多要求都与人们的真实情况息息相关,包括工作的职位和喜好等。例如,喜欢美术、音乐的人通常都比较喜欢带有艺术色彩的室内设计,对于这些人的室内设计风格自然要符合艺术层面的特点;喜爱文学、历史的人通常较为喜欢具有文化底蕴的室内设计风格。所以,室内设计者在进行设计以前,应该全面把握居住人员的真实情况。首先室内设计者应该与房间居住者或者负责人员进行沟通与交流,其次在这一基础之上全面地把握他们的兴趣所在,最后确定室内设计风格。如果居住者是公职人员,那么室内设计的风格通常应当注重简单、大气;如果是教师、研究人员等,则室内设计风格就要严谨、富有文化内涵。需要强调的是,室内设计者需要多与居住人员沟通并及时改进。

2.在室内设计中体现绿色风格

除了用于居住的室内空间,还存在一些室内空间是工作或者休闲的区域,如商店、办公室等。室内设计者要想让人们进入这类房间之后可以得到非常舒适的感受,可以采取绿色设计风格。绿色设计风格不仅仅是使用绿色、蓝色等人们看着心情舒畅的颜色,更重要的是采用绿色、环保的设计材料。例如,工作区域的室内设计风格一定要简单、明亮,可以选择隔音的材料。

3.注重文化内涵的创新设计理念

重视地域特点与文化内涵既是室内设计的重要价值目标,更是民族精神文化发展的必然趋势。随着信息时代的到来,现代室内设计在经历了从实用性到舒适性,再到个性化的三次过程的转变以后,人们开始重新理解并关注乡土文化和传统文化,并把自己民族的特色充分融入室内设计中,重视地域特点与文化内涵。所以,为实现个性化的室内设计,不但需要迎合国际的设计趋势,全面满足人们工作、生活、娱乐等多项生理与心理的需求,也应该深入研究相应的地域文化、民族文化、用户素质及审美意境等文化因素,并将其融入室内设计当中。"重文化、轻装修"这一观念就充分体现在室内设计中,基于此,设计师应该找到并提炼出一种极具代表性的文化元素来作为设计工作的切入点。

越是民族的也就越是世界的。地域性的文化在我国民族风格当中占有十分重要的地位,我们应该对这些地方性的资源、环境特征及历史财富等进行深入而且细致的了解,把文化传承当作根本,摆脱形式上的禁锢,把这些文化的内涵化为修养,并在作品中将其自然流露出来,这即为现代社会大的设计观。作为新时代的设计师,应当在建筑空间价值上充分体现中国作风和气派,并将中华民族的文化、精神与艺术融入现代室内设计中,在提升人们生活环境质量的同时,实现民族文化的传承。

三、室内设计流派

(一)高技派

高技派这一设计流派形成于在 20 世纪中叶,当时,美国等发达国家要建造超高层的大楼,混凝土结构已无法达到其要求,于是开始使用钢结构,为减轻荷载,又大量采用玻璃,这样一种新的建筑形式形成并开始流行。到 20 世纪 70 年代,把航天技术上的一些材料和技术掺和在建筑技术之中,用金属结构、铝材、玻璃等技术结合起来构筑成了一种新的建筑结构元素和视觉元素,逐渐形成一种成熟的建筑设计语言,因其技术含量高而被称为"高技派"。

20 世纪 50 年代后期兴起的建筑造型在风格上注重表现"高度工业技术"的设计倾向。高技派理论上极力宣扬机器美学和新技术的美感,它主要表现在三个方面:

第一,提倡采用最新的材料——高强钢、硬铝、塑料和各种化学制品来制造体量轻、用料少,能够快速与灵活装配的建筑;强调系统设计和参数设计;主张采用与表现预制装配化标准构件。

第二,认为功能可变,结构不变。表现技术的合理性和空间的灵活性既能适应多功能需要又能达到机器美学效果。这类建筑的代表作首推巴黎蓬皮杜艺术与文化中心。

第三,强调新时代的审美观应该考虑技术的决定因素,力求使高度工业技术接近人们习惯的生活方式和传统的美学观,使人们容易接受并产生愉悦。代表作品有由福斯特设计的香港汇丰银行大楼,法兹勒汗的汉考克中心,美国空军高级学校教堂。

(二)光亮派

光亮派是晚期现代主义中极少主义派的演变,也称"银色派"。室内设计师们擅长抽象形体的构成,夸耀新型材料及现代加工工艺的精密细致和光亮效果,在室内往往大量采用镜面及平曲面玻璃、不锈钢、磨光的花岗石和大理石等作为装饰面材。在室内照明上,又采用投射、折射等各类新型光源和灯具,在金属和镜面材料的烘托下,形成光彩照人、绚丽夺目的效果。并在简洁明快的空间中展示了现代材料和现代加工技术的高精度,传递着时代精神,这是20世纪60年代流行于欧美的一种建筑思潮。"银色派"在建筑创作中注重先进技术、综合平衡、经济效益和装修质量。其风格特征主要表现在大面积的玻璃幕墙上。

(三)白色派

1.简介

白色派(the whites)是以"纽约五人组"(埃森曼、格雷夫斯、格瓦斯梅、海杜克、迈耶)为核心的建筑创作组织,在20世纪70年代前后最为活跃。他们的建筑作品以白色为主,具有一种超凡脱俗的气派和明显的非天然效果,被称为美国当代建筑中的"阳春白雪"。"纽约五"与"白色派"常为互代。他们的设计思想和理论原则深受风格派和柯布西耶的影响,对纯净的建筑空间、体量和阳光下的立体主义构图、光影变化十分偏爱,故被称为早期现代主义建筑的复兴主义。

对白色的忠实运用是迈耶建筑最显著的特征,这种风格的纯粹性在建筑界独树一帜,迈耶对于白色有着独特的理解。在他看来,白色是丰富的,它包含所有的颜色,自身也是一种可以扩展的色彩,它可以容许光谱上所有的色彩显现出来,在白色的表面能够最好地欣赏光影的表演;同时,白色也是苛刻的,它使建筑的空间与结构以更为清晰的方式表现出来,使观者对建筑元素的感知得以强化。迈耶对白色的偏爱使建筑的概念被精确地提炼,建筑由此而具备了一种超凡脱俗的气质,其形式也变得更加有力。

2.建筑特点

第一,建筑形式纯净,局部处理干净利落、整体条理清楚。在规整的结构体系中,通过蒙太奇的虚实的凹凸安排,以活泼、跳跃、耐人寻味的姿态突出了空间的多变,赋予建筑以明显的雕塑风味。

第二,基地选择强调人工与天然的对比,一般不顺从地段,而是在建筑与环境强烈对比、互相补充、相得益彰之中寻求新的协调。

第三,注重功能分区,特别强调公共空间与私密空间的严格区分。理查德·迈耶设计的道格拉斯住宅是白色派作品中较有代表性的一件。

20世纪80年代以后,白色派的五位主要成员各自沿着自己的创作方向奋力前进,他们获得了举世瞩目的成就;但是,白色派作为一个建筑组织却随之逐渐消失了。

（四）洛可可派

1.简介

洛可可式建筑风格是以欧洲封建贵族文化的衰败为背景,表现了没落贵族阶层颓丧、浮华的审美理想和思想情绪。他们受不了古典主义的严肃理性和巴洛克的喧嚣放肆,追求华美和闲适。洛可可一词由法语"rocaille"（贝壳工艺）演化而来,原意为建筑装饰中一种贝壳形图案。1699年,建筑师、装饰艺术家马尔列在金氏府邸的装饰设计中大量采用这种曲线形的贝壳纹样,并由此而得名。洛可可风格最初出现于建筑的室内装饰,以后扩展到绘画、雕刻、工艺品、音乐和文学等领域。

2.洛可可风格特色

第一,洛可可建筑风格的特点是以贝壳和巴洛克风格的趣味性的结合为主轴,室内应用明快的色彩和纤巧的装饰,家具也非常精致而偏于烦琐,不像巴洛克风格那样色彩强烈,装饰浓艳。德国南部和奥地利洛可可建筑的内部空间显得非常复杂。

第二,洛可可世俗建筑艺术的特征是轻结构的花园式府邸,它日益排挤了巴罗克那种雄伟的宫殿建筑。在这里,个人可以不受宫廷社会打扰,自由发展。例如,逍遥宫或观景楼这样的名称都表明了这些府邸的私人特点。尤金王子的花园宫就是一个节奏活泼的整体,由七幢对称排列的楼阁式建筑构成,其折叠式复斜屋顶从中间优美匀称地传至四个角楼的穹顶处,上面有山墙的单层正厅具有是中产阶级的舒适,两个宽展的双层侧翼则显示出主人的华贵,却又没有王公贵族的骄矜。两个宽度适中的单层建筑介于塔式的楼阁之间,而楼阁的雄伟使整个建筑具有坚固城堡的特点。总之,极为不同的建筑思想,却又统一在一种优雅的内在联系中。正是这种形式与风格简直相互矛盾的建筑群体和漫不经心的配置,清楚地体现出了洛可可艺术的精神。

第三,洛可可风格的总体特征是轻盈、华丽、精致、细腻。室内装饰造型高耸纤细,不对称,频繁地使用形态方向多变的如"C""S"或涡圈形曲线、弧线,并常用大镜面作装饰。洛可可风格大量运用花环、花束、弓箭及贝壳图案纹样,同时善用金色和象牙白,色彩明快、柔和、清淡却豪华富丽。洛可可风格的室内装修造型优雅,制作工艺、结构、线条具有婉转、柔和等特点,以创造轻松、明朗、亲切的空间环境。

(五)风格派

1917年,在荷兰出现的几何抽象主义画派以《风格》杂志为中心,创始人为T.van杜斯堡,主要领袖为P.蒙德里安。蒙德里安喜欢用新造型主义这个名称,所以风格派又称作新造型主义。风格派完全拒绝使用任何的具象元素,主张用纯粹几何图形的抽象来表现纯粹的精神。风格派认为只有抛开具体描绘、细节,才能避免个别性和特殊性,获得人类共通的纯粹精神表现。

风格派不仅关心美学,也努力更新生活与艺术的联系。在创造新的视觉风格的同时,它力图创造一种新的生活方式。陶斯柏声称:"艺术……已发展成了足够强大的力量,能够影响所有的文化,而不是艺术本身受社会关系的影响。"在他看来,绘画和雕塑已不再是与建筑及家具不相干的东西了,它们都同属一个范畴,即创造和谐视觉环境的手段。这种用艺术改造世界的思想显然是过于理想化了。

风格派的作品虽然没有可理解的主题,常冠以"构图第X号"之类的名称。但这些作品有深层次的内涵与意义,它们体现了大多数欧洲人民渴望和谐与平衡的心态。蒙德里安认为,只要普遍的和谐还未成为日常生活中的现实,那么绘画就能提供一种暂时的代替。风格派出现于荷兰并非偶然,它与人类征服自然的"荷兰精神"和宣扬克制与纯洁的荷兰清教传统相一致。有人认为四四方方的田野、笔直的道路和运河这种人工的荷兰景色是风格派绘画中隐匿的主题,这种说法未免有些牵强,但风格派艺术确实是以一种几何图形和精确的方式表达了人类精神支配变化莫测的大自然,以及寓美于纯粹与简朴之中的思想。

(六)超现实派

第一次世界大战后,法国兴起的在文艺及其他文化领域里对资本主义传统文化思想的反叛运动中,其影响波及欧美其他国家。它的内容不仅限于文学,也涉及绘画、音乐等艺术领域。它提出了创作源泉、创作方法、创作目的等问题,以及关于资本主义社会制度和人们的生存条件等社会问题。超现实主义者自称他们进行的是一场"精神革命"。

超现实主义为现代派文学开创了道路,它作为一个文学流派,实际存在的时间并不很长;作为一种文艺思潮、一种美学观点,其影响却十分深远。

超现实主义者的宗旨是离开现实,返回原始,否认理性的作用,强调人们的下意识或无意识活动。法国的主观唯心主义哲学家柏格林的直觉主义与奥地利精神病理家弗洛伊德的"下意识"学说奠定了超现实主义的哲学和理论基础。

超现实主义文艺思潮的出现,反映了第一次世界大战后欧洲资产阶级青年一代对现实的恐惧心理和狂乱不安的精神状态。参加超现实主义集团的有作家布洛东、苏波、查拉,画家阿尔普、马松等。一些原本属于这一流派中的作家,如路易·阿拉贡、保罗·艾吕雅等,由于受到无产阶级革命运动的积极影响,后来转向进步的文艺阵线。第二次世界大战后,超现实主义在美国风行一时,出现了所谓的"新超现实主义"流派,成为帝国主义御用的宣传工具。

(七)装饰艺术派

装饰艺术派起源于20世纪20年代,在法国巴黎召开的一次装饰艺术与现代工业国际博览会后传至美国等各地,如美国早期兴建的一些摩天楼即采用了这一流派的手法。装饰艺术派善于运用多层次的几何线型及图案,重点装饰于建筑内外门窗线脚、檐口及建筑腰线、顶角线等部位。上海早年建造的老锦江宾馆及和平饭店等建筑的内外装饰,均为装饰艺术派的手法。近年来一些宾馆和大型商场的室内,出于既具时代气息,又有建筑文化的内涵考虑,常在现代风格的基础上,在建筑细部饰以装饰艺术派的图案和纹样。

(八)解构后现代主义设计

1.解构主义

解构主义起源于20世纪60年代的法国,属于后现代的理论主张之一。解构主义最大的特色是反中心、反权威、反二元对抗、反非黑即白的理论。通常人们把德里达于1966年在约翰霍普金斯大学所作的《人文科学话语中的结构、符号和游戏》报告看作是解构主义的诞生。德里达的解构哲学直指西方传统哲学的中心结构。他不仅否定了绝对理性和终极价值的存在,而且还颠倒了传统哲学所确定的二元对立关系,主张取消本质与现象、内容与形式、深层与表层等不平等的对立概念,丢掉思维惯有的深度模式而转向思维的平面模式,最终放弃那些永恒的和终极的东西。通俗来讲,解构主义就是指对不容置疑的传统观念发起挑战,将固有逻辑和结构系统进行拆散和重新组合,破除所有形式规则。

2. 后现代主义

后现代主义是西方20世纪70年代兴起的一种设计运动流派,最早出现在建筑领域,形成于美国,很快波及欧洲及日本,经过几十年的发展,逐渐形成了自己的体系和理论基础,并由建筑领域扩散到其他的设计领域,尤其是工业设计领域。根据各种描述、争论的文章来看,后现代主义并没有严格的定义,其中包括了各种不同的甚至是截然相反的观念、流派、风格特征,似乎是一个大杂烩,但有一点可以肯定,即它们都是西方工业文明发展到后工业时代的必然产物,都是对现代主义的批判和反思中产生出来的,是对现代主义的反动或修正。

3. 内在联系

解构主义反对权威的僵化和中心的消解,是对传统的反观,创造性的重构,对一切教条主义的抨击,对个性和差异的关注,对我们有极大的启发。后现代主义在反对现代主义教条性的原则中,多少吻合了解构的意识。但两者不尽完全相同。因为后现代主义对现代主义的态度并不全是创造性的重构,如罗伯特·文图里就是一种对现代主义完全否定的态度,主张在否定的基础上,建立新的建筑观念。

从后现代主义的各种风格流派来讲,大都与解构主义有着某种渊源。比如,对传统的引用,后现代古典主义,后现代新乡土风格,以及后现代装饰主义风格都是在吸取传统要素和精华的部分,用现代的技术和现代的材料来表现当代的社会文化需求,这与解构主义不否定传统,将传统的东西用现代的"语言"创造性建构有异曲同工之妙。在对待多示性的问题上,两者更是不谋而合。后现代主义注重个性,宣扬文化多元论及其差异性、开放性与变异性,强调设计的个性和民族特征是后现代主义思想的一部分;而解构主义是反对权威,消解中心,弘扬自由与活力,反对秩序与僵化,强调多元化差异,这些充分说明了解构主义和后现代主义的内在联系。

第三章　室内设计的方法

第一节　室内设计的方案沟通

一、明确室内设计的内容和计划

在室内设计项目初始阶段,要先收集项目资料,可分为两个方面。

1.业主的主观意向

通常,在这一环节我们可以设置一些表格类文件,有针对性地与业主进行语言交流或采用文字记录的方式收集业主意向的第一手资料,这些资料可能是零散的,需要我们以专业的方式去对其进行整理,然后让业主确认。当然,一些有专业背景的业主方可能会直接向设计人员提供详细的项目要求(如设计任务书、设计招标书等)。

2.场地的客观现状

原建筑设计的各类相关图纸和后期施工变更说明是最权威的资料来源。除此之外,我们还可以通过图表、文字图示、实地测绘、摄影、摄像等方式获取更为直观的场地信息,尤其是通过摄影、摄像等手段可以真实地记录空间现状、周围环境等情况。对于一些公共项目,我们还必须充分了解后期空间使用者的需求,这一点可以通过面对面访谈、问卷调查等方式获得相关资料[1]。

明确了室内设计的具体内容和详细信息后,就需要制订一个设计计划,设计计划的核心是信息的收集、分析、综合和转换,以理性分析为主,设计的关键是各类型空间功能与形式的创造,以感性的创造发挥为主要特征。

(一)室内设计计划的基本要素

室内设计计划的基本内容包括设计计划的基本要素、要素整合的过程及最终形成的设计计划文件。其中,设计计划的基本要素包括以下内容。

---

[1]孙小铭.设计 沟通 价值——室内方案设计思考[J].城市建筑,2015(20):10.

1.机构要素

这里的"机构要素"特指在具体的室内空间中活动的机构对空间的针对性要求,包括机构目标和机构功能。机构目标指机构所要达到的主要目的,机构功能包括机构中各部门的关系、人员工作的性质和特点以及工作流程等,机构功能往往取决于机构目标。

2.环境系统要素

环境系统要素包括场地环境和各种设备系统对空间造成的影响。在设计计划文件过程中,实际探讨并提出的往往是一些十分具体的要素,这些要素包含了设计本身各要素及相关的影响因素,它们对设计过程有着不同的影响。对这些要素的深入分析,将为设计提供依据,并有利于设计师全面、合理地考虑问题。

3.内部使用要素

人的行为活动要求往往取决于特定的机构性质,如学校和图书馆无疑具有不同的活动要求。

4.外部制约要素

外部制约要素大致可分为两类:一类是不可改变的"刚性"要素,如基地现状条件、各种设计标准和规范等;另一类是"弹性"要素,存在着一定的变通可能,如社会因素、经济因素等。

(二)室内设计计划文件

室内设计计划目标的提出是分析各种设计要素、综合内部需求及外部制约条件的结果,设计计划成果应包括需求和制约两大部分。需求即所应解决的问题,制约即为解决问题的可行性。但仅此还不够,除解决问题以外,还应满足业主方或委托人对未来的构思,包括功能要求、空间划分、风格定位、管理流程等各个方面。

一般室内设计计划文件包括以下内容:

第一,工程背景。

第二,功能关系表。

第三,设计目标及要求。

第四,设计构想。

第五,主要经济技术指标。

第六,计划标准的说明。

第七,对某些特殊要求的说明。

通常,室内设计计划表达主要分几个阶段来进行,包括收集资料阶段、分析资料阶段和设计目标提出阶段。这三个阶段由于侧重点不同,表达方式也有所不同。收集资料阶段主要以语言文字、图像、图示表达为主;分析资料阶段则以文字、图示、计算机分析为主;而设计目标提出阶段则主要以文字、表格为主。

二、分析资料的方法和手段

(一)分析资料的方式方法

获取了第一手详尽的设计资料并提出设计计划目标之后,设计师需要对各种资料展开分析。此阶段常用的分析方法主要有图示、计算机辅助、文字表格等。

1.图示

图形语言是设计表达中最常用的方式,在分析资料阶段,草图分析和抽象框图都是很好的分析手段。

(1)草图分析

草图分析包括现状分析草图和资料分析草图,现状分析草图如实地记录、描绘设计现场的实际情况;资料分析草图配合设计现状的调查分析,组织收集相关的图片、文字、背景等资料,尽可能地找出与设计主体有关的各种设计趋向。

(2)抽象框图

分析设计资料需要研究事物的背景、关系及其相关因素等,为了便于入手,设计师需要建立一种有内在关系的网络图,把潜意识的思维转化为现实的图示语言,以一种宽松的、开放的“笔记”方法来表达它们的关系,这种关系网络图就称为抽象框图。

2.计算机辅助

运用计算机可以模拟三维的场地原貌,给设计师提供准确而形象的信息。同时,借助计算机可以与其他信息网络连接,从而使计划阶段资料的收集更广泛、更深入,也可以减少不必要的重复性劳动,大大加快准备阶段的进程。

3.文字表格

在分析设计资料的过程中,设计师通过深入思考,往往会用关键性的文字来描述方案的特殊性,之后再将这些关键性的文字叙述转换为图示语言,这种具有重要作用的文字表达是构思时的一种有效方式。文字表格可作为设计师按照自己独立的工作方式进行下一步设计的依据。

(二)分析资料注意事项

对设计资料的深入分析是设计师进一步对空间进行方案构思的基础,直接决定了后期方案成型的状况,并最终影响到空间设计完成后的实际效果和使用情况,因此,在对设计资料进行分析时需特别强调真实性、突出侧重点和注重概念性。

1.强调真实性

大多数设计任务都涉及众多复杂的背景资料及相关因素,从这些资料信息中提取核心部分将成为寻找矛盾、确立设计切入点的关键。这就要求收集的资料具有足够的准确性和真实性,设计的依据必须通过设计计划来加以科学地论证,不能仅凭设计师个人的经验或想象,而是应建立在客观现实的基础上。

2.突出侧重点

选择是对纷繁客观事物的提炼优化,合理的选择是科学决策的基础,选择的失误往往会导致失败的结果。选择是通过不同客观事物优劣的对比实现的,要先构成多种形式和各种可能的方案,然后才有可能进行严格的选择,在此基础上,以筛选的方法找出最有可能成功的一种方案。

3.注重概念性

概念是反映对象特有属性的思维形式,由人们通过实践,从对象的许多属性中提炼出其特有的属性概括而成。概念的形成标志着人的认识已从感性认识上升到理性认识。

三、设计方案的构思和沟通

在方案的构思阶段,设计思维是表达的源泉,而设计表达是设计思维得以显现的通道。在设计过程中,设计思维的每一阶段都必须借助一定的表达方式呈现出来,通过记忆、思考、分析,使思维有序地发展。在这个过程中,思路由不清晰到清晰,构思由不成熟到成熟,直至设计方案的完成。

(一)设计表达的思维方式

设计表达方式可以使设计思维更加具象,成为设计师与其所表达的思维之间的桥梁。从这个角度来说,表达不是简单地从思想到形式的转换,而是应该如设计思维影响表达一样,成为影响设计思维的一种方式。具体来说,表达不仅仅是思维过程中阶段性结果的表现,还会有效地激发创作思维,使设计师的思维始终处于活跃和开放的状态,并使设计思维向更深入、更完善的境地发展,使设计师走出自我,从一个新的、较为客观的角度,冷静地审视自己的设计,从中发现自身设计的优势和不足。

1.启发

在设计思考过程中,有时设计师会遇到瓶颈状态,陷于自己想要的空间效果和实际条件限制之间的矛盾中;有时也会失去灵感,处于一种无法将方案顺利推进的困境下,这时适当的口头表达将有利于整理头绪、启发思维,令人茅塞顿开。

2.发现

设计表达是记录思维过程的一种方式,在室内设计的方案构思阶段,设计师不一定会对每个角落都考虑得十分全面,但通过这些被记录下来的思维片段,在反复思考的过程中就比较容易发现之前构思的漏洞,及时地完善设计方案。

3.检验

室内设计具有空间性和时间性的特征,一方面是三维空间的整体性;另一方面是人在各个空间中穿行的流动性。这使设计师对局部空间的构思有时会在空间的整体关系上失衡,而设计表达可以帮助设计师将思维的过程连贯起来,以检验这种空间整体的和谐度。

4.激励

设计表达有利于量化设计师的思维成果,进一步激励设计人员创作的热情。

(二)设计表达的形式

在室内设计的方案构思阶段,设计师往往需要与业主进行反复的沟通交流,以确保大家的意见基本保持一致。对于形式感很强的空间设计而言,唯有图形语言是最易于表达设计师对空间构想的手段,也是业主最便于理解设计师想法的方式,因此,该阶段的设计表达就是设计师与业主进行沟通的一座桥梁,为后期设计向大家都认可的方向发展奠定了重要的基础。这一过程的表达方式主要为徒手草图、计算机效果图等比较直观的,并易于操作的图形文件。

另外,有些规模庞大的室内设计项目在有限的时间内并非个人可以单独完成的,而是需要一个团队共同合作,然而作为一个完整的空间,又必须时刻保持空间的整体协调性。这就需要设计师在方案构思的不同阶段相互交流,而设计表达是促进这种交流的主要手段,只有在前期构思阶段就对空间的基本定位、形式元素、后期效果等方面进行统一协调,才能确保最终空间的完整性。

在室内设计的方案构思阶段,我们可以按思维发展过程将其分为概念性思维、阶段性思维和确定性思维三个阶段。徒手草图是这个过程中应用最多的设计表达形式,根据方案构思中思维发展的过程,用于记录各个不同阶段思维的。徒手草图可分为概念性徒手草图、阶段性徒手草图和确定性设计徒手草图。

1.概念性徒手草图

概念性徒手草图是指在设计计划阶段,在资料分析的基础上,对设计者头脑中孕育的无数个方案发展方向的灵感进行涂鸦。

2.阶段性徒手草图

该阶段必须综合设计分析阶段的诸多限定因素,对概念性草图所明确的设计切入点进行深入探究,对关乎设计结果的功能、结构、形式、风格、色彩、材料和经济效益等问题给出具体的解决方案。这是对设计师专业素质、艺术修养、设计能力的全面考验,所有的设计成果将在这一阶段初步呈现。

3.确定性设计徒手草图

确定性设计徒手草图是对阶段性草图的进一步优选,此时设计构思已基本成熟,其调节性不强。此草图基本上是按最终的设计结果给出相应的比例关系、结构关系、色彩关系、材料选用等要素,通过一系列的透视、平面、立体、剖面和节点以草图的形式将设计意图表达出来。

(三)设计表达的构思特征

一个完善的室内设计方案,必然有一个良好的、周密的思维构思过程,而设计表达对思维的记录和激发则是其中一项重要的内容。经过周密构思形成的设计往往具备统一性、个性与风格、生动性与创造性、方向与重点等特征。

1.统一性

熟练的表达可以反映出设计师的成熟,许多高质量的设计表达都具有其内在的一致性。

2.个性与风格

设计师的选择往往是其自身感受和素养的反映。

3.生动性与创造性

通过设计师的设计能表现其构思的深入程度。

4.方向与重点

如果是集体创作,那么创作小组成员为了一个共同任务就需要确定工作方向,了解工作重点。

第二节　室内设计的形象类图纸表达

一、设计手绘图表达

设计手绘图是设计成果表达形式中最基本,也是应用最广泛的方式之一。它通过对室内空间比较明确而又直观地绘制,使人们对方案有一个全面的认识。它要求设计者具有一定的美术功底,能运用各种绘图工具,熟练掌握各项绘图技巧,对设计成果进行细致深入地描述和诠释。设计手绘图按图纸绘制的深入程度可分为徒手草图和手绘表现图,按表达工具可分为铅笔画(含彩笔画)、钢笔画、马克笔画、水彩画、水粉画和喷绘等。

徒手草图是指设计师在创造设计意念的驱动下,将对各种复杂的设计矛盾展开的思绪转化为相关的设计语言,并用笔在纸上生动地表现出来的一种表达方式。徒手草图在很大程度上体现了设计师对空间设计的理解,并通过对设计风格、空间关系、尺度、细部、质地等的设想,展现设计师在理性与感性、已知与未知、抽象与具体之间的探究。构思阶段的草图设计对设计人员来说,往往是设计各阶段中最酣畅淋漓的工作,充满了创作的快感。

手绘表现图强调精确,它是将设计的最终成果形象地表达出来的一种形式,真实性、科学性和艺术性是其基本原则。对于非专业人员而言,这类图纸非常便于他们理解和感受后期的空间效果的,这也是手绘表现图的意义所在。根据客观条件和个人习惯,设计师可以选择各种合适的表现技法[1]。

(一)铅笔画技法

用铅笔绘制室内设计表现图的优点是形象和细部刻画较为准确,明暗对比强烈,虚实容易控制,绘制简捷,缺点是难以表现装饰材料及环境的质感。

设计师在作画时,要根据空间性质和个人特点灵活运用笔法,以取得最为合适和生动的表现效果。常用的手法有利用排线组成不同层次的色块来表现

---

[1]盛繁.室内设计施工图纸深化流程与注意事项研究[J].华东纸业,2021,51(6):179-181.

空间形体;利用大块黑白对比来区分形体和空间转折,使画面明暗对比强烈,具有节奏感;利用单方向线条的变化,增强画面的形式感;以较为统一的线条表现众多复杂的形体,以展现一个较为完整的图面;单线勾勒外形,以线条的粗细和深浅来区别空间;用线面结合的方法表现主体空间,处理不对称的外形,再以配景进行点缀,取得生动活泼的画面效果。

彩色铅笔的使用可以弥补铅笔素描无法表现色彩关系的缺点,其基本技法与普通铅笔相仿。如果用水溶性彩铅,那么用水涂色后可取得温润感,也可用手指或纸擦笔抹出柔和的效果。

(二)钢笔画技法

钢笔、针管笔都是画线条的理想工具,利用各种笔尖的形状特点,可以达到类似中国传统白描的效果。与铅笔素描细腻的明暗调子不同,钢笔运用线条的疏密组合排列来表现明暗。在线条的排列过程中,线条的方向不同、组合形式不同就会产生各种不同的纹理效果,给人不同的视觉感受。为了增加艺术性,有时可以选择一些彩纸作画。钢笔画是由单色线条构成的,其画面具有一定的装饰性。

钢笔淡彩是线条与色彩的结合,其特点是简洁明快,但表现得不是很深入,也无法过多地追求和表现图的色彩变化。

(三)马克笔画技法

马克笔以其色彩丰富、使用简便、风格豪放和成图迅速的特点而受到欢迎。马克笔与彩铅都以层层叠加的方式着色,但马克笔大多是先浅后深,逐步达到所需效果。由于受到笔宽的限制,马克笔一般画幅不大,通常用于快速表现,着色时无须将画面铺满,可以有重点地进行局部上色,使画面显得轻快、生动。马克笔在排列组合着色的过程中,其笔触本身会产生一种秩序感和韵律美,若巧妙利用,可使画面具有节奏感。

马克笔的主要特点是色彩鲜艳,一笔一色,种类多达百余种,色谱齐全、着色简便,作图时无须调色,并具有不变色、快干的优点。马克笔在运笔时可发挥其笔头的形状特征,形成独特豪放的风格。作图时可根据不同的场景、物体形态和质地、设计意图、表现气氛等选择不同的用笔方式。

(四)水彩画技法

水彩渲染的特点是富于变化、笔触细腻、通透感强。利用颜色的变化、色彩颗粒的沉淀、水分流动形成的水渍、颜色之间的互相渗透、干湿笔触的衔接等方式,可形成简洁、生动、明快的艺术效果。水彩几乎可以表现出所有题材,无论是建筑环境的体积感、材质质感、光影和色彩关系及结构的细节刻画,还是山间别墅无拘无束的自然美感,水彩都能较为准确地将其表现出来。但是,它要求底稿图形准确清晰,因为勾勒的铅笔稿对着色起着决定性的作用。水彩画的基本技法有平涂法、退晕法和叠加法等。作画时必须注意以下几点。

第一,画面明度的提高主要靠水,表现明度越高的物体加水愈多。

第二,表现过程通常是从明部画至暗部,这样便于色彩的叠加。

第三,干画时,覆盖遍数不宜过多,以保持颜色的透明度。

第四,干画时,笔上的颜色要薄,下笔要干脆利落。

第五,无论干画还是湿画,都切忌在颜色未干时叠加,否则会产生斑痕。

第六,充分了解水彩纸和水彩色的特性,有助于画出想要的色彩效果。

第七,调色时,颜色要适当混合,不要调色过匀,否则容易使色彩过于单调。

第八,对比色不宜多次叠加覆盖,否则会使画面过于灰暗。

(五)水粉画技法

水粉画是用水调和含胶的粉质颜料来表现色彩的一种方法,具有色彩鲜明、艳丽、饱满、浑厚、作图便捷和表现充分等优点,适合表现不同材料的丰富质感,是应用最为广泛的一种方式。水粉颜料纯度高、遮盖力强、便于修改、使用面广、简便易用。水粉画通常可分为干、湿两种画法,并且在实践中这两种画法可综合使用。绘制水粉画时必须注意以下几点。

第一,水粉画的明度变化主要依靠色相的改变和加入白色量的多少。

第二,水粉画从中间色画起,最亮和最暗的颜色总在最后完成。

第三,颜色虽可以覆盖,但不宜多次覆盖,如需要大面积修改,可先用笔蘸上水洗去颜料。

第四,不宜过多使用干画法,用色也不宜太厚,防止图纸摩擦或卷曲引起色块脱落。

第五,水粉画一般湿时颜色艳而深,干时淡而灰。

第六,水粉画可以和其他多种表现技法结合运用,以达到灵活多变的图面效果。

(六)喷绘技法

喷绘技法以其画面刻画细腻、明暗过渡柔和、色彩变化微妙、表现效果逼真而深受业内人士的青睐。尤其擅长表现大面积色彩的均匀变化,曲面、球面明暗的自然过渡,光滑的地面及物体在其上的倒影,玻璃、金属、皮革的质感,对灯和光线的模仿也非常逼真。但是,过分地使用喷绘,画面中的形体就会显得不厚重,重量感差,对画面中的人物、植物、装饰品等较小物体的表现更是不尽如人意。所以,使用喷绘应根据物体及画面的效果需要合理运用,只有与其他表现技法完美结合,才能充分地展示喷绘的艺术魅力。

因个人的作画习惯和画面内容的不同,室内表现图的绘制步骤和方法也不尽相同,但营造恰当的空间气氛,表现不同材料的质感、色彩是我们必须遵循的共同原则。

二、计算机辅助表达

在高新技术发展日新月异的时代,以计算机为核心的信息产业无疑是具有代表性的行业之一。当今,计算机辅助设计已被广泛应用于室内设计领域。计算机能提供成千上万种颜色,其色彩容量远远超出了人类所能配置的色彩种类,它在阴影、透视、环境展示、模型建构等方面的表现更为突出。计算机可以很方便地提供许多异形空间的准确数据,为室内空间的造型设计开辟了一个全新的领域,使空间设计不再局限于各种圆形、方形等基本几何体的拼合。计算机还可以根据需要随时修改图纸,图纸也可以进行大量复制。

若要利用计算机描绘出比较理想的室内设计表现图,就必须熟练地掌握并运用计算机及相关软件的功能,同时要具备一定的绘画基础,包括对色彩组织运用的能力和取景构图的能力。当然,提高自身修养也是至关重要的,没有广博的知识、绘画的技能和一定的艺术鉴赏力,是不可能发挥计算机的优势而设计出理想的作品的。

利用计算机绘制室内设计表现图通常需要多种不同软件的配合,其基本软件可分为建立模型的软件和进行渲染、图片处理的软件两大类。现在室内设计领域最常用的软件有三维制图软件AutoCAD、模型软件3D Studio MAX、光照渲染软件Lightscape和图片处理软件CoreIDRAW、Photoshop等。当然,这些软件的功能十分强大,不仅适用于室内设计表现图的绘制,而且适合各个行业的设计及应用。

(一)AutoCAD

在室内设计行业中,AutoCAD是绘制线图最常用的软件。它由美国Autodesk公司于1982年率先推出,当时主要用于IBM-PC/XT及兼容机上,版本是

AutoCAD1.0版。该公司在30多年的时间里不断改进该软件,先后推出了十几个版本,现在用得比较多的是AutoCAD 2008。随着技术的逐步改进,AutoCAD的功能也越来越强大。

在平面绘图方面,AutoCAD能以多种方式创建直线、圆、椭圆、多边形、样条曲线等基本图形对象,并提供了正交、对象捕捉、极轴追踪、捕捉追踪等绘图辅助工具。利用正交功能,用户可以很方便地绘制水平、竖直直线。对象捕捉可帮助用户拾取几何对象上的特殊点,而追踪功能使绘制斜线及沿不同方向定位点变得更加容易。在编辑图形方面,AutoCAD具有强大的编辑功能,可以移动、复制、旋转、阵列、拉伸、延长、修剪、缩放对象等。在标注尺寸方面,AutoCAD能创建多种类型尺寸,标注外观可自行设定。在书写文字方面,其能轻易在图形的任何位置、任何方向书写文字,设定文字字体、倾斜角度及宽度缩放比例等属性。在图层管理方面,当图形对象都位于某一图层时,其可设定图层颜色、线型、线宽等特性。在三维绘图方面,其可创建3D实体及表面模型,并对实体本身进行编辑。在网络功能方面,其可将图形在网络上发布,或是通过网络访问AutoCAD资源。在数据交换方面,其可提供多种图形、图像数据交换格式及相应命令。更为重要的是,AutoCAD允许用户定制菜单和工具栏,并能利用内嵌语言Auto LISP、Visual LISP、VBA、ADS、ARX等进行二次开发。

(二)3D Studio MAX

3D Studio MAX是近年来出现在PC机平台上十分优秀的三维动画软件,它不仅是影视广告设计领域强有力的表现工具,也是建筑设计、产品造型设计及室内环境设计领域的最佳选择。通过相机和真实场景的匹配、场景中任意对象的修改、高质量的渲染工具和特殊效果的组合,3D Studio MAX可以将设计与创意转化为令人惊叹的结果。3D Studio MAX作为Autodesk公司推出的一套具有人性化的图形界面软件,包含了模型的建立、绘制和渲染及动画制作三大部分功能。

不同行业对3D Studio MAX有着不同的使用要求,建筑及室内设计行业对3D Studio MAX的使用要求较低,主要使用单帧的渲染效果和环境效果,涉及的动画也比较简单;动画和视频游戏行业主要使用3D Studio MAX的动画功能,特别是视频游戏对角色动画的要求更高一些;而影视行业要进行大量的特效制作,其把3D Studio MAX的功能发挥到了极致。

利用3D Studio MAX绘制室内设计表现图的基本操作流程为建立基本模

型—对已建立的模型进行编修—对形体的材质进行指定—在场景中设定摄像机—在场景中加入光源—将连续的场景形成动画。

1.建立基本模型

基本模型包括立方体、圆柱体等3D图形及2D图案。2D图案可以先在AutoCAD中完成,再导入3D Studio MAX中,这样可以使线图的绘制更为便捷。

2.对已建立的模型进行编修

室内空间中的各种形体不一定都是由规则的几何体块组成的,3D Studio MAX提供了强大的模型编辑功能,可将在场景中所建立的基本形体按照其参数加以修改或将二维图案加入厚度,生成丰富的形体式样。

3.对形体的材质进行指定

室内设计表现图需要很好地体现出空间内各种物件的材质,3D Studio MAX优秀的材质编辑功能可将场景中的物体的材质质感完美表现出来,达到完全真实的效果。

4.在场景中设定摄像机

在没有指定摄像机时,我们只能看到空间环境的平面、立面和轴测等单一的景象,加设摄像机后可以透过指定的窗口观看已建立的场景。其精确而真实的三维透视效果有利于表现室内空间的任何一个角度,最终获得真实的效果,让人仿佛置身于其中。

5.在场景中加入光源

3D Studio MAX可以利用光源或投射灯来模拟真实的灯光效果及太阳光的辐射效果,从而营造出场景的空间氛围。

6.将连续的场景形成动画

3D Studio MAX可以在三维空间中加入时间概念,使人产生在空间中走动参观的感觉。利用3D Studio MAX产生动画效果,通过物体移动的快慢、光线明暗的演变或摄像机镜头的远近,可以营造出空间环境的律动感。

当然,利用3D Studio MAX制作室内设计表现图的基本流程并不是一成不变的,熟练地掌握了这些基本命令和步骤后,可以根据绘图者个人的习惯和图面空间的客观要求,对3D Studio MAX进行灵活地运用,并总结出更为便捷的运用方法。

(三)Photoshop

Photoshop是由美国Adobe公司开发的一款功能强大的图像处理工具,备受国内外广大图像处理人员的青睐,在平面设计和图像处理领域占据霸主地位。Photoshop功能强大,使用方便,是一柄可以让图像处理人员充分发挥其艺术创造力的利器。如果再结合滤镜插件和第三方软件,就可以十分轻松地创作出一些惊人的特殊效果。

从功能上看,Photoshop包括图像编辑、图像合成、校色调色及特效制作几大功能。图像编辑是图像处理的基础,可以对图像做各种变换,如放大、缩小、旋转、倾斜、镜像、透视等,也可进行复制、去除斑点、修补、修饰图像的残损等;图像合成则是将几幅图像通过图层操作、工具应用合成完整的传达明确意义的图像,这是平面美术设计的必经之路,Photoshop提供的绘图工具能让外来图像与创意很好地融合,使合成的图像天衣无缝;校色、调色是Photoshop中最具威力的功能之一,可方便快捷地对图像的颜色进行明暗调整和偏色校正,也可在不同颜色模式间进行切换以满足图像在不同领域,如网页设计、印刷、多媒体等领域的应用;特效制作在Photoshop中主要通过综合应用滤镜、通道等工具完成,包括图像的特效创意和特效字的制作,如油画、浮雕、石膏画、素描等常用的传统美术技巧,可制作各种特效字更是很多美术设计师热衷于研究和应用Photoshop的重要原因。

三、三维模型表达

模型是一种将构思形象化的有效手段,它是三维的、可度量的实体,因而与图纸相比,在帮助建筑师想象和控制空间方面有着十分突出的优势,还可以引发建筑师更多的想象力和创造力。由于模型自身具备直观性、可视性和空间审美价值,因此能使人们了解到客观对象的真实比例关系与空间组合,能够产生"以小观大"的效果。这样设计师便可通过对模型的研究和制作深化发展构思。

在环境艺术设计中,一般将模型分成景观模型和室内模型两种类型。其中,景观模型主要有场地模型、体块模型、景观模型、花园模型等;室内模型则包括空间模型、构造模型、细部模型、家具模型等。

另外,按模型在构思阶段所起的不同作用,人们又将其分为概念模型和研究模型两类。

概念模型特指当设计想法还比较朦胧时所形成的三维的表现形式,它是在工程项目的初期建造阶段,用来研究诸如物质性、场地关系和解释设计主题性等抽象特性的研究方式。每一个概念模型都至少蕴含着一种发展的可能性,预示着一个发展的方向。一般来说,每个设计师在一段时期内所能产生的概念模型,其数量和质量都是难以预料的。

研究模型是为了研究具体问题而特别制作的整体或局部的模型,它将三维空间中的构思加以概括,具有朴实无华的特点。研究模型通常被快速完成,建筑材料在其中被象征性地表现出来。制作研究模型的目的是比较形状、尺度、方向、色彩和肌理等,该模型具有快速修改的特点。

如果说概念模型阶段主要是对设计人员整体意念和初步空间构思进行的表达,那么研究模型阶段便是在此基础上,将侧重点放在对构思所应解决的诸多问题的表达上。

(一)景观模型

1.场地模型

场地模型通常是在设计开始前制成的,为建筑规划展示严格的尺寸及地形、地貌环境,包括所有对建筑设计有影响的场地特点,如现存建筑、周围路网和绿化等,作用是协调三维空间上形体之间的关系。

2.体块模型

体块模型是场地建筑整个形体组合的研究模型,采用有限的色彩和概括的手法刻画出建筑物的外部形体,既要体现设计主体与周围空间位置的直接关系,又要注意与环境的融合关系。体块模型通常采用单一的色彩和材料制成,没有表面的细部处理,只有抽象出纯粹的形象,用以研究与周围环境的相互关系及人们在其中的活动范围。

3.景观模型

景观模型是在场地模型的基础上,按照一定的比例,将交通、绿化、树木及建筑等以简单的形式呈现出来。景观模型的重点是阐明景观空间和与此相关的地表模型,还有对其特点的描述。相关的表现还有游戏草地、运动广场、露营帐篷、游泳池、水上运动设施和小花园等。

(二)室内模型

1.空间模型

空间模型通常用来呈现各自的内部空间或众多空间的秩序。室内空间模型承担着阐明所塑造空间的形态、功能和光线技术问题的任务,通常以一些简单的面层材料拼装而成,用来表示一些单独的或成序列的内部空间,也可快捷地搭成一个立面,形式就像一种平面的三维草图。

2.构造模型

构造模型是三维的实体结构图,表现为自然的骨架,没有外表的装饰。构造模型主要用来表明结构、支撑系统和装配形式,以达到试验的目的。构造模型可制成各种比例,代表的是最基本的构思,只用以研究单独的问题,而深入的模型则用以决定结构的选型。

3.细部模型

细部模型可以重现空间上特别复杂的点,可展现详细的细节设计。通过这些细部可以使构造更加自然,也可进一步完善装饰。

4.家具模型

在室内设计中,有时会采用家具模型来表达设计空间的体量感、尺度感等。在构思阶段,家具模型不仅是一个体量或位置的标识,而且在深化阶段可以涉及具体的细节和形式问题。

与图示表达相比,三维模型的表现在视觉效果上具有更强的直观性。但是,构思阶段的三维模型作为设计师思考的工具,依然有着不确定性和不完整性,设计中遇到的问题可以随时在构思模型中得到诠释和验证,并及时进行修改。这种不确定性与不完整性正是设计师设计思维推进的原动力。对最终用于展示的三维模型而言,其拥有与其他表达方式完全不同的优势和特点。

四、其他综合性表达方式

综合表达就是在设计过程中,为了更好地表现设计思维而使用各种相对独立的表达方式。在构思过程中,各种表达方式的综合使用是非常频繁的,尤其是在计算机辅助设计技术广泛应用于设计领域之后。为了进一步将思维形象化,计算机技术、徒手草图、模型等表现手段便不再各行其是,而是互为补充,综合协调地进行表达,以更好地推进设计思维的进一步发展及最终成果的多方位展示。

综合表达是一种为适应不断提高的设计表达需求而产生的表达方式,即在同一个设计中应用多种表达方式,发挥各自优势,多方面全方位地对设计进行表述,这样做的结果是大大提高了交流的质量,使设计表达的效果更加理想化。现在,自由地混合使用多种表达方式,将它们作为媒介手段来辅助、推进设计已经成了一种常态。

另外,除了以上所描述的几种表达方式外,还有一些表达方式时常会根据需要被采用,如摄影技术、DV技术、多媒体技术等。通常多媒体技术可分为两大类,即三维动画和多媒体幻灯片。它们都是以计算机为传播媒介的动态表达方式,但是它们的创作方法、表达内容却有着很大的区别,使用范围也有所不同。与此同时,这些方式在设计表达中也越来越显现出一种普遍性和代表性。

此外,各种表达方式在独立表现或综合表现时,特别是在设计构思阶段和设计成果展示阶段都会表现出不同的特征。

(一)设计构思阶段

1.开放性

在设计构思阶段,表达的开放性特点是显而易见的,这种开放性不仅仅指表达方式,也包含思维的开放性。在整个设计过程中,构思阶段的设计思维是最活跃的,在该阶段开放形式的表达方式具有很强的生命力,这是由于设计构思是一个不断发现问题和不断解决问题的过程,在解决矛盾的同时思维也在逐渐地成长。这意味着设计构思的表达具有不确定性,即随时可以进行更正和修改。

2.启发性

构思阶段的思维特点决定了各种表达方式的特点。思维在构思阶段一直处于活跃的状态。设计阶段是设计不断成熟和完善的过程,各种因素都是可变的、不确定的,如设计师的徒手草图,它的模糊性和不确定性使每一位观赏者对其都有着自己的诠释和理解。这种不确定因素对设计师的设计思维恰恰也是一种启发。

3.创新性

设计是社会文化的重要组成部分,设计和其他文化产品一样都是通过作者的智慧创造出的具有个性的新事物。具体而言,设计就是通过作者的构思,运用设计的知识、语言、技法等手段所创造出的与众不同的新生命。

(二)设计成果展示阶段

1.艺术性

艺术性是设计成果表达的灵魂,设计成果表达既是一种科学性较强的工程图,也可成为一件具有艺术价值的艺术品。在巧妙的设计构思基础上,再赋予恰当的、生动的表达,其便可以完整地创造一个具有创意和意境的空间环境,使人们从其外表中感受到形的存在和设计作品中的灵气。总的来说,设计成果表达的艺术性强弱,取决于设计者自身的艺术修养和气质。通过对不同表达方式的选择和综合应用,设计者能够充分地展示自己的个性并形成自己独特的表达风格。

2.科学性

科学性是设计成果表达的骨骼,它既是一种态度也是一种方法,是用科学的手段来表达科学性的设计。一般来说,设计成果表达要符合环境艺术的科学性和工程技术性的要求,要受到工程制图规范和许多相关法规的制约,因此必然要以科学行为为基础。为了确保设计成果表达的真实、可靠,设计师需要以科学的态度对待表达上的每一个环节,如透视与阴影的概念、光与色的变化规律、空间形态比例的判定、构图的均衡、绘图材料与工具的选择和使用等。因此,设计师必须熟练地掌握这些知识和规范,对设计成果表达进行灵活地把握,并结合丰富的想象力和创造力,使设计成果表达能更准确地传递设计师的设计理念。

3.系统性

在环境艺术设计成果表达中,系统性是指导设计师正确表达设计意图的基本原则,具体指在满足艺术性、科学性的同时,必须准确、完整而又系统地表达出设计的构思和意图,使业主和评审人员能够通过图纸、模型、说明等设计文件,全面、完整地了解设计内涵。无论项目的规模大小,其设计过程和表达文件都应该注重系统性,只有系统全面地表达设计要求的文件内容,才能更加形象地展现设计师的构思、意图和设计的最终效果。

第三节　室内设计的技术类图纸表达

一、技术性图纸表达的内容

室内设计的技术性图纸主要是指方案设计和初步设计完成后,设计师根据已确定的方案进行的具体施工图设计。技术性图纸需要充分考虑建筑物的空间结构、设备管线、装饰材料供应等问题,并结合空间功能、施工技术、经济指标、艺术特征等问题,细化设计方案,确定工程各部位的尺寸、材料和做法,为施工单位提供现场施工的详细依据和指导。

在技术性图纸制作阶段,设计师要将所有的技术问题——落实,并完善形式语言的细节,考虑设计方案表达的优化问题。它是整个设计思维过程中的最后环节,其主要表达内容为平面图、立面图、剖面图、表现图、设计说明、材料样品、计算机模拟和精细的模型及动画演示等结果性的表达成果。室内设计的技术性图纸根据其发展过程一般分为方案设计阶段、扩初设计阶段、施工图设计阶段等。

(一)技术性图纸的发展过程

1.方案设计阶段

方案设计阶段的技术性图纸是指方案构思确定后,对其尺寸、细部及各种技术问题做最后的调整,使设计意图充分地"物化",并以多种方式表现出来。通常,方案设计文件应以建筑室内空间环境和总平面设计图纸为主,再辅以各专业的简要设计说明和投资估算,主要用于向业主方汇报方案。

2.扩初设计阶段

扩初设计阶段是介于方案设计与施工图设计之间的承前启后的设计阶段,主要内容是对方案汇报时所发现的问题进行及时的调整。扩初设计主要解决技术问题,如空间各个局部的具体做法,各部分确切的尺寸关系,结构、构造、材料的选择和连接,各种设备系统的设计及各个技术工种之间的协调(如各种管道、机械的安装与建筑装修之间的结合等问题)。扩初设计是方案设计的延伸与扩展,也是施工图设计的依据和纲领。

3.施工图设计阶段

施工图设计阶段包括对扩初设计的修改和补充、与各专业的协调配合及完成设计施工图绘制三部分内容。这个阶段需要将扩初设计更加具体和细致化,以求其更具操作性。扩初设计完成后,要再次与建设单位共同审核,并与水电、通风空调等配合专业共同研究,对设计中有关平面布局、尺寸、标高和材料等进行调整与修改,为施工安装、编制工程预算、工程竣工后验收等工作提供完整的依据。

(二)技术性图纸的主要表达内容

室内设计的技术性图纸主要包括平面图、顶棚图、立面图、剖面图、构造详图、与其他专业相配套的图纸及体现整体气氛的透视表现图等。

1.平面图

平面图的表达内容包括以下几个方面。

第一,房间的平面结构形式、平面形状和长宽尺寸。

第二,门窗的位置、平面尺寸,门窗的开启方向和尺寸。

第三,室内家具、织物、摆设、绿化、景观等平面布置的具体位置。

第四,不同坪的标高、地面的形式,如分格与图案等。

第五,表示剖面位置和剖视方向的剖面符号、编号及立面指向符号。

第六,详图索引符号。

第七,各个房间的名称、房间面积、家具数量及指标。

第八,图名与比例及各部分的尺寸。

2.顶棚图

顶棚图的表达内容包括以下几个方面。

第一,被水平剖面剖切到的墙壁和柱。

第二,顶棚的各种吊顶造型和具体尺寸。

第三,顶棚上灯具的详细位置、名称及其规格。

第四,顶棚及相关装饰的材料和颜色。

第五,顶棚底面和分层吊顶底面的标高。

第六,详图索引符号、剖切符号等。

3.立面、剖面图

立面、剖面图的表达内容包括以下几个方面。

第一,作为剖面外轮廓的墙体、楼地面、楼板和顶棚等构造形式。

第二,处于正面的柱子、墙面及按正面投影原理能够投影到画面上的所有构件或配件(如门、窗、隔断、窗帘、壁饰、灯具、家具、设备、陈设等)。

第三,墙面、柱面的装饰材料、造型尺寸及做法。

第四,主要竖向尺寸和标高。

第五,各部分的详细尺寸、图示符号及附加文字说明。

4.构造详图

构造详图包括节点图和大样图。节点图是反映某局部的施工构造切面图;大样图是指某部位的详细图样,指以更大的比例所画出的在其他图中难以表达清楚的部位。其主要表达内容包括以下几个方面。

第一,详细的饰面层构造、材料和规格。

第二,细节部位的详细尺寸。

第三,重要部位构造内的材料图例、编号、说明等。

第四,详图号及比例。

5.透视表现图

表现图表达的是一项设计实施后的形象,它可以显示设计构思与建成后的实际效果之间的相互关系。如果平、立、剖面图被认为是设计表达中的"技术语言",是一种定量的、精确的方案设计表达方式,那么,设计表现图则可认为是设计表达中的"形象语言",是一种定性的、形象化的意图表现形式。根据其表现的具体形式,可以分为轴测图和透视图等。轴测图可以在一张视图中描述出长、宽、高三者之间的关系,并能够保持所描绘对象的物理属性,精确地表示出三维的比例,经过适当的渲染还能给二维图像以一种生动形象的空间距离感,最大的优势是其构图的灵活多样性及在同一幅图中表达多种信息的能力。透视图在所有设计图纸中是最具表现力和吸引力的一种视觉表达形式。它可以使看不懂平、立面图的非专业客户通过透视图了解设计师的构思、立意及设计完成之后的情况。根据透视图使用的灭点个数,透视图可分为一点透视图、两点透视图和三点透视图三种基本类型。

第一,一点透视图表现范围广、纵深感强,适合表现庄重严肃的室内空间,能充分显示设计对象的正面细节,缺点是画面比较呆板,与真实效果有一定的差距。

第二,两点透视图是透视图中应用最广泛的一类,可以真实地表现物体和空间,形式自由活泼,表现的效果比较接近于人的真实感受,缺点是如果角度选择不好,易产生变形。

第三,三点透视图(鸟瞰图或俯视图)主要应用于高层建筑物的绘制,在室内设计中,常用于展示有多个跃层的空间,三点透视图在表现场最大的完整性上具有很大优势。

二、绘制技术性图纸的基本规范

绘制室内设计的技术性图纸需要把握三视图的基本原理,同时需要掌握装饰装修制图规范。目前室内设计图纸的制作规范主要来源于建筑设计制图规范,是对其的一种专业细化。

(一)图纸图幅与图框图幅

图纸图幅与图框图幅指的是图纸的幅面,即图纸的尺寸大小,工程图纸中一般以 A0、A1、A2、A3、A4 代号来表示不同幅面的大小,一张标准 A0 图纸的尺寸是 118.8cm×84cm,后面图号每增加一号,图纸幅面就小一半,即 A1=84cm×59.4cm,A2=59.4cm×42cm,A3=42cm×29.7cm,依此类推。对于一些特殊的图例,可以适当加长图纸的长边,加长部分的尺寸应为长边的八分之一及其倍数,称为"A0 加长""A1 加长""A2 加长"等。图框是在图幅内界定图纸内容的线框,一般每幅工程图纸都有一个图框,内容包括幅面线、装订线、图框线、会签栏、标题栏等。通常,标题栏须包括设计公司名称、工程名称、项目名称、图纸内容、设计人、绘图人、审核人、图纸比例、出图日期、图纸编号等。

目前,工程类线图大都利用AutoCAD软件完成,在这种虚拟的图纸空间中,图框的大小和图形比例关系密切。在一般的纸面上绘图时,比例比较容易理解和把握,如图纸上标明比例为1:100,那么图上每1cm的长度就代表了现实中1m的长度,我们画图的时候只要按需要缩小100倍再往纸上画就可以了。但是,在AutoCAD中,图形大小都是按实际尺寸输入的,因此要形成正确的比例,可在模型空间里对图框进行相应地缩放,也可直接在AutoCAD的图纸空间中套设图框。

(二)采用线性设置

工程类技术性图纸基本上都是以线图为主,而线图的表现形式主要是线条,要在一张二维的图纸上通过平面的形式表现出三维的空间特征,线条的粗细就是关键。画图时不管画平面、顶面、立面还是大样,必须先假想个平面将空间剖切开来,然后以正面投影的方式绘制我们需要说明的部分。虽然这看起来是一张平面图,但实际上却存在着空间的叠加关系,在图纸上越粗的线条通常在空间中离我们越近。这是在画图时决定线型粗细的一个基本原则,而虚线往往代指那些在相应视角不可见但实际存在并需要说明的部分。除此之外,所有用于对图面进行说明的符号,如剖断线、尺寸标注线、说明文字引线、门开启线等,均使用线型中最细的线来表示。

在人工手绘图纸中,线型的关系比较直观明确,而在CAD制图中往往是先用一种颜色代表一种线型,最后在打印出图的时候进行具体的线型粗细设定。这就要求我们首先根据个人的喜好制定出一套作图的规范,然后再进行具体的图纸绘制工作,这规范对于CAD制图同样适用。

(三)常用图释符号

工程类技术性图纸除了是实际空间物体的三视图表现外,还有很多专门用于对图纸内容或形式进行说明的特殊符号,这些符号有利于设计师明确图形与空间及图形与图形之间的相互关系。

另外,建筑、水、电、照明等其他相关专业中也有很多图例规范,这里不再赘述。对于某些图例,可在自己相应的图纸上另附说明,如顶面灯具和地面填充材质等,但以上图释符号在室内设计的工程制图中基本上是通用的。

(四)尺寸标注及文字注解

尺寸标注和文字注解是室内设计技术性图纸中非常重要的内容,是最直观地说明图纸中各造型大小、材质和工艺的途径。对于一本完整成套的设计图册而言,里面包含的平面图、立面图、大样图的比例必然是各不相同的,但不管这种比例关系如何变化,每张图纸上的尺寸标识和注解文字大小必须是统一的。一般而言,数字和文字高在3mm左右比较美观。

图样上的尺寸标注包括尺寸界线、尺寸线、尺寸起止符及尺寸数字。尺寸界线应用细实线绘制,一般与被注长度垂直,其一端离开图样轮廓不小于2mm,另一端超出尺寸线2~3mm;尺寸线也用细实线绘制,应与被注长度平行。尺寸起止符一般用中粗短斜线绘制,其倾斜方向与尺寸界线成45°角,长度宜为2~3mm;半径、直径、角度及弧长的尺寸起止符号宜用箭头表示;图样上的尺寸应以尺寸数字为准,不得从图上直接量取;图样上的尺寸单位,除标高和总平面以"m"为单位外,其他必须以"mm"为单位。相互平行的尺寸线,应从被注写的图样轮廓由近向远整齐排列,较小尺寸离轮廓线较近,较大尺寸应离轮廓线较远。

注解文字的引出线应用细实线绘制,由水平方向的直线及与水平方向成30°、45°、60°、90°角的斜线组成。文字说明注写在水平线的上方或水平线的端部。同时,引出几个相同部分的引出线,宜相互平行,也可画成集中于一点的放射线。多层构造共用引出线,引出线应通过被引出的各层,文字说明的顺序应由上而下,并与被说明的层次保持一致,如层次为横向排序,则由上至下的说明顺序应与从左至右的层次顺序保持一致。

(五)图纸索引

索引是指在图样中用于引出需要进一步清楚绘制的细部图形的编号,以方便绘图及图纸的查找,提高阅图效率。室内设计图纸中的索引符号既可表示图样中某一局部或构造,也可表示某一平面中立面所在的位置。

三、技术性图纸的审核与成册

室内设计的技术性图纸绘制完成后,在装订成册前还需要一个整理和编排的过程,包括图纸目录、图纸排序、设计说明、施工说明、材料汇总等。应由资深的设计师担任审核,对施工图的绘制规范性、施工图的绘制深度及做法和说明进行细致的审核,以确保为施工单位提供翔实可靠的施工依据和指导。

(一)图纸目录

图纸目录是设计图纸的汇总表,又称"标题页",以表格的形式表示,内容包括图纸序号、图纸名称、比例、编号等。

(二)图纸排序

通常,成册完整的图纸内容排序为封面、扉页、图纸目录、说明书、设备主材表、设计图纸。

1.封面

封面上应写明工程名称、设计号、编制单位、设计证书号、编制年月等。

2.扉页

扉页可为数页,分别写明编制单位的行政负责人、技术负责人、设计项目总负责人、各专业的工种负责人和审定人。以上人员均可加注技术职称,同时可放置透视图或模型照片。

3.图纸目录

图纸目录是用于介绍图纸内容的概况。

4.说明书

说明书由设计总说明、施工说明、各专业说明和专篇设计说明组成。

5.设备主材表

设备主材表是对工程项目中所涉及的各种设备和主要材料进行的归纳汇总,方便后期选样采购。

6.设计图纸

设计图纸除包括专业的常规图纸外,还包括必要的设备系统设计图、各类功能分析图等。

(三)设计说明

设计说明主要对一些基本情况进行说明,如项目名称、地点、规模、基地及其环境等,是根据设计的性质、类型和地域性而作的设计构思,其中包括整体的设计依据、理念、原则,造型上的独特创意等。同时系统地阐释大致规划,小至空间细节,以及功能、技术、造型三者所涉及的室内空间环境设计。另外,还包括工程结构和设备技术(水、暖、电等)的指导性说明等。

(四)施工说明

施工说明是对室内施工图设计的具体解释,用来说明施工图设计中未标明的部分,以及对施工方法、质量的具体要求等。

(五)图纸汇编

完整的施工图纸应该包括原建筑结构图、结构拆建图(用以结构安全审批)、平面布置图(包括家具、陈设和其他部件的位置、名称、尺寸和索引编号,以及每个房间的名称与功能)、天花布置图(包括顶棚装饰材料、灯饰、装饰部件和设施设备的位置、尺寸)、地面铺装图、电位示意图、灯位示意图、设备管线图、立面图(包括装修构造、门窗、构配件和家具、灯具等的样式、位置、尺寸、材料)、剖面图(有横向剖面、纵向剖面,剖切点应选在室内变化比较复杂的有代表性的位置)、局部大样、构造节点图等。

(六)图纸审核

在施工前,必须对图中各装饰部位的用材用料的规格、型号、品牌、材质、质量标准等进行审核,应按照国家有关标准对各装饰面的装修做法、构造、紧固方式进行仔细核查。考虑到施工材料组织的可能性、方便性,要尽可能地使用当地材料,减少运输成本,并且要适当整合材料品类,降低备货的复杂性,注重施工的可行性。还要注重环保,避免所用材料对人的健康产生危害。

只有经过仔细编排和审核的图纸才能最终装订成册,作为工程招标的依据性文件,成为施工方进行施工、备材备料的根本依据。

第四节 室内设计的工程实施

设计的最终目的是要将构思变为现实,只有施工才能将抽象的图纸符号转变为真实的空间效果。室内装修施工的过程是一个再创作的过程,是一个施工与设计互动的过程。对于室内设计人员来说,应该对室内装修的工艺、构造及实际可选用的材料进行充分的了解,只有这样才能创作出优秀的作品;另外,还应该充分注意与施工人员的沟通配合,事实上每一个成功的室内设计作品既显示了设计者的才华,又凝聚了室内装修施工人员的智慧与劳动。

一、室内设计中的常规材料

室内设计中的材料选择十分重要,要想选好材料,就必须认识材料的结构、体积、质量、密度、硬度、力学性能、耐老化性能,以及其他基本性质。室内设计中的常规材料主要有木材、石材、陶瓷、玻璃、无机胶凝材料、涂料、装饰塑料制品、金属装饰材料和装饰纤维织物等[1]。

(一)木材

木材具有湿胀干缩的特点,这种变形是由于木材细胞壁内吸附水的变化而引起的。木材低于纤维饱和点含水率时,比较干燥,体积收缩;干燥木材吸湿时,会随着吸附水的增加发生体积膨胀,达到纤维饱和点含水率时止。由于木材构造的不均匀性,所以随着木材体积的胀缩可能会引起木材的变形和翘曲。

此外,在木材的选用上,要注意其防腐与阻燃的性能。由于真菌在木材中生存和繁殖必须具备温度、水分和空气三个条件(温度为25~35℃,含水率在35%~50%时最适宜真菌的繁殖生存,此时木材会发生腐朽),所以防止木材腐朽的措施,一是破坏真菌生存的条件,二是把木材变成有毒的物质,使真菌无法寄生。

木材阻燃是将木材经过具有阻燃性能的化学物质处理后,变成难燃的材料,从而达到小火能自熄,大火能延缓或阻滞燃烧蔓延的目的。

1.木质人造板

木质人造板有多种类型,但规格基本上是1.22m×2.44m,常见的品类如下:

(1)胶合板

由原木蒸煮后旋切成大张薄片单板,再通过干燥、整理、涂胶、热压、锯边而成,通常厚度为0.25~0.3cm。

(2)纤维板

以木质纤维或其他植物纤维为原料,经纤维分离(粉碎、浸泡、研磨)、拌胶、湿压成型、干燥处理等步骤加工而成的人造板材。

(3)刨花板

刨花板是利用施加胶料(脲醛树脂、蛋白质胶等)或采用水泥、石膏等与下脚料的木材或非木材植物制成的刨花材料(如木材刨花、亚麻屑、甘蔗渣等)压制成的板材。

(4)细木工板

细木工板是指在胶合板生产基础上,以木板条拼接或空心板做芯板,两面覆盖两层或多层胶合板,经胶压制成的一种特殊的胶合板,厚度通常在15~20mm。

---

[1]李中.探讨现代建筑的室内装饰装修设计[J].建筑工程技术与设计,2018(27):34-57.

(5)实木地板

实木地板是由天然木材直接切割加工而成的地板。按加工方式可分为镶嵌地板块、榫接地板块、平接地板块和竖木地板块。

(6)实木复合地板

这种地板表面采用名贵树种,强调装饰与耐磨,底面注重平衡,中间层用来开具榫槽与榫头,供地板间拼接。因多层木纤维互相交错,提高了地板的抗变形能力。按结构可分为三层实木复合地板、多层实木复合地板和细木工板复合实木地板三种。

(7)强化复合地板

它是以一种一层或多层装饰纸浸渍热固性氨基树脂,铺在中密度刨花板或高密度刨花板等人造基板表面,背面加平衡层,正面加耐磨层,经热压而成的人造复合地板。

(8)升降地板

升降地板也称"活动地板"或"装配式地板",是由各种材质的方形面板块、桁条、可调支架,按不同规格型号拼装组合而成。按抗静电功能可分为不防静电板、普通抗静电板和特殊抗静电板;按面板块材质可分为木质地板、复合地板、铝合金地板、全钢地板、铝合金复合矿棉塑料贴面地板、铝合金聚酯树脂复合抗静电贴面地板、平压刨花板复合三聚氰胺甲醛贴面地板、镀锌钢板复合抗静电贴面地板等。活动地板下面的空间可敷设电缆、各种管道、电器和空调系统等。

(9)亚麻油地板

它是不含聚氯乙烯及石棉的纯天然环保产品,主要成分为软木、木粉、亚麻籽和天然树脂。

2.竹藤制品

(1)竹地板

竹地板是采用中上等竹材料,经高温、高压热固黏合而成,产品具有耐磨、防潮、防燃,铺设后不开裂、不扭曲、不发胀、不变形等特点,特别适合地热地板的铺装。

(2)竹材贴面板

它是一种高级装饰材料,可用作地板、护墙板,还可以制作家具。竹材贴面板一般厚度为 0.1 ~ 0.2mm,含水率为 8% ~ 10%,采用高精度的旋切机加工而成。

(3)竹材碎料板

它是利用竹材加工过程中的废料,经再碎、刨片、施胶、热压、固结等工艺处理而制成的人造板材。

(二)石材

1.大理石

大理石主要是指石灰岩或白云岩在高温、高压的作用下,矿物质重新结晶变质而成的变质岩,具有致密的隐晶质结构,有纯色与花斑两大类。纯色有汉白玉等,化斑有网式花纹(如黑白根、紫罗红、大花绿、啡网纹等)和条式花纹(如木纹石、红线米黄、银线米黄等)。

2.花岗石

天然花岗石具有全晶质结构,外观呈均匀粒状、颜色深浅不同的斑点样花纹,属酸性岩石,耐酸性物质的腐蚀。我国花岗石的主要品种有济南青、将军红、岑溪红、芝麻白、中华绿等;进口的花岗石大致有印度红、巴西红、巴西黑、蓝麻、红钻、啡钻、黑金砂、绿星石等。

3.文化石

文化石又称"板石",主要有石板、砂岩、石英岩、蘑菇岩、艺术岩、乱石等。石板类石材有锈板、岩板等,主要用于地面铺装、墙面镶贴和石板瓦屋面等。

4.人造石

人造石根据不同的加工工艺可分为:

(1)水泥型人造石

水泥型人造石以水泥或石灰、磨细砂为胶结料,砂为细骨料,碎大理石、碎花岗石、彩色石子为粗骨料,经配料、搅拌、成型、加压蒸养、磨光、抛光而成,也称"水磨石"。一般用于地面、踏步、台面板、花阶砖等。

(2)聚酯型人造石

聚酯型人造石以不饱和聚酯树脂等有机高分子树脂为黏结剂,与石英砂、大理石粉、方解石粉等搅拌混合、浇铸成型,经固化剂固化,再经脱模、烘干、抛光等工序制成。一般用于墙面、地面、柱面、洁具、楼梯踏步面、各种台面等。

(3)微晶玻璃型人造石

微晶玻璃型人造石又称"微晶板"或"微晶石",与陶瓷工艺相似,以石英砂、石灰石、萤石、工业废料等为原料,在助剂的作用下,高温熔融形成微小的玻璃结晶体,进而在高温晶化处理后制模成仿石材料。

(三)陶瓷

陶器通常有一定的吸水率,材质粗糙无光,不透明,敲起来声音粗哑,有无釉和有釉之分。瓷器的材质致密,吸水率极低,半透明,一般施有釉层。介于陶器与瓷器之间的是炻器,也有"半瓷"之称,吸水率小于20%。从陶、炻到瓷,原料从粗到精,烧制温度由低到高,坯体结构由多孔到致密。建筑用陶瓷多属陶质至炻质的产品范围,主要有墙地砖、洁具陶瓷、陶瓷锦砖和琉璃陶瓷四大类。

(四)玻璃

1.透明玻璃

透明玻璃即普通玻璃,又称"净片"。其工艺多样,浮法工艺生产的玻璃成本低,表面平整光洁,厚度均匀,光学畸变极小,被广泛应用。浮法玻璃按厚度不同分别有 3mm、4mm、5mm、6mm、8mm、10mm、12mm,幅面尺寸一般要大于1000mm×1200mm,但不超过2500mm×3000mm。

2.磨砂玻璃

磨砂玻璃又称毛玻璃。由普通玻璃或浮法玻璃用硅砂、金刚砂、石榴石粉等材料,加水研磨而成的玻璃称为"磨砂玻璃";用压缩空气将细砂喷射到玻璃表面而制成的玻璃称为"喷砂玻璃";用氢氟酸溶蚀的玻璃称为"酸蚀玻璃"。

3.压花玻璃

压花玻璃又称"滚花玻璃",是将熔融的玻璃液在冷却硬化之前经过刻有花纹的滚筒,在玻璃一面或两面同时压上凹凸图案花纹,使玻璃在受光照射时漫射而不可透视。

4.镶嵌玻璃

镶嵌玻璃又称"拼装玻璃",是玻璃经过切割、磨边、工型铜条镶嵌、焊接等工艺,重新加工组装的玻璃;拼装玻璃完成后,用准备好的两块钢化玻璃把做好的拼装玻璃镶在中间,再在玻璃周边涂上密封胶;等胶凝固后,抽取层中空气,注入惰性气体以防止铜条日后氧化锈蚀而产生绿斑。

5.安全玻璃

安全玻璃是指具有承压、防火、防暴、防盗和防止伤人等功能的经过特殊加工的玻璃。主要有以下几种:

(1)夹丝玻璃

夹丝玻璃也称"防碎玻璃""钢丝玻璃"或"防火玻璃",由于玻璃内有夹丝,当受外力作用破裂或遇火爆碎后,玻璃碎片不脱落,可暂时隔断火焰,属2级防火玻璃。

（2）钢化玻璃

钢化玻璃又称"强化玻璃"，是将玻璃均匀加热到接近软化程度，用高压气体等冷却介质使玻璃骤冷或用化学方法对其进行离子交换处理，使其表面形成压应力层的玻璃。钢化玻璃不能切割、磨削，边角不能碰撞或敲击，须按实际使用的规格来制作加工。

（3）夹层玻璃

夹层玻璃又称"夹胶玻璃"，是在两片或多片玻璃间嵌夹柔软强韧的透明胶膜，经加压、加热黏合而成的平面或曲面复合玻璃。原片玻璃可以是普通平板玻璃、钢化玻璃、颜色玻璃或热反射玻璃等，厚度一般采用3mm或5mm。夹层玻璃一般可用2~9层，建筑装修中常用两层或三层夹胶。

6.空心玻璃

生产空心玻璃砖的原料与普通玻璃相同，由两块压铸成凹形的玻璃经加热熔融或胶结而成整体的玻璃空心砖。由于经高温加热熔接，后经退火冷却，玻璃空心砖的内部有2~3个大气压，最后用乙基涂料涂饰侧面而成。

7.中空玻璃

中空玻璃是两片或多片平板玻璃在周边用间隔条分开，并用气密性好的密封胶密封，在玻璃中间形成干燥气体空间的玻璃制品。空气层厚度一般为6~12mm，使其具有良好的保温、隔热、隔声等性能。

8.玻璃马赛克

玻璃马赛克又称"玻璃锦砖"，它表面光滑、色泽鲜艳、亮度好，有足够的化学稳定性和耐急冷，主要用于外墙装饰，也可用于室内墙面、柱面和装饰壁画，还可拼成多种图案和色彩。玻璃马赛克单块尺寸为20mm×20mm×4mm、25mm×25mm×4.2mm、30mm×30mm×4.3mm，联长为321mm×321mm、327mm×327mm等，每块边长不得超过45mm，联上每行或列马赛克的缝距为2~3mm。

9.防火玻璃

高强度单片铯钾防火玻璃是两种具有防火功能的建筑外墙用的幕墙或门窗玻璃，它是采用物理和化学的方法，对浮法玻璃进行处理而得到的。它在1000℃火焰冲击下能保持84~183min不炸裂，能有效阻止火焰与烟雾的蔓延。

（五）无机胶凝材料

无机胶凝材料也称"矿物胶结材料"，气硬性的无机建筑胶凝材料只能在空气条件下发生凝结、硬化，产生强度，并在工程操作条件下使强度得以保持和发展。这类材料主要有石灰、水泥、石膏、水玻璃等。

1.水泥制品

水泥与废纸浆、玻璃纤维、矿棉、天然植物纤维、石英砂磨细粉、硅藻土、粉煤灰、生石灰、消石灰等无机非金属材料或有机纤维材料混合，并添加适当调剂，经过一定工序便可制成各种水泥制品。这些材料防火、阻燃，有着水泥的一般特性。室内装修中常见的水泥薄板制品有埃特板、TK板、FC板、石棉水泥装饰板、水泥木屑刨花装饰板等。

2.石膏板

在石膏粉中加水、外加剂、纤维等搅拌成石膏浆体，注入板机或模具成型为芯材，并与护面纸牢固地结合在一起，最后经锯制、干燥成材，形成纸面石膏板。按用途可分为普通纸面石膏板、耐水纸面石膏板和耐火纸面石膏板三种。

(六)涂料

涂料一般有木器涂料、内墙涂料、地面涂料、防火涂料和氟碳涂料等。

1.常用木器涂料

(1)天然树脂漆

天然树脂漆漆膜坚硬、光亮润滑，具有独特的耐水、防潮、耐化学腐蚀、耐磨及抗老化性能。缺点是漆膜色深，性脆，黏度高，不易施工，不耐阳光直射。

(2)脂胶漆

脂胶漆以干性油和甘油、松香为主要成膜物质制成，虽然耐水性好，漆膜光亮，但干燥性差，光泽不持久，涂刷室外门窗半年就开始粉化。

(3)硝基漆

硝基漆以硝化棉为主要成膜物质，加入其他合成树脂、增韧剂、挥发性稀释剂制成，具有干燥快、漆膜光亮、坚硬、抗磨、耐久等特点，主要用于家具、壁板、扶手等木制装饰。硝基漆通常施工遍数多，表面涂抹精细，导致施工成本较高。

(4)聚酯漆

聚酯漆是以不饱和聚酯树脂为主要成膜物质的一种高档涂料，因为过去一直用于钢琴木器表面的涂饰，所以又称"钢琴漆"。由于不饱和聚酯树脂漆必须在无氧条件下成膜干燥，故推广使用有障碍，但现在采用苯乙烯催化固化，使不饱和聚酯树脂固化变得简单，于是聚酯漆便得到了推广。

(5)聚氨酯漆

聚氨酯漆涂膜坚硬，富有韧性，附着力好(可以与木、竹、金属等材料)，膜面可高光,也可亚光,膜质既坚硬耐磨,又弹缩柔韧。聚氨酯漆的缺点是含有甲苯二异氰酸酯,污染环境,对人体有害。

2.内墙涂料

(1)聚酯酸乙烯内墙乳胶漆

这种水乳性涂料具有无毒、无味、干燥快、透气性好、附着力强、颜色鲜艳、施工方便、耐水、耐碱、耐候等良好性能。通常用于内墙、顶棚装饰,不宜用于厨房、浴室、卫生间等湿度较高的空间。

(2)乙丙内墙乳胶漆

乙丙内墙乳胶漆是以聚酯酸乙烯与丙烯酸酯共聚乳液为主要成膜物质的涂料,具有无毒、无味、不燃、透气性好,以及外观细腻、保色性好等特征。乙丙内墙乳胶漆耐碱耐水,价格适中,适宜内墙(顶棚)装饰。

(3)苯丙乳胶漆

苯丙乳胶漆是以苯乙烯、丙烯酸酯、甲基丙烯酸三元共聚乳液为主要成膜物质,具有丙烯酸酯类的高耐光性、耐候性、漆膜不泛黄等特点,其耐碱性、耐水性、耐洗刷性都优于上述涂料,可用于湿度较高部位的内墙装饰,是一种中档内墙涂料,价格适中,耐久年限为10年左右。

(4)有机硅——丙烯酸共聚乳液涂料

丙烯酸共聚乳液涂料的耐擦洗性是苯丙乳胶漆的10倍,乙丙内墙乳胶漆的50倍左右。可覆盖墙体基层的微裂纹,防霉性、保色性均好,耐久年限为15年左右。

3.地面涂料

(1)聚酯酸乙烯地面涂料

聚酯酸乙烯地面涂料是聚酯酸乙烯乳液、水泥及颜料、填料配制而成的聚合物水泥地面涂料。这种地面涂料是有机物与无机物相结合,无毒、无味,早期强度高,与水泥地面结合力强,具有不燃、耐磨、抗冲击、有一定的弹性、装饰效果较好及价格适中等特点。

(2)环氧树脂地面漆

环氧树脂地面漆是以环氧树脂为主要成膜物质,加入颜料、填料、增塑剂和固化剂等,经过一定的工艺加工而成的,可在施工现场调配使用,是目前使用最多的一种地面涂料。施工时现场应注意通风、防火及环保要求等。

4.防火涂料

防火涂料的主要作用就是将涂料涂在需要进行火灾保护的基材表面,一旦遇火,具有延迟和抑制火焰蔓延的作用。根据使用环境的不同,防火涂料一般分木结构防火涂料、钢结构防火涂料和混凝土楼板防火涂料三种。

5.氟碳涂料

氟碳涂料是在氟树脂的基础上经改良、加工而成,是目前性能最为优异的一种新涂料,涂膜细腻,有光泽,其品质有低、中、高档之分。氟碳涂料施工方便,可以喷涂、滚涂、刷涂,现在广泛应用于制作金属幕墙表面涂饰和铝合金门窗、金属型材、无机板材及各种装饰板涂层、木材涂层和内外墙装饰等。

(七)装饰塑料制品

在装饰装修工程中,除少数塑料是与其他材料复合成结构材料外,绝大部分是作为非结构装饰材料。主要制品有塑料壁纸、塑料地板、化纤地毯、塑料门窗、贴面板、管和管件、塑料洁具、塑料灯具、泡沫保温隔热吸声材料、塑料楼梯扶手等异型材料、有机装饰板、扣板、阳光板及有机玻璃等。

(八)金属装饰材料

金属装饰材料主要有型钢、轻钢龙骨、不锈钢、彩钢板和铝、铜等制品。

1.型钢

型钢有工字钢、槽钢、角钢三种。工字钢分热轧普通工字钢和热轧轻型工字钢,广泛用于幕墙支撑件、建筑构件等;槽钢也有热轧普通槽钢和热轧轻型槽钢,广泛用于建筑装修工程中接层等工程;角钢在室内装修工程中应用的范围最广,除作一般结构用外,还可用作台面、干挂大理石等辅助支撑结构用钢,有等边角钢和不等边角钢之分。

2.轻钢龙骨

轻钢龙骨是室内装修工程中最常用的顶棚和隔墙的骨架材料,是用镀锌钢板和冷轧薄钢板,经裁剪、冷弯、轧制、冲压而成的薄壁型材,是木格栅吊顶的代用产品。具有自重轻、强度高、抗应力性能好、隔热防火性能优、施工效率高等特点。类型可分为C形龙骨、U形龙骨和T形龙骨。C形龙骨主要用来做隔墙竖骨;U形龙骨用来做沿顶龙骨和沿地龙骨;T形龙骨主要是吊顶用的龙骨,按吊顶的承载能力大小分上人型吊顶龙骨和非上人型吊顶龙骨。

3.不锈钢

由于铬的性质比较活跃,所以在不锈钢中,铬首先在环境中氧化后,生成一层致密的氧化膜层,也称"钝化膜",能使钢材得到保护,不会生锈。在不锈钢中加入镍元素后,由于镍对非氧化性介质有很强的抗蚀力,因此镍铬不锈钢的耐蚀性就更加出色。

4.彩钢板

彩钢板也称"彩色涂层钢板",是以冷轧或镀锌钢板为基材,经表面处理后,涂装各种保护及装饰涂层而成的产品。常用的涂层有无机涂层、有机涂层和复合涂层三大类。

5.铝、铜等制品

铝合金目前广泛用于建筑工程结构和室内装饰工程中,如屋架、幕墙、门窗、顶棚、阳台和楼梯扶手及其他室内装饰等。在现代室内环境中,铜是高级装饰材料,常用于银行、酒店、商厦等装饰,使建筑物或室内装饰显得光彩夺目和富丽堂皇。

(九)装饰纤维织物

装饰纤维织物一般有天然纤维、化学纤维和墙纸壁布等。

1.天然纤维

(1)羊毛

羊毛纤维弹性好,易于清洗,不易污染、变形、燃烧,而且可以根据需要进行染色处理,制品色泽鲜艳,经久耐用,但是价格比较昂贵。

(2)棉与麻

棉与麻均是植物纤维,布艺有素面和印花等品种,易洗、易熨,便于染色,不易褪色,并且有韧性,可反射热,可作垫套装饰之用。

(3)丝绸

丝绸光色柔和,手感滑润,具有纤细、柔韧、半透明、易上色等特点,可用作墙面裱糊或浮挂,是一种高档的装饰材料。

2.化学纤维

(1)聚酯纤维

聚酯纤维又称"海纶",其耐磨性能是天然纤维棉花的2倍,羊毛的3倍。

(2)聚酰胺纤维

聚酰胺纤维又称"锦纶"或"尼龙",在所有天然纤维和化学纤维中,锦纶的耐磨性是最好的,是羊毛的20倍,是粘胶纤维的50倍。锦纶不怕腐蚀、不易发霉、不怕虫蛀,易于清洗。缺点是弹性差、易脏、易变形,并且遇火易熔融,在干热条件下容易产生静电。

（3）聚丙烯纤维

聚丙烯纤维又称"丙纶"，具有质地轻、弹性好、强力高、耐磨性好、易于清洗等优点，而且生产过程也较其他合成纤维简单，生产成本低。

（4）聚丙烯腈纤维

聚丙烯腈纤维又称"腈纶"，具有耐晒的特征，如果把各种纤维放在室外暴晒一年，腈纶的强力降低20%，棉花降低90%，而蚕丝、羊毛、锦纶、粘胶等其他纤维的强力则降为零。腈纶不易发霉，不怕虫蛀，耐酸碱侵蚀，但腈纶的耐磨性在合成纤维中是比较差的。

3.墙纸壁布

（1）纸基织物壁纸

纸基织物壁纸是由棉、毛、麻、丝等天然纤维及化纤制成的粗细纱，织后再与纸基黏合而成。这种壁纸用各色纺线排列成各种花纹以达到艺术装饰的效果，特点是质朴、自然，立体感强，吸声效果好，耐日晒，并且色彩柔和、不褪色、无毒、无害、无静电、不反光，具有一定的调湿性和透气性。

（2）麻草壁纸

麻草壁纸是以纸为基层，编织的麻草为面层，经复合加工制成，具有吸声、阻燃、不吸尘、不变形和可呼吸等特点，具有古朴、粗犷的自然之美。

（3）棉纺装饰墙布

棉纺装饰墙布是以纯棉平布经过处理、印花后，涂以耐擦洗和耐磨树脂制成。其强度大、静电小、变形小，并且无光、无味、无毒、吸声，可用于宾馆、饭店及其他公共建筑和比较高级的民用建筑室内墙面装饰。

（4）无纺墙布

无纺墙布采用棉麻、涤纶、腈纶等纤维经无纺成形，表面涂以树脂，印刷彩色花纹图案制成。其花色品种多、色彩丰富，并且表面光洁，有弹性，不易折碎，不易老化，有一定的透气性和防潮性，可以擦洗，耐久而不易褪色。

除此之外，丝绒、锦缎、呢料等织物也是高级墙面装饰织物，这些织物由于纤维材料、织造方法及处理工艺的不同，所产生的质感和装饰效果也不同。

二、室内设计的常规构造

（一）墙面装修构造

墙面装修构造主要有隔墙构造和铺贴式墙面、板材墙面、金属板材墙面、玻璃镜面墙面、裱糊装饰墙面、乳胶漆墙面等。

1.隔墙构造

（1）砌块式隔墙

砌块式隔墙的常用材料有普通黏土砖、多孔砖、玻璃砖、加气混凝土砖等，在构造上与普通黏土砖的砌筑相似，一般采用水泥砂浆、石膏或建筑胶为胶结剂黏合而成整体。对较高的墙体，为保证其稳定性，通常采用在墙体的一定高度内加钢筋拉结加固的方式。这种构造的墙，根据所用材料的不同有300mm、240mm、120mm等不同厚度。

（2）立筋式隔墙

立筋式隔墙具有重量轻、施工快捷的特点，是目前室内隔墙中普遍采用的一种方式。

（3）条板式隔墙

条板式隔墙是指单板高度相当于房间的净高，面积较大且不依赖龙骨骨架直接拼装而成的隔墙。常用的条板有玻璃纤维增强水泥条板（GRC板）、钢丝增强水泥条板、增强石膏板空心条板、轻骨料混凝土条板以及各种各样的复合板（如蜂窝板、夹心板）。长度一般为2200～4000mm，常用2400～3000mm；宽度以100mm递增，常用600mm；板厚有60mm、90mm、120mm；空心条板外壁的壁厚不小于15mm，肋厚不小于20mm。

2.铺贴式墙面

瓷砖与石材在墙面上的铺贴安装方法有贴和挂两种。具体的方法如下。

（1）粘贴法

通常将砖石用水浸透后取出备用，黏结砂浆采用聚合物水泥砂浆，通常为1:2水泥砂浆内掺水泥量5%～10%的树脂外加剂，施工完毕后清洁板面，并按板材颜色调制水泥浆嵌缝。

（2）绑扎法

这种方法首先是按施工大样图要求的横竖距离焊接或绑扎钢筋骨架，其次是给饰面板预拼排号，并按顺序将板材侧面钻孔打眼（常用的打孔法是用4mm的钻头直接在板材的端面钻孔，孔深15mm左右，然后在板的背面对准端孔底部再打孔，直至连通端孔，这种孔被称为"牛鼻子孔"。另外还有一种打孔法是钻斜孔，孔眼与面板呈35度左右）；安装时，将铜丝穿入孔内，然后将板就位，自下而上安装，随之将铜丝绑扎在墙体横筋上即可。最后是用1:2.5的水泥砂浆分层灌筑,全部安装完毕后,清洁嵌缝。

(3)干挂法

干挂法是在需要干挂饰面石材的部位预设金属型材,打入膨胀螺栓,然后固定,用金属件卡紧固定,石材挂后进行结构粘牢和胶缝处理。

3.板材墙面

板材墙面除了木质罩面板和木质饰面板外还有万通板、石膏板、塑料护墙板饰面、夹心墙板、装饰吸声板饰面等,其施工工艺也主要是基层、龙骨和面层,但根据各种板材自身的属性,在具体操作时存在着一定差异。

木质罩面板主要由基层、龙骨连接层、面层三部分组成。基层的处理是为龙骨的安装做准备,通常是根据龙骨分档的尺寸,在墙上加塞木楔,当墙体材料为混凝土时,可用射钉枪将木方钉入。木龙骨的断面一般采用(20~40)mm×40mm,木骨架由竖筋和横筋组成,竖向间距为400~600mm,横筋可稍大,一般为600mm左右,主要案板的规格来定。

为了防止墙体的潮气使面板出现开裂变形或出现钉锈和霉斑,并且木质材料属于易燃物质,因此必须进行必要的防潮、防腐和防火处理。面层材料主要有板状和条状两种。板状材料如胶合板、膜压木饰面板、刨花板等,可采用枪钉或圆钉与木龙骨钉牢、钉框固定和用大力胶粘接三种方法,如果将这几种方法结合起来效果会更好。条状材料通常是企口板材,可进行企口嵌缝,依靠异形板卡或带槽口压条进行连接,可以减少面板上的钉固工艺,保持饰面的完整和美观。

木质饰面板板缝的处理方法很多,有斜接密缝、平接留缝和压条盖缝等。当采用硬木装饰条板为罩面板时,板缝多为企口缝。

4.金属板材墙面

(1)铝合金板饰面构造

铝合金板饰面构造有插接式构造和嵌条式构造两种。插接式构造是将板条或方板用螺钉等紧固件固定在型钢或木骨架上,这种固定方法耐久性好,多用于室外墙面。嵌条式构造是将板条卡在特别的龙骨上,此构造仅适用于较薄板条,多用于室内墙面装饰。

(2)不锈钢板饰面构造

不锈钢板饰面构造有三种常见形式:一是铝合金或轻钢龙骨贴墙,即先将铝合金或轻钢龙骨直接粘贴于内墙面上,再将各种不锈钢平板与龙骨粘牢;二是墙板直接贴墙,将各种不锈钢平板直接粘贴于墙体表面上,这种构造做法要求墙体找平层特别固定,才能与墙体基层黏结牢固;三是墙板离墙吊挂,适用于墙面突出部位,如突出的线脚、造型面部位及墙内需要加保温层部位等。另外,木龙骨贴墙做法是在墙上钻眼打楔,制作木龙骨并与木楔钉牢,再铺设基层板,将不锈钢饰面板用螺钉等紧固件或胶黏剂固定在基层板上,最后用密封胶填缝或用压条遮盖板缝。

(3)铝塑板饰面构造

铝塑板饰面构造主要有无龙骨贴板构造、轻钢龙骨贴板构造、木龙骨贴板构造等,无论采用哪种构造,均不允许将铝塑板直接贴于抹灰找平层上,而应贴于纸面石膏板或阻燃型胶合板等比较平整光滑的基层上。粘贴方法有黏结剂直接粘贴法、双面胶带及粘贴剂并用粘贴法、发泡双面胶带直接粘贴法等。

5.玻璃镜面墙面

(1)有龙骨做法

清理墙面,整修后首先涂建筑防水胶粉防潮层,安装防腐防火木龙骨,其次在木龙骨上安装阻燃型胶合板,最后固定玻璃镜面。玻璃固定方法有以下四种:一是螺钉固定法,即在玻璃上钻孔,用镀锌螺钉或铜螺钉直接把玻璃固定在龙骨上,螺钉需要套上塑料垫圈以保护玻璃;二是嵌钉固定法,即在玻璃的交点处用嵌钉将玻璃固定于龙骨上,把玻璃的四角压紧固定;三是粘贴固定法,即用玻璃胶把玻璃直接粘贴在衬板上;四是托压固定法,即用压条和边框托压住玻璃固定于木筋上。

(2)无龙骨做法

首先满涂建筑防水胶粉防潮层,做镜面玻璃保护层(粘贴牛皮纸或铝箔一层),其次用强力胶粘贴镜面玻璃,最后封边、收口。

6.裱糊装饰墙面

墙纸、墙布的装饰均采用这种工艺,其基本的裱糊工具有水桶、板刷、砂纸、弹线包、尺、刮板、毛巾和裁纸刀等。施工顺序首先是处理墙面基层,其次是弹垂直线,并根据房间的高度拼花、裁纸,接下来是熨纸,让纸展开,最后就可涂胶粘贴墙纸了。

7.乳胶漆墙面

墙面粉刷乳胶漆时,应先将基层的缺棱掉角处用1:2.5~1:2的水泥砂浆修补,表面麻面及缝除用泥子填补平齐,基层表面要清洁干净,再用刮刀在基层上刮一遍泥子,要求刮得薄,收得干净、均匀、平整,无飞刺,待泥子干透后,用1号砂纸打磨,注意保护棱角,要求达到表面光滑、线角平直、整齐一致,该步骤须至少重复两次。然后涂刷底漆,涂刷时要上下刷,后一排笔要紧接前一排笔,互相衔接,注意不要漏刷,保持乳胶漆的稠度。底漆轻磨后涂刷三遍面漆,每遍面漆干燥后即可涂刷下一遍面漆,乳胶漆稠度要适中,涂漆厚度均匀,颜色一致,表面清洁无污染,无色差和搭接痕迹及无掉粉起皮、泛碱咬色、漏刷透底、流坠等质量问题。

(二)地面装饰构造

地面装饰构造一般有陶瓷地砖地面、石材地面、木质地板地面、复合地板地面和人造软质地面。

1.陶瓷地砖地面

地砖铺贴前应找好水平线、垂直线和分格线,如遇面积大、纹路多、自然色泽变化大的地砖铺贴,必须进行试铺预排、编号、归类的工艺程序,使花纹和色泽均匀,纹理顺畅。铺砌前,先将水泥地面刷一遍水灰比为1:0.4～1:0.5的水泥砂浆,随刷随摊铺水泥砂浆结合层;摊铺干硬性水泥砂浆结合层(找平层),摊铺砂浆长度应在1m以上,宽度要超出平板宽度20～30mm;铺砌时应分两道工序进行,先采用C20细石混凝土做找平层,并敷设管线,待找平层干缩稳定后,用干性1:2.5水泥砂浆铺砌地砖,不可一道工序就完成铺砌。然后将地砖安放在铺设的位置上,对好纵横缝,用橡皮锤(或木锤)轻轻敲击板块料,使砂浆振实,当锤击到铺设标高后,将地砖搬起移至一旁,检查砂浆黏结层是否平整密实,如有空鼓,用砂浆补上后抹一层水灰比为1:0.4～1:0.5的水泥砂浆,接着正式进行铺贴。铺贴后24h内不可践踏或碰撞石材,以免造成地砖破损、松动。

2.石材地面

铺设石材地面底层要充分清扫、湿润,石板在铺设前一定要浸水湿润,以保证面层与结合层黏结牢固,防止空鼓、起翘等问题。结合层宜使用干硬性水泥砂浆,水泥和砂配合比常用1:3;等到板块试铺合适后,再在石板背面刮挂水泥浆,以确保整个上下层黏结牢固,接缝一般为1～10mm的凹缝。另外,铺贴石材时,为防止污渍、锈渍渗出表面,在石板的里侧必须先涂柏油底料及耐碱性涂料后方可铺贴。

3.木质地板地面

一般木质地板采用实铺式地面,直接在实体基层上铺设木格栅,木格栅的截面尺寸较小,一般是30mm×50mm,间隔450mm左右,木格栅可以借助多用钢钉直接将木格栅龙骨钉入混凝土基层。有时为了提高地板弹性,可以做成纵横两层格栅,木格栅下面可以放入垫木,以调整不平整的情况。为防止木材受潮而产生膨胀,在木格栅与混凝土接触的底面上要做防腐处理。

4.复合地板地面

铺设复合地板的基层地面要求平整,无凹凸不平现象,需要清理地面附着的各类浮土杂物,保持干燥清洁,对于地面大面积的水平误差,一定要重新进行水泥砂浆的二次找平,再精确测量好所铺地板部位的细部尺寸和铺设方向后,即可进行地板铺设。地板到墙边必须留伸缩缝,对于走廊等纵向较长处的铺设,可采用横向铺设,以防伸缩变形,并在铺设前先铺设泡沫垫层。复合地板房间的踢脚板一般为配套踢脚板,用于地板的收口处理。地板铺设完毕,再进行踢脚线安装,安装时应压紧复合地板。

5.人造软质地面

地毯是典型的软质地面,其自身的构造有面层、粘接层、初级背衬和次级背衬等,其编织方法也有多种。铺设方法分为固定和不固定两种。固定式的铺设方法又分两种:一种是黏结式,即用施工黏结剂将地毯背面的四周与地面黏结住;另一种是卡条式,在房间周边地面上,安设带有朝天的小钉钩木卡条板,将地毯背面固定在木卡条的小钉钩上,或采用铝及不锈钢卡条将地毯边缘卡紧,再固定于地面上。

(三)顶棚装修构造

悬吊式顶棚一般由悬吊部分、顶棚骨架、饰面层和连接部分组成。悬吊部分包括吊点、吊杆和连接件。顶棚骨架又称"顶棚基层",是由主龙骨、次龙骨、小龙骨等形成的网格骨架体系,其作用是承受饰面层的重量并通过吊杆传递到楼板或屋面板上。饰面层又称"面层",主要作用是装饰室内空间,并且兼有吸音、反射、隔热等特定的功能,饰面层一般有抹灰类、板材类、开敞类。连接部分是指悬吊式顶棚龙骨之间,悬吊式顶棚龙骨与饰面层、龙骨与吊杆之间的连接件、紧固件,一般有吊挂件、插挂件、自攻螺钉、木螺钉、圆钢钉、特制卡具、胶粘剂等。

各类饰面板与龙骨的连接大致有以下几种方式:

第一,钉接。即用铁钉、螺钉将饰面板固定在龙骨上。

第二,粘接。即用各种胶、黏结剂将板材粘贴于龙骨底面或其他基层板上。

第三,搁置。即将饰面板直接搁置在倒T形断面的轻钢龙骨或铝合金龙骨上。

第四,卡接。即用特制龙骨或卡具将饰面板卡在龙骨上,这种方式多用于轻钢龙骨、金属类饰面板。

第五,吊挂。即利用金属挂钩龙骨将饰面板按排列次序组成的单体构件挂于其下。

吊顶的一般工艺是先在顶棚标高处定位弹线,再划分龙骨分档线,按设计要求在标高水平线上为龙骨分档,主、次龙骨应避开灯位,主龙骨与平行的墙面距离应小于30cm,主龙骨间距应小于120cm。在空调风口、室内风机等特殊部位应增加主龙骨。次龙骨间距应为30cm,吊顶板间接缝处应放置次龙骨。安装主龙骨吊杆宜采用膨胀螺栓固定M8全牙吊杆,根据水平线确定吊杆下端头的标高,并按主龙骨位置固定吊杆,吊杆在主龙骨端头位置应小于25cm,吊杆间距不大于120cm。主龙骨安装好后要拉线校正,再安装次龙骨。次龙骨分档必须按图纸要求进行,四边龙骨贴墙边,所有卡扣、配件位置要求准确牢固。

(四)门、窗装饰构造

门、窗按开启方式可分为平开门(窗)、推拉门(窗)、回转门(窗)、固定窗、悬窗、百叶窗、弹簧门、卷帘门、折叠门,此外还有上翻门、升降门、电动感应门等,不同形式的门窗有着不同的内部构造。

对于门、窗的装饰构造而言,门、窗套是最基本也是最常见的一种。现以门套为例,其基本工艺是先检查土建预留门洞是否符合门套尺寸的要求,如不符合应修补整改后施工。门套基层为双层细木工板,将双层细木工板用木工专用胶水黏合后压制成型,并按设计尺寸和实际厚度进行配料,门套超出墙体2mm(厨房、卫生间门套应超出墙体20mm),同一门框横、竖板规格要统一,而且木门套须做好防腐处理。然后在门洞左右两侧及顶部用冲击钻头钻孔,把14mm×14mm×80mm的木楔敲入孔内,固定点上下间距不大于45cm、不小于40cm,同一高度并设两只,再把预制好的门套用3.5寸(约117mm)镀锌铁钉固定在木楔上,铁钉需要进行防锈处理,固定时要吊线校正,门套高度和宽度与规格尺寸误差不大于1mm;门套下部应与地面悬空,底部高于毛地面20mm,下部200mm应做防潮处理。门套与墙面缝隙可用发泡剂封堵,面层用水泥砂浆粉刷平整。

目前,在室内装修过程中的很多制作部分越来越多地采用工厂化外加工的方式,门、窗套也不例外。这一方面便于同时交叉施工,大大缩短工期;另一方面工厂化制作的工艺效果往往有手工制作不可比拟的优越性,不但快捷,而且优质。

三、室内设计人员与施工人员的配合

除了要了解室内装修实际可选用的材料及施工的基本工艺、构造之外,室内设计师还需要知道在施工过程中应该如何与施工人员进行配合,将设计成果较好地落实到现实空间中。

(一)现场跟踪

1.图纸交底

一般来说,如果是直接委托项目,图纸交到施工方以后会留出一段时间供施工方负责人对图纸内容进行消化吸收,之后设计方和施工方应约定时间到施工现场进行图纸交底,解决施工方在理解图纸过程中产生的所有疑问。这一过程是十分重要的,能确保施工方在工地开工之前对图纸有全面深入的了解,是后期施工顺利进行的基础。如果是施工招标项目,业主方一般会在施工招标文件上交之前组织答疑会议,届时对图纸内容的交底将是一个重要的部分。设计方应做好答疑准备,并将一些在图纸理解上容易出现误解的地方提示出来,再利用多媒体等手段进行详细解说。总之,帮助施工方在正式开工之前深入地了解图纸内容,明确在施工过程中可能会遇到的问题是设计师的基本工作之一。

2.现场监管

在施工正式开始以后,设计方制作的施工图纸将在现场逐步实施,有时难免会有一些细节部分,设计图纸表达得不够详尽,或施工人员会出现理解偏差。因此,设计人员需要定期到施工现场解决这些问题。对于一些大型项目,一般业主方还会委托专业的监理公司监理,现场大多有一个或数个监理人员进行监控审核。通常情况下,施工方必须严格按照图纸施工,特殊情况则需要设计方、施工方、监理方和业主方四方共同开会探讨和解决出现的问题,以确保项目顺利开展。

3.施工变更

设计项目开始之前,业主方提供的原始建筑空间资料,或者是设计方自己测绘所得的现场资料,有时难免会与实际状况形成误差。特别是一些改造项目,测绘时现场可能还没有完全拆除或清理干净,一些隐蔽的结构还没有展现出来。这些因素都会导致设计方提供的施工图纸与现场不吻合,这就需要设计师到现场进行实地勘察,并提出解决方案,重新变更图纸。另外,业主方也可能因为一些自身的原因对图纸提出变更要求,如项目计划有更改等,或在主要材料的选择确认过程中,出现断货、材料加工周期过长、材料价格超出预算等问

题,这些因素也可能导致设计施工图纸的变更。需要特别注意的是,施工过程中出现的变更问题需要由设计方重新提出方案,并由施工方、监理方和业主方共同签字确认方能生效,而且这些变更资料将成为后期绘制竣工图进行竣工决算的根本依据,因此要一式四份,四方各持一份。

(二)材料选样

通常,室内设计在初期就会指定施工过程中要用到的各种材料,但这种指定具有不确定性,更多的是对最终效果的一种材料组合的考虑,至于材料的具体厂家、品牌、型号、规格、价格等问题,常常无法在施工开展之前就一一确定,虽然有时一些主要材料也会在前期就由设计师通过市场选样确认,但是依然不可避免在施工过程中要对各种材料进行细化选样。此外,材料不仅关系到项目的空间效果,还与工程的整体造价密切相关,类似效果的材料有时由于品牌和品质的差异,价格会相差数倍。因此,材料选样有时只是空间效果和工程预算之间的一种权衡,毕竟不计成本的项目是比较少的。

设计施工图在制作过程中一般还应该包括主要材料的样品提供和全部材料的汇总表格,这是后期在施工过程中能够顺利进行材料确认的关键。一个合格的设计师应该既了解材料市场各种新产品、新材料的基本动向,又要掌握各种材料的基本属性及在施工中的应用方式。

(三)竣工验收

室内设计工程项目竣工是指工程项目经过承建方的准备和实施活动,已完成项目承包合同规定的全部内容,并符合发包方的意图和达到使用的要求。竣工验收标志着工程项目建设任务的全面完成,是全面检验工程项目是否符合设计要求和工程质量检验标准的重要环节,也是检查工程承包合同执行情况,促进建设项目交付使用的必然途径。

竣工验收的条件和标准是室内装饰设计工程项目质量检验的重要内容和依据。

1.竣工验收条件

竣工验收条件是指设计文件和合同约定的各项施工内容已经实施完毕,工程完工后,承包方按照施工及验收规范和质量检验标准进行自检,以确定是否达到验收标准并符合使用要求。自检包括以下几个方面:

第一,与室内设计专业配套的相关工程以及辅助设施按照合同和施工图规定的内容是否全部施工完毕,并达到相关专业技术标准,质量验收合格。

第二,有完整并经核定的工程竣工资料,符合验收规定。

第三,有勘察、设计、施工、监理等单位签署确认的工程质量合格文件。

第四,有工程使用的主要建筑材料、构配件、设备进场的证明及检验报告。

第五,有施工单位签署的工程质量保修书。

2.竣工验收标准

竣工验收标准指的是工程质量必须达到合同约定的标准,同时符合各专业工程质量验收标准的规定,否则一律不能交付使用。根据我国2014年6月1日公告的国家标准《建筑工程施工质量验收统一标准》(CB50300—2013)对单位工程质量验收合格规定如下:

第一,所含分部工程的质量均应验收合格。

第二,质量控制资料应完整。

第三,所含分部工程有关安全、节能、环境保护和主要使用功能的检验资料应完整。

第四,主要使用功能的抽查结果应符合相关专业验收规范的规定。

第五,观感质量应符合设计要求。

设计师在项目竣工验收的过程中应积极配合、协助发包方、监理方对项目的施工质量和最终效果进行验收,并且协助施工方整体完善竣工资料。

第四章　室内设计的种类

第一节　住宅空间设计

一、住宅空间设计宗旨

(一)知识目标

第一,掌握客户情况项目调查表的编制方法。

第二,掌握住宅空间设计项目、客户、市场调研方法及内容。

第三,掌握住宅空间设计资料的收集、分析和整理的方法。

第四,掌握住宅空间设计流程、原则、原理和方法❶。

(二)能力目标

第一,培养设计师对项目现场勘察和项目现场测绘的能力。

第二,培养设计师对方案分析与概念设计能力。

第三,培养设计师的创新能力。

第四,培养设计师绘制施工图与效果图的能力。

第五,培养设计师的文案撰写能力及方案解说能力。

(三)素质目标

第一,培养设计师良好的职业道德和责任感。

第二,培养设计师自学能力、沟通能力和团队协作能力。

第三,培养设计师独立分析问题和解决问题的能力。

二、住宅空间设计基础

(一)住宅空间设计程序

1.设计准备阶段

设计准备阶段的主要工作有以下几点。

---

❶陈永红.住宅空间设计[M].北京:中国建材工业出版社,2020.

第一,接受业主的设计委托任务。

第二,与业主进行沟通,了解业主的性格、年龄、职业、爱好和家庭人口组成等基本情况,明确住宅空间设计任务和要求,如功能需求、风格定位、个性喜好、预算投资等。

第三,到住宅现场了解室内建筑构造情况,测量尺寸,完成住宅空间初步平面布置方案。

第四,明确住宅空间设计项目中所需材料情况,并熟悉材料供货渠道。

第五,明确设计期限,制订工作流程,完成初步预算。

第六,与业主商议并确定设计费用,签订设计合同,收取设计定金。

2.方案初步设计阶段

方案初步设计阶段的主要工作有以下几点。

第一,收集和整理与本住宅空间设计项目有关的资料与信息优化平面布置方案,构思整体设计方案,并绘制设计方案草图。

第二,优化设计方案草图,制作设计文件。

3.方案深化设计阶段

通过与业主沟通,确定初步设计方案后,对方案进行完善和深化,绘制详细施工图。设计师还要陪同业主购买家具、陈设、灯具等。如果业主不需要设计师陪同,则应为设计师提供家具、陈设和五金的图片,设计师为业主提供建议,以方便业主自行购买。

4.项目实施阶段

项目实施阶段是项目顺利完成的关键阶段,设计师通过与施工单位合作,将设计方案变成现实。在这一阶段,设计师应该与施工人员进行广泛沟通和交流,定期视察工程现场,及时解答现场施工人员所遇到的问题,并进行合理的设计调整和修改,确保在合同规定的期限内高质量地完成项目。

5.设计回访阶段

在项目施工完成后,设计师应该继续跟踪服务以核实自己设计方案取得的实际效果,回访可以是面谈或电话形式。一般在项目完工后半年、1年和2年三个时间段对项目进行检查。总之,设计回访能提高设计师的设计能力,对其以后发展有重要意义。

(二)安全和无障碍设计

为特殊人群进行设计、能源的节约与再利用及安全设计是一个设计师义不容辞的责任和义务。在住宅设计中首先要注意到无障碍设计的重要性,关心残疾人、老人、孩子和孕妇的生活需要。

1.楼梯

楼梯的设计会给人带来方便与舒适,但需合理设计,要同时考虑坡度、空间尺寸的相互关系,这时起决定性作用的是空间本身。室内设计时,要由家庭成员来决定其安全与舒适程度,对作为路径通道的楼梯,首先要考虑的是安全问题,对于有老人和孩子的家庭,在设计中要避免设计台阶和楼梯,如需要,设计的楼梯坡度缓、踏步板宽、梯级矮些才好,楼梯坡度为33°~40°,栏杆高度为900mm,安装照明设备,同时兼顾旋转不要过强,还要考虑承重和防滑,所有部件无突出、尖锐部分。

2.卫生间与浴室

卫生间的功能变化和条件改善是社会文明发展的标志。卫生间设施密集、使用频率高、使用空间有限,是居住环境中最易发生危险的场所。无障碍设计是具有人文关怀的人性化设计理念,目的是为老年人、残疾人提供帮助。应做好功能分区,保证使用时的便利及操作的合理性,并设置宽敞的台面和充足的储藏空间。如厕区设置扶手、紧急呼叫器,留出轮椅使用者和护理人员的最低活动空间。洗浴区要注意与其他分区干湿分离,淋浴和浴缸都应设置扶手。卫生间的空间尺寸要合适,对卫生间空间环境大小、颜色、设施安装及布置都要仔细考虑,卫生间设置应便于改造,保证通风效果良好。喷淋设备的喷头距侧墙至少450mm,留有放置坐凳的适宜空间。浴缸外缘距地高度不宜超过45cm。浴缸开关龙头距墙不应小于30mm,洗手盆上方镜子应距离盥洗台面有一定高度,防止被水溅到,洗手盆也不宜安装过高,一般在80cm左右。设置报警器,以防突发疾病。卫生间电器开关应合理标识。

3.厨房

厨房的通风、排水和防水尤为重要,还要维持室内空气新鲜。强调色彩调节及配色,着重考虑色彩对光线的反射率,提高照明效果。色彩设计应根据个性需求,在视觉上扩大厨房面积。注意厨房的亮度,能清楚辨别食物颜色、新鲜度。产品尺寸是设计过程中要考虑的一个重要因素,橱柜操作台、厨房开关插座高度需根据不同人群的身体情况而定,以便洗菜、切菜和烹饪。橱柜水槽和炉灶底下建议留空,以方便轮椅进出。吊柜最好能够自动升降。底柜采用推拉式。

4.针对儿童与老人的特殊设计

为了安全起见,儿童游戏区域应在成年人视野和听觉范围内,以便有效监护。楼梯栏杆间距不宜超过10cm,以免卡住儿童头部。在卫生间,儿童一般难以够到洗面盆、电灯开关、门把手等,可以设计随他们成长可以调节的器具。有一定高度的家具应该固定在墙上,以防倾倒。

由于老人视力较差,还要避免眩光,应选择实木地板这类富有弹性的地板。另外,开关布置要科学、合理,进门处、卧室床头都要有开关。

(三)住宅空间室内设计

1.门厅设计

门厅是室内最先映入眼帘的空间,它是出入户和脱换鞋区域,具备公共性,私密度较低,室内设计时不可忽视。

门厅是接待客人来访时正式亮相的第一个地方,在设计上应该多花些心思。一般主人入屋或客人来访首先在入口处换鞋、挂外套、挂包或是放置钥匙和雨伞。因此,门厅处可以放置鞋柜、衣架、镜子、雨伞架和换鞋凳等。

门厅的灯具可以安置在顶上、墙壁上,一般根据门厅的空间大小、住宅室内风格来选择相应的门厅灯具,小型门厅适合悬挂吊灯。如果空间过于拥挤,则可以安装壁灯。并且门厅的灯具都可以安装调光器,让灯光散发出柔和的光线,给人带来温暖和舒适的感觉。

2.客厅设计

现代客厅设计理念主要以简约风格为主,将设计元素、色彩、照明、原材料简化到最低程度,无过分装饰,讲究比例适度,做到整体风格统一。

(1)布局设计

客厅主要以会客区坐卧类家具为主,沙发等占据主要位置,其风格、造型、材料质感对室内空间风格影响很大。客厅家具尺度应符合人体工程学要求,空间尺度大小、空间整体风格和环境氛围相协调。电视背景墙及沙发两侧均可以摆放落地花瓶或大型植物,茶几长宽比要视沙发围合区域或房间长宽比而定。放在客厅的地毯占用较大空间,要选择厚重、耐磨的地毯,铺设方法视地毯面积大小而定,形成统一效果,如要是铺设整个客厅,也要在靠墙处留出310~460mm空隙。在选择墙面装饰画上要注意大小尺寸,沙发墙上的挂画和沙发的距离要适中,表现出空间拉伸感。客厅墙面应选择耐久、美观、可清洁面层,墙面装饰要简洁、整体统一,不宜变化过多。

（2）灯光照明

灯光照明对营造客厅氛围必不可少，客厅照明重点要考虑视听设备区域，直接采光为首选，人工光源应灵活设置，照明度与光源色温有助于创造宽松、舒适的氛围。在会客时，采用一般照明；看电视时，可采用局部照明；听音乐时，可采用间接光。客厅的灯具装饰性强，同时要确保坚固耐用，风格与室内整体装饰效果协调。客厅的灯最好配合调光器使用，可在沙发靠背墙面装上壁灯。客厅的色彩宜选用中基调色，采光不好的客厅宜使用明亮色调。

（3）陈设的选择

"一个中心，多个层次"是基本原则，要主次分明，体现功能性、层次感和交叉性。灯具造型选择不容忽视，要与整体风格统一。要配好台灯和射灯等光源，以达到新颖、独特的效果。

艺术品陈设，有较强的装饰和点缀作用，如绘画、纪念品、雕塑、瓷器和剪纸等使用功能不高，但能起到渲染空间、增添室内趣味、陶冶情操的作用，通过对其造型、色彩、内容和材质选择，可给空间增加艺术品位。精美的字画不仅可以丰富室内空间还可以装饰墙面，接受过一定教育且有文化涵养的人喜欢摆放现代、古典和抽象等风格的字画来表现文化背景。雕塑富有韵律和美感，利用好灯光会让雕塑产生很好的艺术效果。添置木雕、竹雕、艺术陶瓷、唐三彩、蜡染和剪纸等工艺品，可提高其装饰品位和审美水平。珍藏、收集的物品和纪念品通常会放到搁物架或博古架上，以显示出重要意义。

3.餐厅设计

餐厅不仅是吃饭的场所，很多家庭会将餐厅设计成既能用餐也能供家人、朋友聚会的地方。住宅内有独立餐厅，也有客厅与餐厅没有明显界限的，有些年轻人还喜欢将餐厅与厨房相连，做成开敞式的餐台。

（1）布局设计

餐厅的布局设计主要是考虑餐桌、餐椅、柜橱的位置。不同户型的餐厅有所不同，如果客厅与餐厅没有明显的界限，那么摆放一张圆形或方形的餐桌安置在客厅的一头，就成了独立的就餐区域。餐桌摆放在房间中央位置，也会是个大胆的决策，这样更方便家人聚会。如果餐厅空间不够大，也可以将餐桌的一头靠墙摆放，这样做的好处不仅仅只是不占地方，还能让餐桌和墙面形成一个整体而独立的就餐区域。独立的餐厅里可以摆放餐桌椅，一般长方形的房间适合摆放长形或椭圆的餐桌。选择合适的餐桌椅摆放在餐厅里很重要，总的原则是餐桌大小、餐厅大小和就餐人数多少相一致。餐桌应该有76cm高,每一个用餐的人需要46cm宽的空间,要保证餐桌边沿至墙边距离不小于1.12m,如果过道要摆放餐柜,则要留出1.37m以上。餐桌离餐柜的距离应该有91cm,这样才能方便用餐的人拉出椅子坐下。如果餐厅不是很大,可以选择小巧的餐柜,在餐柜上面可以摆放一些别致的艺术品,如一件雕塑、一个装饰性的盘子或是一盆绿色植物。

(2)灯光照明

餐厅的照明主要是餐桌上方的照明,可以选择一个吊灯照亮餐桌,也可以安装壁灯照亮坐在餐桌边用餐的人。吊灯可以和餐厅的家具风格相统一,也可以形成一个强烈的对比。吊灯的尺寸不能过大,最好选择较小的灯,一般吊灯的直径最好是餐桌宽度的一半,并且悬挂在离餐桌面76cm~91cm的上空,壁灯一般固定在距离地面1.52m以上的地方。餐柜上可放置台灯,提供与视线相平行的照明,也可以选择放置漂亮的烛台,蜡烛柔和的光线会让餐厅气氛更为温馨。

(3)设计细节

餐厅空间较为狭小,墙壁的处理可以使餐厅增加几分活力,将餐厅墙面进行亮色处理,能让人食欲大增。当然,选择在墙壁上挂幅画或是艺术品,或者放一个小的书架,再放上几本书,都是非常合适的做法。

选择一些色彩、图案丰富的桌椅、椅垫、窗帘和桌布也能让人心情愉悦。布置餐厅家具的时候,不一定要选择成套的家具,可以用不同时期、不同风格的桌椅混搭在一起,相互补充;还可以选择褪色的老家具,搭配一些旧瓷器,营造一种过往的生活情节,同样意趣十足。

4.厨房设计

现在厨房不再是一个单纯的储存食物、烹饪菜肴的地方,它也可以是一家人共同劳动、欢畅交谈和共同进餐的重要场所。厨房可以说是融入了整个住宅中最多细节元素的地方,除了给排水、煤气、电灯、排气等基础设施外,还要考虑防水、防火、防污、耐腐蚀等性能的设计。厨房设计的总原则是实用、安全和美观。

(1)布局设计

厨房是做菜、上菜、储存食物和放置厨具的空间,厨房的布局通常围绕三个工作中心分成三个区域:冰箱与储存区域、洗涤区域、烹饪区域。三个区域通常会形成一个"工作三角形",其三边之和最好保持在4.57~6.71m,其中水槽到灶台的最佳距离控制在双臂伸展开的长度范围内,约1.2~1.8m。若两操作台平行,其间距也最好控制在1.2~1.5m。

(2)灯光照明

厨房的照明要保证明亮,在顶部可以安装吸顶灯或吊灯,以确保整个厨房均匀照明。选择嵌入式灯安装在厨房也是非常合适的,可以安装在天花顶部,也可以安装在橱柜底部。如果厨房有独立的工作台,则在工作台上方安装可以照亮整个区域的吊灯,这个吊灯的底部要高于工作台台面91~122cm。

(3)设计细节

消毒柜不要装在角落里,也不要放在炉灶的旁边。炉灶的两侧至少要留出45cm台面,用来放置盘子和菜碗。冰箱一侧同样要留出30cm以上台面,以便摆放从冰箱里拿出来的食物。洗涤盆两侧都应该留出至少45cm台面。

储存区域是厨房设计的关键,一个成功的厨房设计一定要有宽敞的橱柜。橱柜主要用来储存食物、烹饪用品、多余餐具和洗涤类用品,还有一些小家电也需要放在橱柜中。一般来说,吊柜通常深30~35cm、高76~107cm,底柜一般深60cm、高80~85cm比较合适,也有高90cm的,吊柜底部至工作台面之间的距离最少为38~46cm,标准距离一般为50~60cm,这样的距离烹饪操作起来更加舒适,并且能摆下比较大的厨房电器,如微波炉。厨房设计常用的装饰材料应该具有方便清理、不易污损、防火、防热、防湿、耐久等特点,如防火板、釉面砖和防滑砖等。

白色墙面的厨房看起来干净、整洁,但色彩斑斓的墙面能够掩饰墙壁的油污,还能为厨房增添温暖,如红色、橙色、黄色及绿色。橱柜和墙面的色彩最好要有对比,这样才能凸显橱柜的立体感。

5.卧室设计

卧室是家居环境的核心。人一生中,睡眠时间超过三分之一。设计中要注意功能空间的合理划分,使卧室空间分区更加清晰,同时要满足老年人在卧室的各种需要、考虑适老化设计。老年人卧室基本功能空间由"1+4"组成,以睡眠空间为主,储藏空间、阅读空间、休闲活动空间和通行空间为辅。床的长度为2m,高43cm为宜,床与墙边76cm。卧室对取暖、降温设备的要求较高,睡眠空间宜有适量光照,能消毒杀菌、避开凉风侵扰,要重视卧室门窗、墙壁的隔音效果。卧室的家具风格可混搭不同形状、不同色彩的家具,这样形成风格迥异的效果,但还可选择不同色彩、不同图案的窗帘、床上用品、艺术品或是小块地毯。卧室灯光需光线柔和、浪漫。床头柜摆放台灯或安装壁灯可增加照明区域,要选择适当的色温及光照度,保证睡眠质量。

（1）主卧室设计

主卧室是主人极具私密性的个人生活空间,分为睡眠区、衣物储存区和梳妆区等功能区域,如果空间足够大,还可以再分阅读区、休闲区或健身区等。主卧室的照明可根据功能区域划分情况来设置光照强度,梳妆区应明亮;天花的灯不要过亮,以免直射眼睛;阅读区域照明要明亮一些。

（2）儿童房设计

儿童房设计包括平面设计与室内设计。在平面设计过程中,要综合考虑朝向、面积、开间进深等因素,同时,作为套型整体的一部分,与其他房间的关系也十分重要。学龄前或小学阶段的儿童房宜与主卧邻近,孩子长大后,空置的儿童房可作为主卧书房、活动间,以提高房间利用率。儿童房需设置睡眠区、学习区、活动区、储藏区与展示区,充分利用空间展现孩子的成长足迹。儿童房设计要满足儿童成长过程中各阶段的需求,尽可能地提高房间的灵活性。儿童房面积受套型面积制约,存在不同布置方式。要注意尽量减少使用大面积玻璃及镜面材料,要防止高处重物坠落和较大家具倒落砸伤儿童,避免选用有棱角的家具,避免用电隐患。儿童床不临窗,床头上方不要设置物品架,不放置重物或易碎物;不应在床正上方设置吊灯,儿童房书桌旁应留出家长辅导的空间,床头灯颜色与位置应合理,避免对儿童视力产生不利影响,床头附近宜增设夜灯插座。衣柜、收纳柜高度灵活调整,以便进行分隔,设置较大综合收纳柜来储存物品,窗户应有防护措施,儿童房门把手设置应适合儿童使用习惯。

（3）老人房设计

老年人使用的家居用品高低和大小要合适,家具不能太高,选用低矮柜子。在家具造型方面,选用全封闭式最好,避免落灰尘。家具上半部分尽量少放置日常用品,下面储物空间和抽屉数量可适当增多。抽屉的设置上,最下面一层不要过低和过深,要让老人使用时感到舒适,抽屉把手位置尽可能提高。还要考虑家具稳固性,建议选择实木家具,固定式家具最好。给老人选择家具时要从老人生活习惯出发,突出功能性和个性,可配置带按摩功能的产品、舒适沙发椅、具有磁疗功能的产品等。家具静音设置不容忽视,睡眠质量对老人很重要,带有阻尼的抽屉声响较小,很受老人们欢迎。居室内工艺品搭配设计要与使用者进行交流，为老人们选择合适的工艺品和装饰品，可将书法、绘画、摄影作品等作为主要装饰物。如果老人喜欢练习书法，可选择条案、砚台等物件。

（4）衣帽间设计

衣帽间一般位于卧室和浴室就近位置，用来存放衣裤、鞋帽、领带、珠宝、被子、席子、行李箱等物品。衣帽间设计要具有人性化，可根据住宅面积的大小和衣物的多少选择独立步入式或嵌入式衣帽间。除此之外，衣帽间应该安装较大的更衣镜，还要保证有足够多的挂衣空间。

6.书房设计

书房是阅读、书写及业余学习研究、工作的空间，能体现居住者修养、爱好和情趣。独立式书房主要以阅读、书写和电脑操作为主。当然，并不是所有家庭都有足够空间来布置一间独立的书房，如果没有独立的书房，可以在住宅任何一个地方设置"阅读角"，如客厅、卧室、餐厅、过道或是阁楼一角。无论是独立式书房还是"阅读角"，在设计时都应体现简洁、明快、舒适、宁静的设计原则。总之，设计师要先详细了解业主信息和房间信息后再做适当空间规划。特别要注意一些特殊职业的业主的书房设计，如绘画工作者、书法爱好者、自由设计师和职业作家等。

书房的主要家具是书柜、书架、书桌椅或沙发等，在选择书房家具时，除了要注意书房家具的风格、色彩和材质外，还必须考虑家具的尺寸。书桌、书架和书柜可以购买成品家具，也可以定制，一般根据房间结构来定制家具比较合理，但书架与书柜大小也要根据主人藏书量来决定。

书房最好的照明就是自然光，但如果窗户朝南，书桌要与窗户有一定距离或角度，避免阳光直射，刺激眼睛。

书房是住宅中文化气息最浓的空间，房间内色彩宜选择冷色调，如蓝、绿、灰紫等，尽量避免跳跃和对比的颜色。在与住宅整体风格不冲突的情况下，能做到典雅、古朴、清幽、庄重。

7.卫生间设计

人们每天醒来第一个去的地方就是卫生间，所以，一个家庭里拥有一个干净、美观的卫生间是很重要的。可以说，卫生间是住宅中面积最小的地方，但它要满足人们洗漱、沐浴和保健等不同需求。因此，在设计时应注意以下几个方面。

（1）布局设计

如果卫生间很大，则可以按区域及活动形式分类来进行布置，如分为卫生间、洗漱间、沐浴间等。卫生间的基本设备是便器、毛巾架、洗脸盆和储物柜等。卫生间的空间大小决定了坐便器或蹲便器、浴缸、洗面盆的尺寸。一般，坐便器或蹲便器前端线至墙间距不少于46cm，坐便器中线至墙间距不少于38cm，洗面盆前端线至墙间距不少于71cm，洗面盆纵中线至墙间距不少于46cm。如果放置两个洗面盆，则至少要留出1.5m工作台面。浴缸纵向边缘至墙边至少要留出90cm间距。

（2）灯光照明

卫生间最好的照明方式是采用自然光，大面积窗户不仅能提供良好的光线，还有助于通风。如果卫生间空间足够大，还可以安装壁灯、蜡烛灯或化妆灯等。因卫生间较为潮湿，所以灯具一定要以防水灯具为主。卫生间灯光要柔和，不宜直接照射。保证卫生间通风也非常重要，一般需要安装换气扇，以便空气流通。

第二节　办公室空间设计

一、办公室空间设计基本概念

好的办公室设计能够让企业员工在工作上发挥能动性，帮助员工活跃思维和决策事务，也能够给员工良好的精神文化需求，使工作变成一种享受，让安静、舒适的感觉洋溢在整个空间里[1]。

开放式办公室最早兴起于20世纪50年代末的德国，这种风格在现代企业办公场所中比较常见，开放式办公室有利于提高办公设备利用率和空间使用率。

开放式办公室在设计中要严格遵循人体工程学所规定的人体尺度和活动空间尺寸来进行合理安排，以人为本进行人性化设计，注意保护办公人员的隐私，尊重他们的心理感受，在设计时应注意造型流畅、简洁明快。

智能办公室具有先进的办公自动化系统，每位成员都能够利用网络系统完成各自的业务工作，同时通过数字交换技术和电脑网络使文件传递无纸化、自动化，可设置远程视频会议系统。在设计此类办公系统时应与专业设计单位合

---

[1]张克刚，徐健程.浅析办公室空间设计[J].明日风尚，2017(7):398.

作完成,特别在室内空间与界面设计时应予以充分考虑与安排。

会议室是办公室空间中重要的办公场所,会议室平面布局主要根据现有空间大小、与会人数多少及会议举行方式来确定,会议室的设计重点是会场布置,要保证必要活动及交往、通行的空间。墙面要选择吸声效果好的材料,可以通过采用墙纸和软包来增加吸声效果。

通道是工作人员必经之路,主通道宽度不应小于1.8m,次通道不应小于1.2m。在设计上应简洁大方,在无开窗的情况下,要用灯光烘托出良好的氛围。

二、办公室设计宗旨

(一)知识目标

第一,掌握客户情况调查表、公司员工岗位情况调查表和项目调查表的编制方法。

第二,掌握办公空间设计项目调研、客户调研、市场调研的方法及调研内容。

第三,掌握办公空间设计资料的收集、分析和整理的方法。

第四,掌握办公空间设计流程、原则、原理和方法。

(二)能力目标

第一,培养设计师对项目现场勘察和项目现场测绘的能力。

第二,培养设计师对方案分析与方案设计能力。

第三,培养设计师的创新能力。

第四,培养设计师的施工图与效果图绘制能力。

第五,培养设计师的文案撰写能力及方案解说能力。

(三)素质目标

第一,培养设计师良好的职业道德和责任感。

第二,培养设计师自学能力、沟通能力和团队协作能力。

第三,培养设计师独立分析问题和解决问题的能力。

三、办公室设计基础

(一)办公空间设计程序

1.设计准备阶段

设计准备阶段的主要工作有以下几点。

第一,接受客户的设计委托任务。

第二,与客户进行广泛而深入地沟通,充分了解客户的公司文化、工作流程、职员人数及其工作岗位性质、职员对空间的需求、项目设计要求及投资意向等基本情况,明确办公空间设计的任务和要求。

第三,到项目现场了解建筑空间的内部结构及其他相关设备安装情况,最好先准备项目现场的土建施工图,到现场实地测绘并进行全面系统的调查分析,为办公室设计提供精确、可靠的依据。

第四,到项目现场了解室内建筑构造情况,测量室内空间尺寸,并完成办公空间的初步设计方案。

第五,明确办公空间设计项目中所需材料的情况,并熟悉材料的供货渠道。

第六,明确设计期限,制定工作流程,完成初步预算。

第七,与客户商议并确定设计费用,签订设计合同,收取设计定金。

2.初步方案设计阶段

第一,收集和整理与本办公空间设计项目有关的资料与信息,优化平面布置方案,构思整体设计方案,并绘制方案草图。

第二,优化方案草图,制作设计文件。

第三,方案深化设计阶段。通过与客户沟通,确定好初步方案后,就要对设计方案进行完善和深化,并绘制详细施工图。最后还应向客户提供材料样板、物料手册、家具手册、设备手册、灯光手册、洁具手册和五金手册等。

第四,项目实施阶段。设计师通过与施工单位的合作,将设计方案变成现实。在这一阶段,设计师应协助客户办理消防报批手续,还应该与施工人员进行广泛沟通和交流,定期视察工程现场,及时解答现场施工人员遇到的问题,并进行合理的设计调整和修改,确保在合同规定的期限内高质量地完成项目。

第五,设计回访阶段。在项目施工完成后,设计师应绘制完成竣工图,同时还应进行继续跟踪服务以核实自己设计的方案取得的实际效果,回访形式可以是面谈,也可以是电话回访。总之,回访能提高设计师的设计能力,对其未来发展有重要的意义。

(二)办公空间设计原则

1.人性化原则

在当今社会提倡尊重人们个性化追求的背景下,个性化办公空间设计要尊重员工基本的工作与生活需求,再努力创造其精神家园,所以其根本是人性化,以人为本。设计作品要符合人机工程学、环境心理学、审美心理学等要求,要符合人的生理、视觉及心理需求等,形成舒适、安全、高效和具艺术感染力的工作场所,提高工作效率。谷歌公司在办公室设计方面就充分考虑人性化这一设计理念,根据员工工作习惯和个人喜好,尊重员工意愿,展现独特装饰风格。

2.可持续原则

针对当前环境问题,我国提出了可持续发展战略。为顺应可持续发展战略,办公空间个性化设计也一定要体现绿色、环保、节能的理念,节约能源和资源应成为设计师始终要思考的问题,低碳、环保应成为办公空间设计优劣的最重要考核标准,此倡议并不是对办公空间个性化设计的制约,反而可以让设计师拓宽设计思路,将自然元素融入工作场所,添加自然情趣,消除员工疲劳,同时强调自然、可再生材料的应用,减少耗能和不可再生材料的使用,达到节能环保、可持续发展的目的。

3.适度原则

办公空间设计个性化固然重要,但也要视具体情况而定,不要忽视设计的意义,要明确设计工作的主要任务。办公空间的最终用途是为工作提供的服务场所,员工能否更好、更高效地工作才是评定的终极标准,所以设计要适度和切合实际,过度追求所谓艺术形式会让设计浮于表面,失去其实用性。适度设计不仅体现在设计形式,还有使用功能的安排布置,还要考虑施工周期及工程造价。当我们强调办公空间的形式感和空间的艺术感染力时,还要注意适度的原则。

(三)办公空间室内设计

1.办公空间的门厅设计

门厅是进入办公空间后的第一个印象空间,也是最能体现企业文化特征的地方,因此在设计时应精心处理。前厅处一般设传达、收发、会客、服务、问询、展示等功能空间。综合办公楼的门厅处要设有保安、门禁系统,并且要标明该办公楼内所有公司的名称及所在楼层。

门厅最基本的功能是前台接待,它是接待洽谈和客人等待的地方,也是集中展示公司企业文化、规模和实力的场所。门厅可以以接待台及背景进行展示,使来访者第一眼见到的就是公司标志、名称和接待人员。也可在前台空间前设计一个前导空间,同时在此营造一种特殊企业文化来吸引人的视线和来访者的关注。

门厅设计时应注意以下几点。

第一,门厅主要是满足接待、等候及内部人员"打卡出勤"记录等功能要求。因此,不宜设计得复杂,力求简单而独特。

第二,门厅设计应该以接待台与Logo形象墙为视觉焦点,将公司具代表性的设计运用到装饰设计中去,如公司标志、标准色等,结合独特灯光照明,给来访者留下强烈而深刻的印象。

第三,门厅的照明以人工照明为主,照度不宜太低,使用明亮的灯光突出公司名称和标志。

第四,门厅接待台的大小要根据前厅接待处的空间形状和大小而定,一般会比普通工作台长。接待台高度要考虑内外两个尺寸:接待人员在内,一般采用坐姿工作。因此,台面高度一般为70~78cm;访客在外,台面高度要符合站姿要求,一般为1.07~1.1m。

第五,接待台要考虑设置电源插座、电话、网络和音响插座,还要考虑门禁系统控制面板的安装位置等,较小的公司也可以将整个公司的照明开关安放在前台接待处,以便于控制照明。

2.办公室设计

(1)单间式办公室

单间式办公室是由隔墙或隔断所围合而形成的独立办公空间,是办公室设计中比较传统的形式,一般面积小,空间封闭,具有较高私密性,干扰相对较少。典型形式是由走道将大小近似的中、小空间结合起来呈对称式和单侧排列式,这种形式一般适用于政府机关单位。

(2)单元式办公室

该类办公室一般位于商务出租办公楼中,也可以独立的小型办公建筑形式出现,包括接待、洽谈、办公、会议、卫生、茶水、复印、贮存、设备等不同功能区域,独立的小型办公建筑无论建筑外观还是室内空间都可以运用设计形式充分体现公司形象。

(3)开放式办公室

开放式办公室是灵活隔断或无隔断的大空间办公空间形式,这类办公室面积较大,能容纳若干成员办公,各工作单元联系密切,有利于统一管理,办公设施及设备较为完善,交通面积较少,员工工作效率高,但这种办公室存在相互干扰,私密性较差。

（4）半开放式办公室

半开放式办公室的办公位置一般也按照工作流程布局,但员工工作区域使用高低不等的隔板分开,以区分不同工作部门。因为隔板通常只有齐胸高,因此,当人们站起身来时,仍然可以看到其他部门员工座位。这种办公室相对减少了员工相互干扰的问题,私密性较开放式办公室好一些。

（5）景观式办公室

景观式办公室的设计理念是注重人与人之间的情感愉悦、创造人际关系的和谐。该类办公室既有较好的私密环境,又有整体性和便于联系的特点。整个空间布局灵活,空间环境质量较好。由于它的设计理念与企业追求个性、平等、开放、合作的经营理念相同。因此,被全世界广泛采用。

（6）公寓式办公室

公寓式办公室是由物业统一管理,根据使用要求可由一种或数种单元空间组成。单元空间包括办公、接待和生活服务等功能区域,具有居住及办公的双重特性。一般设有办公室、会客空间、厨房、贮存间、卫生间和卧室等辅助办公空间。其内部空间组合时注意分合,强调共性与私密性的良好融合。

3.会议室设计

（1）普通会议室设计

普通会议室一般为小型会议室。有适宜的温度、良好的采光与照明,还有较好的隔音与吸音处理。会议室的照明以照亮会议桌椅区域为主,并要设法减少会议桌面的反射光。主要的设施有会议桌、会议椅、茶水柜、书写白板。总的来说,普通会议室要简洁、大方。

（2）多功能会议室设计

多功能会议室一般多为中、大型会议室。与普通会议室相比,设备更先进、功能更齐全,配有扩声、多媒体、投影、灯光控制等设施。在设计时,要考虑消防、隔音、吸音等因素。多功能会议室的光线应明亮,不过外窗应装有遮光窗帘。明亮的光线能让人放松心情,烘托愉快、宽松的洽谈氛围。

4.接待室设计

接待室是企业对外交往的窗口,主要用于接待客户、上级领导或是新闻记者,其空间大小、规格一般根据企业实际情况而定,位置可与前厅相连。接待室可以是一个独立的房间,也可以是一小块开放区域。接待室宜营造简洁而温馨的室内氛围。室内一般摆放沙发、茶几、茶水柜、资料柜和展示柜等。

5.陈列室设计

陈列室是展示公司产品、企业文化,是宣传单位业绩的对外空间。可以设置成单独的陈列室,也可以利用走廊、前厅、会议室、休息室或接待室等的部分空间或墙面兼作局部陈列展示。陈列室设计的重点是要注意陈列效果。

6.卫生间设计

公共卫生间距最远的工作地点不应大于50m。卫生间里小便池间距约为65cm,蹲便器或坐便器间距约为90cm。卫生间可配备隔离式坐便器或蹲便器、挂斗式便池、洗面盆、面镜和固定式干手机等。卫生间设计应以方便、安全、易于清洁及美观为主。同时,还要特别注意卫生间的通风设计。

7.服务用房和设备用房设计

(1)服务用房设计

档案室、资料室、图书阅览室和文印室等类型的空间应保持光线充足、通风良好。存放人事、统计部门和重要机关的重要档案与资料的库房及书刊多、面积大、要求高的科研单位的图书阅览室,则可分别参照档案馆和图书馆建筑设计规范要求设计。现代办公空间设计越来越人性化,因此常常会在办公空间中设置员工餐厅或茶水间。

(2)设备用房设计

设备用房包括电话总机房、计算机房、配电房、空调机房、晒图室等。这类空间应根据工艺要求和选用机型大小进行建筑平面和相应室内空间设计。

8.办公空间照明设计

办公空间照明设计时首先要选择符合节能环保的光源和灯具,要考虑到色温、显色指数、光效和眩光四个因素。宜选择发光面积大、亮度低的曲线灯具。合理利用自然光,对办公建筑重点区域的照明进行优化设计,节能、舒适且人性化是合理的设计方案。要根据门厅、会议室、报告厅、餐厅、电梯厅、卫生间、走廊的功能和特点,有针对性地对办公建筑中具有优化潜力的区域进行优化设计,达到节能、舒适与丰富空间照明层次的效果。

四、办公室的设计要求与界面处理

(一)办公空间设计要求

空间设计要解决的首要问题是如何使员工以最有效的状态进行工作,这也是办公空间设计的根本,而更深层次的理解是透过设计来对工作方式产生反思。

(二)办公空间界面处理

1.平面布局

根据办公功能对空间的需求来阐释对空间的理解,通过优化的平面布局来体现独具匠心的设计。

第一,平面布局设计应将功能性放在第一位。

第二,根据各类办公用房的功能及对外联系的密切程度来确定房间位置,如门厅、收发室、咨询室等,会客室和有对外性质的会议室、多功能厅设置在临近出、入口的主干道处。

第三,安全通道位置应便于紧急时刻进行人员疏散。

第四,员工工作区域是办公空间设计中的主体部分,既要保证员工私密空间,又要保证工作时的便利功能,应便于管理和及时沟通,从而提高工作效率。

第五,员工休息区及公司内公共区域通常是缓解员工工作压力、增加人与人之间沟通的地方,让员工拥有更愉快的工作体验。

第六,办公室地面布局要考虑设备尺寸、办公人员的工作位置和必要的活动空间尺度,依据功能要求、排列组合方式确定办公人员位置,各办公人员工作位置之间既要联系方便,又要尽可能避免过多穿插,减少人员走动时干扰其他人员办公。

2.侧立面布局

办公室侧立面是我们感受视觉冲击力最强的地方,它直接显示出对办公室氛围的感受。立面主要从三个方面进行设计:门、窗、墙。

(1)门

门包括大门、独立式办公空间的房间门。房间门可按办公室的使用功能、人流的不同而设计。有单门、双门或通透式、全闭式、推开式、推拉式等不同使用方式,有各种造型、档次和形式。当同一个办公空间出现多个门的时候,应在整体形象的主调上将造型、材质、色彩与风格相统一、相协调。

(2)窗

窗的装饰一般应和门及整体设计相呼应。在具备相应的窗台板、内窗套的基础上,还应考虑窗帘的样式及图案。一般办公空间的窗帘和居室的窗帘有些不同,尽量不出现大的花色、图案和艳丽色彩。可利用窗帘多样化特性选用具有透光效果的窗帘来增加室内气氛。

(3)墙

墙是比较重要的设计内容,它往往是工作区域组成的一部分,好的墙面设计可以给室内增添出人意料的效果。办公室的墙面通常有两种结构,一是由于安全和隔音需要而做的实墙结构,二是用玻璃或壁柜做的隔断墙结构。

第一,实墙结构。要注意墙体本身的重量对楼层的影响,如果不是在梁上的墙,应采用轻质或轻钢龙骨石膏板,但在施工的时候一定注意隔音和防盗要求,采用加厚板材,加隔音材料、防火材料等方法。

第二,玻璃隔断墙。玻璃隔断墙是一般办公室较为常用的装饰手段,特别是在走廊间壁等地方,一是领导可以对各部门的情况一目了然,便于管理;二是可以使同样的空间显得明亮宽敞,加上磨砂玻璃和艺术玻璃的加工,又给室内增添不少情趣。

墙的装饰对美化环境、突出企业文化形象起到重要作用,不同行业有不同的工作特点,在美化环境的同时还应突出企业文化,设计创意公司可将自己的设计、创意悬挂或摆放出来,既装点墙面,又宣传公司业务。墙面还可以挂一些较流行的、韵律感强的或抽象的装饰绘画作装饰,还可悬挂一些名人字画或摆放具有纪念意义的艺术品。

3.顶界面设计

顶部装饰手法讲究均衡、对比、融合等设计原则,吊顶的艺术特点主要体现在色彩变化、造型形式、材料质地、图案安排等。在材料、色彩、装饰手法上应与墙面、地面协调统一,避免太过夸张。顶棚的分类有很多方式,按顶棚装饰层面与结构等基层关系可分为直接式和悬吊式。

五、办公室空间设计实训

在设计中既要满足空间的功能性、实用性,又要满足人们的感官享受及心理与情感上的需求。要了解材料的价值与功能,材料与技术必须根据设计用途合理使用。要对空间的组织与形态有充分的认知和了解。在体验室内过程中,不断调动各种感官来体验空间形状、大小、远近、方位、光线变化,感受空间给人的直观心理感受,从而获得对空间的整体认知。在了解常规材料种类、性能、质感、构造基础上,关注新材料,适当运用可使自己的作品富有新意。在进行色彩计划中,要符合使用空间的功能和使用者的喜好、风俗习惯。根据采光条件合理地布置光源及照度,以满足人们视觉功能的需要。注重陈设设计与室内空间和谐统一,可利用家具来划分、丰富、调节空间,利用艺术品来塑造空间意境,利用绿化来净化空气、美化环境、陶冶情操、提高工作效率,改善和渲染气氛。

优秀的办公空间设计能给人一种整体风格,富有视觉冲击感,这也是设计风格的一种发展趋势。

第一,注重客户和员工的反映,使设计得到他们的认同,进而增强企业凝聚力和社会公信力。

第二,通过精心的平面布局,使各个空间既有个性又与整体风格保持一致。

第三,在大面积用料上规整、庄重,如600mm×600mm块形吊顶和地毯,已经成为一种办公室标识。

第四,重复使用企业独有设计元素,使其成为企业标识。

1.设计任务书

(1)设计理念

坚持以人为本原则,融入现代设计理念,将使用功能与精神功能相结合,合理划分空间顶面、地面、墙面等界面,使室内设计风格、功能、材质、肌理、颜色等突出该企业的整体形象,在功能上能满足办公人员需求,从而提高员工整体工作效率,从中获得工作乐趣,减轻工作压力。

(2)设计内容

尽最大努力满足客户实际要求。在引领设计潮流的同时要符合市场规律,在设计时既要尊重客户现实需要,又要做到能够引导客户思想,使客户理解设计师设计意图,只有相互合作才能创作出优秀作品。

(3)图样表达

第一,室内平面图和顶面图。

第二,主要空间的各个立面图。

第三,设计草图。

2.设计过程

(1)分析

先要了解客户基本情况、知识掌握程度、文化水平高低及对空间使用、环境形象要求,以及客户对本企业发展规划和市场预测的了解程度。详细了解办公室坐落地点、楼层、总面积、东西或南北朝向、客户使用功能、公司人员数量、工作人员年龄和文化层次,还要了解公司性质及工作职能。

资金投入多少直接影响设计水准,离开充分的资金支持一切都为空谈。只有分析并了解设计对象,才能明确设计方向,充分做好准备,合理、高效地进行系统设计。

(2)空间初步规划

空间规划是设计的首要任务,主要工作是确定平面布局和各个使用空间的具体位置。根据企业职能需求及办公特征,与客户进行沟通后确定设计思路。

第一,确定空间设计目标。办公空间设计目标是为工作人员创造一个以人为本的舒适、便捷、高效、安全、快乐的工作环境,其中涉及建筑学、光学、环境心理学、人体工程学、材料学、施工工艺学等诸多学科内容,涉及消防、结构构造等方面内容,还要考虑审美需要和功能需求。

第二,确定主要功能区域。门厅是员工和客户进入办公区域的第一空间,是企业的形象窗口,是通向办公区的过渡和缓冲。因此,对门厅的设计要引起人们重视,从立意上吸引人,从构思上抓住人,从材料运用上给人以新鲜感。

通道是连接各办公区的纽带,是办公人员的交通要道,是安全防火的重要通道,是展示企业形象的橱窗。另外,它还起着心理分区的功能。通道不仅是指封闭的空间,每个不同区域之间也是通道范畴。

办公室是主要工作场所,包括独立式办公室和开敞式办公室,是设计中最重要的部分,也是设计中的核心内容。

第一,会议室是集体决策、谈判的场所。

第二,接待室是对外交往和接待宾客的场所,也可供小型会议使用。

第三,休闲区是员工缓解压力、休息、健身、娱乐的场所。

第四,资料室是员工查阅资料、存储文件的空间。

第五,其他辅助用房,包括卫生间、杂物间、库房、设备间等。

(3)进行深入设计

在考虑平面布局各个要素后,就要对各个空间进行深入设计。在设计时要注意整体空间设计风格的一致性,考虑好空间的流线问题,仔细计算空间区域面积,确定空间分隔尺度和形式。

之后,要根据设计思路进行室内界面设计,在设计中要考虑空调、取暖设备、消防喷淋及设备管道位置,在顶面设计中可根据地面功能和形式进行呼应,通过造型变化来解决技术问题。

第一,顶面设计。在设计大办公室的顶面时,一般要简洁、不杂乱、不跳跃,而在门厅、会议室、经理室和通道等处最好设置造型别致的吊顶,以烘托房间主题及氛围。

天棚的照明设计首先要满足功能需要,还能起着烘托环境气氛的作用,因此,对照度要求比较高,可设置普通照明、局部照明及重点照明等方式,以满足不同情况的需求。尽量避免采用高光泽度材料,以避免产生眩光。

第二,立面设计。立面是视觉上最突出的位置,要新颖、大方并有独特的风格,内容和形式是复杂和多姿多彩的。在空间立面设计时,应该和平面设计的风格相统一,在造型和色彩上同样需要和谐。

第三,设计草图。做完立面设计后,要勾勒出空间透视草图,将空间的各个面及家具都表现出来,在勾勒过程中及时发现问题及时修改,不断调整方案,直到客户满意为止。

第四,施工图绘制。以上步骤完成之后,进行大样和施工图设计,并最终完成。一套完整的图样包括平面图、顶面图、立面图、效果图、节点大样图,此外还要给客户提供材料清单、色彩分析表、家具与灯具图表清单等。

在设计时,还要考虑材料的各种特性。对施工及施工工艺的了解是施工的先决条件,设计再好,施工不了也只能是纸上谈兵。

因此,作为一名设计师,一定要了解当今社会潮流及发展趋势,并做出准确地判断,加深对世界文化及本国文化的理解及融合,不断地接触新鲜事物来丰富设计元素,不断了解新材料、新工艺的变化及发展,提高自己的设计技巧,这样才能创作出被社会所接受的优秀设计项目。

第三节 餐饮空间设计

一、餐饮空间设计宗旨

(一)知识目标

第一,掌握客户情况调查表、目标消费人群情况调查表、餐饮店工作人员情况调查表和项目调查表的编制方法。

第二,掌握餐饮空间设计项目调研、客户调研、市场调研的方法及调研内容。

第三,掌握餐饮空间设计资料的收集、分析和整理的方法。

第四,掌握餐饮空间设计流程、原则、原理和方法。

(二)能力目标

第一,培养设计师对项目的现场勘察和现场测绘能力。

第二,培养设计师方案分析与方案设计能力❶。

第三,培养设计师的创新能力。

第四,培养设计师的施工图与效果图绘制能力。

第五,培养设计师的文案撰写能力及方案解说能力。

(三)素质目标

第一,培养设计师良好的职业道德和责任感。

第二,培养设计师自学能力、沟通能力和团队协作能力。

第三,培养设计师独立分析问题和解决问题的能力。

二、餐饮空间设计基础

(一)餐饮空间类型

餐饮空间是餐厅、宴会厅、咖啡厅、酒吧及厨房的总称。按国家和地区不同,可以将餐饮空间分为中餐厅、西餐厅、日式餐厅等多种类型。按餐饮品种不同可将餐饮空间分为餐馆、饮品店和食堂等。餐馆以饭菜为主要经营项目,如经营中餐、西餐、日餐、韩餐的餐厅。饮品店以冷热饮料、咸甜点心、酒水、咖啡、茶等饮品为主要经营项目,如茶馆、咖啡馆、酒吧等。食堂是指机关、厂矿、学校、企业、工地等单位设置的供员工、学生集体就餐的非营业性的专用福利就餐场所。

1.中餐厅

中餐厅是供应中餐的场所。根据菜系不同,中餐厅可分为鲁、川、苏、粤、浙、闽、湘、徽八大菜系及其他各地方菜系餐馆,有的餐馆还推出各种创意菜或创新菜系,经营中餐成为餐饮店的主流方向。中餐厅的设计元素主要取材于中国古代建筑、家具和园林设计,如运用藻井、斗拱、挂落、书画、传统纹样和明清家具等进行装饰。

2.西餐厅

因为烹饪形式、用餐形式和服务形式的不同,西餐厅的设计与中餐厅大不相同。可以利用烛光、钢琴和艺术品来营造格调高雅的室内氛围。

3.风味餐厅

风味餐厅的设计可以和特色的餐饮文化相结合,在设计上强调地域性、民

---

❶黄玉枝.餐饮空间设计[M].沈阳:辽宁科学技术出版社,2017.

族性和文化特征,如可以采用一些具有鲜明地域与民族特色的绘画、雕塑、手工艺品等突出其设计主题,也可以用一些极具特色的陈设品来点缀和突出设计主题。

4.咖啡馆

咖啡馆主要是为客人提供咖啡、茶水、饮料的休闲和交际场所。因此,在设计咖啡馆时要创造舒适、轻松、高雅、浪漫的室内氛围。

5.酒吧

酒吧是提供含有酒精或不含酒精的饮品及小吃的场所。功能齐全的酒吧一般有舞厅、包厢、音响室、厨房、洗手间、布草房(换洗衣室)、储藏间、办公室和休息室等。酒吧设备包括吧台、酒柜、桌椅、电冰箱、电冰柜、制冰机、上下水道、厨房设备、库房设备、空调设备、音响设备等。现在有许多酒吧还添置了快速酒架、酒吧枪、苏打水枪等电子酒水设备。

6.茶馆

茶是全世界广泛饮用的饮品,种类繁多,具有保健功效,它不仅是一种饮品,还是一种文化。我国的茶文化源远流长,自中唐茶圣陆羽所著《茶经》面世,饮茶由生活习俗变成文人追求的一种精神艺术文化。如今品茶也成了一种以饮茶为中心的综合性群众消费活动,各类茶馆、茶室成为人们休闲会友的好去处。茶馆的设计不仅要满足其功能要求,还应在设计上反映饮茶者的思想和追求,其室内氛围应以古朴、清远、宁静为主。

7.快餐厅

快餐厅的设计要体现现代生活的快节奏,快餐厅的用餐者一般不会花太多时间就餐,也不会过多注意室内环境,所以在设计快餐厅时可以利用色彩的变化、实用而美观的桌椅和绿植来创造明快、简洁、干净的环境,在设计快餐厅时要注重功能布局。

(二)餐饮空间设计组成部分

1.入口区

入口区是餐饮空间由室外进入室内的一个过渡空间,为了方便车辆停靠或停留,一般在入口外部要留有足够大的空间,同时应有门童接待,进行车位停靠引导,入口内侧应设有迎宾员接待、引导等服务的活动空间。如果餐饮店空间足够大,还可以单独设置休息区域、等候区域和观赏区域。入口内外功能区服务反映了一个餐饮店的服务标准,同时也能为餐饮店起到良好的宣传作用。入口区的设计应让顾客觉得舒适、放松和愉悦。因此,在照明、隔音、通风和设计风格等各方面都要做到细致考虑。

2.收银区

收银区主要是结账收银,同时也可作为衣帽寄存处。因此,一般设置在餐饮店的入口处。服务收银台是收银区不可少的配套设施,它可以体现餐饮店的企业形象,给顾客走进和离开餐厅时留下深刻的印象。同时,合理的收银台设计可以加快人员流通,减少顾客等待时间。收银台长度一般根据收银区面积来决定,不宜过长过大,否则会占用营业区面积,影响餐饮店正常经营。收银台需要摆放计算机、收银机、电话、小保险柜、收银专用箱、验钞机和银行POS机设备等各种物品。小型餐饮店收银台后还可以设置酒水陈列柜,主要为顾客提供饮料、茶水、水果、烟和酒等物品。

收银区还可以兼作衣帽寄存处,当然小型餐饮店与快餐店出于经营角度和营利目的可以考虑不予设置。设置在大型购物空间内的餐饮店应该考虑衣帽寄存区,因为就餐的顾客大多是购物完去就餐的,他们往往手里会提着很多物品,让他们轻装上阵地去享受美食是对顾客最人性化的关怀。

3.候餐区

根据经营规模和服务档次的不同,候餐区的设计处理有较大区别。由于候餐区属于非营利性区域,应根据上座率情况进行功能布局,在设计上也应该结合市场体现商业性。同时在候餐区可放置一些酒类、饮料、茶点、当地特产、精品茶具和餐具等,以刺激顾客的潜在消费需求,促进餐厅盈利。

4.就餐区

就餐区是餐厅空间的主要组成部分,它是用餐的重要场所。就餐区配有座位、服务台和备餐台等主要设施,其常见的座位布置形式有散座、卡座或雅座及包间三种形式。就餐区的布局要考虑动线的设计、座位和家具的摆放、人体工程学尺寸的运用、环境氛围的营造等诸多内容,如顾客的活动和服务员服务动线要避免交叉设计,以免发生碰撞。

5.厨房区

厨房是餐厅运营中生产加工的空间,厨房的规模一般要占到餐饮店总面积的1/3,但是由于餐厅类型不同,这个比例会有很大的出入,如以中国传统文化为主题的中餐厅设计为例,厨房面积一般占餐厅总面积的18%~30%。

根据生产工艺流程可以将厨房区分为验收区、储藏区、加工区、烹饪区、洗涤区和备餐区等多个功能区域。厨房的功能性比较强,在整体规划时应以实用、耐用和便利为原则,严格遵循食品的卫生要求进行合理布局,同时还要考虑通风、排烟、消防和消除噪音等各方面要求。

6.后勤区

后勤区是确保餐厅正常运营的辅助功能区域,后勤区由办公室、员工内部食堂、员工更衣室与卫生间等功能区域组成。在实际设计工作中,设计师应根据每家餐厅不同的特点来规划空间、灵活处理,为每个餐厅量身定做设计方案。

7.通道区

通道区是联系餐饮店各个空间的必要空间,通道区的设计主要考虑流线的安排,要求各个流线不交叉,尽量减少迂回曲折的流线,同时保证通道的宽度要适宜,过窄的通道不利于人流的疏散。通道区也是餐饮店的宣传窗口,因为顾客在行走的过程中就可以体验餐饮店的设计理念,良好的通道设计可以让顾客放松压力、舒缓精神,进而保持愉快的心情。

8.卫生间

卫生间应干净、整洁。如果条件允许的话,最好增加单独的化妆空间。卫生间的面积可根据餐饮店总面积而定,入口位置要相对隐蔽,避免就餐的顾客直接看到。卫生间的设计除了要注意人体工程学的运用,注意通风和换气,还应该考虑残疾人、老人和儿童使用时是否方便。

(三)中餐厅室内设计

1.中餐厅设计前期调研

(1)客户调研

与客户及餐饮店每一个工作人员进行广泛而深入的沟通交流,了解客户的经营角度和经营理念,明确客户对中餐厅设计的要求,如对中餐厅设计的功能需求、风格定位、个性喜好、预算投资等。准备餐饮店工作人员工作情况调查表和客户情况调查表,请相关人员填写,并与客户交流,表达初步的设计意图。

(2)项目调研

第一,项目现场勘察。目的是看现场是否和客户提供的建筑图样有不相符之处,了解建筑及室内的空间尺度和空间之间的关系,熟悉现有建筑结构和建筑设备,如了解和记录建筑空间的承重结构、消防墙、现场的建筑设备、管道和接口等位置。如果是改建工程,则需查看项目原有的逃生和消防设计是否合理,原电压负荷是否充足,是否需要增加电缆数量等,调查项目现场周边环境情况、人流量、交通和停车位状况。项目现场的地理位置会影响到厨房的设计,如城市郊区或边远地方一般没有菜市场,买菜十分不便,需要在厨房准备更多的存储设备来放菜,在平面规划时,厨房的储存空间就要更大。

第二,项目现场测绘。项目现场测绘是设计前期准备工作中十分重要的环节,通过工程项目现场测绘可以了解餐厅装修前现场的具体情况,查看现场是否和客户提供的建筑图样有不相符之处,能让设计师实地感受建筑及室内的空间尺度和空间之间的关系,为下一步的设计工作做好有针对性的前期准备工作。

现场测绘一般利用水平仪、水平尺、卷尺、90度角尺、量角器、测距轮、激光测量仪、数码照相机或数码摄像机等工具测量并记录各室内平面尺寸、各房间的净高、梁底的高和宽、窗高和门高,特别注意一些管道、设施和设备的安装位置,例如坐便器的坑口位置、给排水的管道位置、水表和气表等的安装位置等,要将这些设备的具体位置在图样上详细、准确地记录下来。还要注意室内空间的结构体系、柱网的轴线位置与净空间距、室内的净高、楼板的厚度和主、次梁的高度。

(3)市场调研

第一,地域文化调研。一个地区独特的自然条件、历史积淀、街巷风貌、风土人情、文化传统和意识形态乃至共同的信仰和偏好可以作为餐饮设计主题确定的切入点。所以,在设计前期可以去查阅地方志、人物志来详细了解当地的地域文化。

第二,同行调研。主要调研当地中餐厅的经营规模和经营状况,以及菜品品种、菜品价格、服务和室内环境等,同时对它们进行实力排名,分析中餐厅经营成功的原因,如管理水平先进,服务优秀,还是菜品优越;也要分析中餐厅失败的原因,如菜品问题,服务问题,还是管理问题,同行调研分析也有助于中餐厅进行设计定位。

2.中餐厅功能分区设计要点

(1)满足盈利需求

任何一个餐厅在设计之初,都要考虑到投资的回收,做好项目投资预算。根据预算决定消费标准和座位数,从而规划前厅、吧台、餐厅、厨房、库房和职工生活区等各区域的面积。一般高档中餐厅每个客人的平均活动占有面积远远高于中、低档中餐厅每个客人的平均活动占有面积。同时高档中餐厅中客人的等候区域、进餐区域,甚至洗手间的面积相对中、低档中餐厅来讲都要大得多。

(2)满足客人需求

根据顾客需求、行为活动规律和人体工程学原理,合理地设计空间。要考虑到不同人群的需要,如果餐厅里有很小的供儿童游戏的空间,那就会成为父母的首选餐厅。快餐厅里的餐桌椅不适合选用柔软的沙发,因为椅子过于舒适会使顾客就餐时间延长,不利于提高翻台率。

(3)满足服务需求

餐饮空间不仅要为顾客提供好的菜品,同时还要提供最好的服务。因此,设计时就要考虑到服务需求,如餐厅的上菜服务通道不能过窄,否则不方便服务员上菜。上菜要经过的门可设计成双开门,方便服务员端着盘子顺畅地通过或推着餐车经过。厨房里灶台和旁边操作台之间的距离不宜过宽,否则厨师在炒菜时转身到操作台上放炒好的菜或是拿配菜的距离都会加大,这样一个厨师一天就要多走很多路,上菜可能就会慢。

(4)满足职工需求

除了满足顾客需求,同时还要满足餐饮店员工的需求,合理规划出后勤区,要设计单独的职工通道、物流通道,并且要与顾客通道完全分离。

3.就餐区设计

就餐区是中餐厅空间设计的主体,采用何种空间组织形式也是需要重点考虑的内容,空间组织形式与人流动线、座位摆放形式及厨房开放程度有关。

(1)就餐区座位布置形式

不同类型的中餐厅因其经营方式与经营理念的不同,就会有不同座位形式,常见座位布置形式有散座、雅座、包间三种形式。

(2)以开放式厨房为中心的就餐区设计

开放式厨房能让顾客直观地看到厨师们烹饪的场景,顾客可以一边用餐一边观看厨师的厨艺表演,让顾客吃得放心且开心,还能提高餐厅上菜与撤台的效率,有利于餐厅的盈利。

4.厨房区设计

厨房是中餐厅运营中最重要的生产加工部门,它直接控制着餐饮品质和餐厅销售利润。因此,厨房设计必须从实用、安全、整洁角度出发,合理布局,并遵循相关设计与防火规范。一般而言,厨房由多个功能区域组成,并且不同类型的中餐厅功能分区因其经营内容、经营方式、规模档次的差异而有所不同。

（1）厨房的功能分区原则

第一,遵循效率第一和效益第一原则。

第二,合理的设备配置。了解客户的投资意向、餐厅的既定菜式和最多进餐人数,同时根据这些情况来确定厨房的主要设备数量和型号,合理配置设备。

第三,工作流程顺畅。依据厨房工作人员的工作流程进行动线设计。

第四,依据法律法规标准规划设计。符合卫生防疫、环保、消防等部门规定的各项要求,如食物、用具和食品制作等,存放时应做到生熟食品分隔、冷热食品分隔和不洁物与清洁物分隔,燃油、燃气调压、开关站与操作区分开,并配备相应的消防器材。

第五,功能匹配科学合理,体现人性化设计。了解项目现场具体情况,如厨房平面尺寸、空间高度,根据人体工程学原理,进行合理设计。

（2）储藏区

储藏区是将外部运送的各种食品原料进行选择、验收、分类、入库的活动区域。餐厅应有设施和储存条件良好的储藏区。食品原料因质地、性能不同,对储存条件的要求也不同。根据食品原料使用频率、数量不同,对其存放的地点、位置和时间要求也不同。同时,有毒货物包括杀虫剂、去污剂、肥皂及清扫用具不能存放在储藏。储藏区应保持室内阴凉、干燥、通风,做到防潮、防虫、防鼠。按食品原料对储存条件的要求,通常可将储藏区分为验收区、干货区、酒水区、冷藏区和冷冻区五个部分。

（3）加工区

加工区是厨房加工食物的区域。不同类型的餐饮店对食品加工的要求也不同,就中餐厅而言,厨房加工区主要是指对食品原料进行洗、切等加工处理。因此,可将加工区分为粗加工区和精加工区。

（4）烹饪区

烹饪区是对各类菜肴进行烹调、制作的区域,是厨房工作中最重要的环节。厨房中的烹饪区应紧邻就餐区,以保证菜肴及时出品。烹饪区功能分区可以根据厨师的工作流程设计,如取料、烹饪、装盘、传递、清理案板。同时,烹饪区要有足够的冷藏和加热设备,每个炉灶之上须有运水烟罩或油网烟罩抽风,并使其形成负压,这样大量的油烟、浊气和废气才会及时排到室外,保持室内空气清新。尤其设计明厨、明档的餐厅,更要重视室内通风、消噪与排烟设计。

（5）洗涤区

洗涤区的面积约占厨房总面积的20%~22%。洗涤区的位置应靠近就餐区与厨房区,以方便传递用过的餐具和厨房用具,提高工作质量和工作效率。洗涤区的给排水设计应合理,进水管应以一寸直径水管为宜,下水排放应采用明沟式排水。除洗涤设备外,洗涤区还应选择可靠的消毒设备及消毒方式。

5.中餐厅设计常用的装饰材料

不是选用最贵的材料就能装出最好的效果,选用一些相对经济的材料可以降低装饰的总造价,减少餐饮店前期的投入而有利于盈利。不同经营方式的中餐厅所选用的材料也不太相同,但无论选择哪种材料,都要遵循环保、经济、实用的设计原则。

经营中餐的地面材料不宜选用地毯,因为一旦汤水洒到地毯上很难处理,而且容易有螨虫和灰尘,污染室内空气。当然,地面材料也不仅只有这些,鹅卵石、片石、青砖、红砖和水泥都可以成为中餐厅内的地面材料,并且还能创造不一样的装饰效果。

中餐厅的墙面材料以内墙乳胶漆为主,偏暖的米白色、象牙白等墙漆能让室内显得干净而整洁。如果中餐厅需要某一个较为风格化的墙面作为亮点,那么可以采用其他材质来处理,以烘托出不同格调的氛围,也有助于设计风格的表达。

中餐厅顶面材料的使用要看是否吊顶,如果不吊顶,那么在裸露的钢混凝、土梁架、钢梁架和木梁架上刷有色漆或是保持结构的原样也是可以的。如果需要吊顶,则一般多以石膏板、纤维板、夹板为基础材料,再在基础面上刷涂料、裱糊壁纸或局部使用一些玻璃、木材、不锈钢等材料。

6.中餐厅照明设计

良好的照明设计可以营造出宜人的室内氛围,也能提高人们的就餐兴致、增加食欲。可以说,不同颜色光照下的空间和物体,不但外观颜色会发生变化,产生的环境气氛和效果也会大不相同,还会直接影响人们对空间的体验。

（1）自然光照明

人们在自然光下工作、生活和休闲,心理和生理上都会感到舒适愉快。另外,自然光具有多变性,产生的光影变化更丰富,让室内空间更加生动。因此,设计师可以充分利用自然光营造中餐厅的室内光照效果。

（2）人工光源照明

人工光源相比自然光来说,要稳定可靠,不受地点、季节、时间和天气条件的限制,较自然光更易于控制,而且符合各种特殊环境的需要。对于餐饮环境而言,人工照明不仅仅只是为了照亮空间,更重要的是营造氛围,如柔和清静的茶馆、浪漫温馨的西餐厅或热闹充满活力的中餐厅,不同类型的餐厅都需要不同的照明设计来营造氛围,突出设计主题。

中餐厅常用的灯具种类有吊灯、吸顶灯、筒灯、格栅灯、壁灯、宫灯、台灯、地灯、发光顶棚和发光灯槽等。常用的照明方式有整体照明、局部照明和特种照明等。整体照明是使餐厅就餐空间各个角度的照度大致均匀的照明方式,一般的散座就餐常会采用这种形式;局部照明也称重点照明,是指只在工作需要的地方或是需要强调、引人注意的局部才布置的光源;特种照明是指用于指示、应急、警卫、引导人流或注明房间功能、分区的照明。

(四)中餐厅外观设计

与众不同的餐厅门面设计会给顾客留下深刻的印象,门面设计包括门头、外墙、大门、外窗和户外照明系统等部分。门面的设计首先要和原有的建筑风格保持一致,最好结合原建筑的结构进行设计。门面装饰要注意大门的选择,大门的样式与门头风格要相融。如果餐厅外墙足够长,可以选择开比较大的玻璃窗,就餐厅而言,靠窗户边的位子往往是最受顾客喜欢的。当然,玻璃窗虽然有很好的采光和装饰作用,但安全性能不好,如果使用钢化玻璃则增加装修成本,保温性能也较差,冬冷夏热。

中餐厅的户外广告及招牌设计要注意色彩、形状和外观的不同效果,招牌作为餐厅的标志最能吸引人们的注意力。招牌的设计宜突出餐饮店的特点,无论哪种类型的餐饮店,招牌的字体都应该让人容易识别,如对于一些风味餐馆来说,招牌要更加突出餐厅的特色。

中餐厅周边的景观环境也要仔细设计,尽管很多餐饮店的周边环境会受到场地的限制而无法进行更多的园林景观设计,但在店外设置一些绿化造景或是别致的陈设也会让路过的人们觉得这是一家高档的、有品位的餐馆。

如果要在夜晚吸引顾客到店内就餐,那么就需要选择合适的光源作为户外照明,一般主要选择射灯、透光型灯箱、字形灯箱和霓虹灯等照明系统。霓虹灯处理不当的话容易使店面花哨,降低店面档次。因此,使用霓虹灯照明的餐饮店并不多见。

三、餐饮空间设计时应注意的问题

第一,餐饮空间的面积可根据餐厅的规模与级别来综合确定,一般按每座位 1.0~1.5m² 来计算。餐厅面积指标的确定要合理,指标过小,会造成拥挤、堵塞;指标过大,会造成面积浪费、利用率不高和增大工作人员劳动强度等问题。

第二,营业性餐饮空间应有专门的顾客出入口、休息厅、备餐间和卫生间。

第三,就餐区应紧靠厨房设置,但备餐间的出入口应处理得较为隐蔽,同时还要避免厨房气味和油烟进入就餐区。

第四,顾客用餐活动路线与送餐服务路线应分开,避免重叠。在大型多功能厅或宴会厅应以备餐廊代替备餐间,以避免送餐路线过长。

第五,在大型餐饮空间中应以多种有效的手段来划分和限定不同的用餐区,以保证各个区域之间的相对独立和减少相互干扰。

第六,餐饮空间设计应注意装饰风格与家具、陈设及色彩的协调。地面应选择耐污、耐磨、易于清洁的材料。

第七,餐饮空间设计应创造出宜人的空间尺度、舒适的通风和采光等物理环境。

四、餐饮空间环境气氛的营造

(一)色彩

餐饮空间的色彩多采用暖色调,以达到增进食欲的目的。不同风格的餐饮空间其色彩搭配也不尽相同。中式餐饮空间常用褐色、黄色、大红色和灰白色,营造出稳重、儒雅、温馨、大方的感觉;西式餐饮空间多采用粉红、粉紫、淡黄、褐色和白色,有些高档西餐厅还施以描金,营造出优雅、浪漫、柔情的感觉;自然风格的餐饮空间多选用天然材质,如竹、石、藤等,给人以自然、休闲的感觉。

(二)光环境

1.直接照明光

直接照明光的主要功能是为整个餐饮空间提供足够的照度,这类光可以由吊灯、吸顶灯和筒灯来实现。

2.反射光

反射光主要是为衬托空间气氛、营造温馨浪漫的情调而设置的,这类光主要由各类反射光槽来实现。

3.投射光

投射光的主要功能是用来突出墙面重点装饰物和陈设品,这类光主要由各类射灯来实现。

4.陈设

室内陈设的布置与选择也是餐饮空间设计的重要环节。室内陈设包括字画、雕塑和工艺品等,应根据设计需要精心挑选和布置,营造出空间的文化氛围,增加就餐的情趣。

第四节 商业空间设计

一、商业空间设计的基本知识

商业空间建筑在一定程度上能够折射一个城市经济发展程度和社会发展状态,反映城市物质、经济生活和精神文化风貌。传统的商业空间被赋予崭新功能,而今商业空间成为人们生活休闲、交流、沟通等活动的场所,商业空间外延广泛,在设计中要注意整体的和谐统一。在众多空间类型中,最多元的就是商业空间,商业的概念有广义和狭义之分。因此,为商业活动提供的环境空间设计也有广义和狭义之分,广义上可理解为一切与商业活动相联系的空间设计,狭义上可理解为商业活动所需的空间环境设计。狭义上的商业空间设计在当代商业空间使用功能方面的多样性逐渐加大,如综合体、酒店、餐饮、娱乐场所等。现有商业空间已经无法满足人们的需求,人们对环境有了更高层次的追求,在这样的需求下,必定会出现更多具有创意的空间设计[1]。

商业类建筑一般包括商店、商场和购物中心等。商业空间设计要特别注意建筑形体、商店招牌、店面设计、橱窗布置、照明装置和商店入口等。商业空间根据经营性质和规模,将区域按种类划分。

顾客通行和购物流线组织对营业厅整体布局、商品展示、视觉感受、流通安全等极为重要,顾客流线组织应着重考虑:

第一,商店出入口位置、数量、宽度及过道与楼梯的数量和宽度,要满足安全疏散要求。

第二,根据客流量和柜面布置方式来确定最小通道宽度,大型营业厅应区分主次通道、通道与出入口及楼梯、电梯和自动梯的连接,要有停留面积,便于顾客集中和周转。

---

[1]鲍艳红,国娟娟,彭迪,等.商业空间设计[M].合肥:合肥工业大学出版社,2017.

第三,方便顾客顺畅地浏览商品柜,要避免单向折返与流线死角,保证安全进出。

第四,根据通行过程和临时停顿的活动特点,商场主要流线通道与人流交汇停留处是商品展示、信息传递的最佳展示位置,设计时要仔细筹划。

从顾客进入营业厅开始,设计者就要考虑从顾客流线进程、停留、转折等处进行视觉引导,要利用各种方式明确指示或暗示人流方向。根据消费心理的特征,引导顾客购物方向的常用方式有以下几种:

第一,直接通过商场布局图、商品信息标牌及路线引导牌等指示营业厅商品经营种类的层次分布,标明柜组经营商品门类,指引通道路径等。

第二,通过柜架与展示设施等空间划分,进行视觉引导。

第三,通过营业厅地面、顶棚、墙面等各界面的材质、线型、色彩和图案的配置,引导顾客视线。

第四,采用系列照明灯具,借助光色的不同色温和光带标志等进行视觉引导。

商业空间既要满足商品的展示性,又要满足商品的销售性,空间的各个不同区域均要以此为出发点进行设计构思。

(一)店面

店面是商业空间重要的对外展示窗口,是吸引人流的第一要素。店面造型应具有识别与诱导特征,既能与商业周边环境相协调,又有视觉外观个性。

(二)入口

商业空间的入口设计应表现出该商店的经营性质、规模、立面个性和识别效果。另外,商店入口要设置卷帘或金属防盗门。

商业空间入口的设计手法通常表现为:一是突出入口空间处理,不能单一地强调一个立面效果,要形成一个门厅的感受;二是追求构图与造型的立意创新,可通过一些新颖的造型形成空间的视觉中心;三是对材质和色彩精心配置,入口处的材质和色彩往往是整个空间环境基调的铺垫;四是结合附属商品形成景观效果。

(三)营业厅

营业厅的空间设计应考虑合理、美观的铺面布置,方便购物的室内环境,恰当的视觉引导设置及能激发购物欲望的商业气氛和良好的声、光、热、通风等物理条件。由于营业厅是商业空间中的核心和主体空间,故必须根据商店的经营性质,在建筑设计时确定营业厅面积、层高、柱网布置、主要出入口位置及楼梯、电梯等垂直交通位置。一般来说,营业厅空间设计应使顾客进出流畅,营业员服务便捷,防火分区明确,通道、出入口顺畅,并符合国家有关安全疏散规范要求。

(四)柜面

营业厅的柜面,即售货柜台、货架,展示的布置是由销售商品的特点和经营方式所决定的,柜面设置要遵循合理利用空间和顾客习惯原则,强调安全、耐用、设计简洁。柜面的展销方式通常有以下几种:

第一,闭架,主要以高档物品或不宜直接选取的商品为主,如首饰、药品等。

第二,开架,适宜挑选性强,除视觉观察外,对商品质地、手感也有要求。

第三,半开架,指商品开架展示,但在展示区域设置入口限制。

第四,洽谈销售,某些高档商店,需要与营业员进行详细商谈、咨询,采用就座洽谈方式,能体现高雅、和谐的氛围,如销售家具、计算机、高级工艺品、首饰等。

二、商业空间设计宗旨

(一)知识目标

第一,掌握专卖店客户情况调查表、项目调查表的编制方法。

第二,掌握专卖店设计项目客户调研、市场调研的方法及内容。

第三,掌握专卖店设计资料的收集、分析和整理的方法。

第四,熟悉专卖店设计流程、原则、原理和方法。

第五,掌握专卖店店面设计与室内设计的方法。

(二)能力目标

第一,培养设计人员对项目现场勘察和项目现场测绘的能力。

第二,培养设计人员的方案分析与方案设计能力。

第三,培养设计人员的创新能力。

第四,培养设计人员的施工图与效果图的绘制能力。

第五,培养设计人员文案撰写能力及方案解说能力。

(三)素质目标

第一,培养设计人员良好职业道德和责任感。

第二,培养设计人员自学能力、沟通能力和团队协作能力。

第三,培养设计人员独立分析问题和解决问题能力。

三、商业空间设计基础

(一)商业空间设计原则

1.商业性原则

好的室内设计应该具有商业性,商业空间的设计不单单是一个室内设计,更是一个商品企业文化的展示、商业价值的实现及企业发展方向的体现。设计与商业并不冲突,因为设计也是为了实现商业价值,而商业也需要设计来美化和诠释。因此,商业性是商业空间室内设计最基本的设计原则。

2.功能性原则

商业空间以销售商品为主要功能,同时兼有品牌宣传和商品展示功能。商业空间设计一般是根据其店面平面形状及层高合理地进行功能分区设计和客流动态安排。因此,商业空间室内设计与店面设计应最大限度地满足功能需求。

3.经济性原则

商业空间装修的造价会受所经营商品价值的影响,商品的价值越高,相应的装修档次也越高。顾客一般也会根据专卖店的装修档次来衡量商品的价格,如用低档的装修展销高档的商品,就会影响商品的销售;反之用高档的装修陈列低档的商品,顾客也会对商品产生怀疑而影响商品的销售。因此,商业空间的装修总造价要与商品的价值相对应。

4.独特性原则

独特性是商业空间设计的一项重要原则。如何使某一商业空间在众多店铺中脱颖而出,从而吸引顾客的眼球是商业空间设计时首要考虑的条件。独特的设计可以让商业空间室内环境更具有商业气质,富有新奇感的设计可以提高商品的附加值,让商业空间盈利更高。

5.环保性原则

节能与环保也是室内设计界一个重要研究课题。随着人们生活水平的提高,越来越多的人崇尚健康、自然的生活方式。商业空间设计时应尽可能使用一些低污染、可回收、可重复利用的材料,采用低噪声、低污染的装修方法和低能耗的施工工艺,确保装修后的店内环境符合国家检测标准。

(二)专卖店设计组成部分

1.店面设计

店面设计十分重要,而专卖店商品的品牌与风格则影响着店面设计,如在服装专卖店设计中,一般经营正装的店面风格宜大气、简洁,而经营休闲装的店面风格则相对活跃、时尚,可以用明亮的色彩来创造生动的室内氛围。

2.卖场设计

卖场设计包括收银区、陈列区、休息区、储藏区等几个部分的设计,卖场设计是专卖店室内设计的核心部分。卖场设计以展示商品为中心,空间布局要合理,交通路线要明确而流畅。

3.商品陈列设计

商品陈列要突出商品形象,最好能在陈列中形成一个焦点,以引起顾客注意,同时要求商品陈列的方式要充分体现该商品的特点,并且新颖独特。商品陈列要让顾客看得见、摸得着,触发其购买欲望。

4.展示道具设计

展示道具不仅能满足展示商品的功能,同时也是构成展示空间形象、创造独特视觉形式的最直接元素。

5.照明设计

良好的照明设计可以引导顾客的注意力,可以让商品更加鲜艳生动,还可以完善和强化商店的品牌形象。良好的照明设计不仅能引起顾客的购买欲望,同时还能渲染室内氛围,刺激消费。

(三)专卖店室内设计

1.专卖店设计前期调研

(1)客户调研

与客户进行广泛而深入的沟通交流,了解客户的经营角度和经营理念。准备客户情况调查表和目标消费顾客情况调查表,请客户和顾客填写,并告知客户初步的设计意图。

(2)项目现场勘察

项目现场勘察首先要了解项目现场周边环境、人流量、交通和停车位状况。了解建筑及室内的空间尺度和空间之间的关系。了解现有建筑结构和建筑设备。如果是改建工程则需查看原来的逃生和消防设计是否合理,原电压负荷是否充足,是否需要增加电缆数量等,再进行项目现场测绘。如果项目有客户提供的建筑图样,则需要查看现场是否与原建筑图样有不相符合之处,并且应利用水平仪、水平尺、卷尺、90度角尺、量角器、测距轮、激光测量仪、数码照相机或数码摄像机等工具测量并记录各室内平面尺寸、各房间的净高、梁底的高和宽、窗高和门高。特别要注意一些管道、设施和设备的安装位置,还要注意室内空间结构体系,柱网的轴线位置与净空间距,室内净高,楼板厚度和主、次梁高度。项目现场勘察能让设计师实地感受建筑及室内空间尺度和空间之间关系,为下一步设计工作做好针对性准备。

(3)专卖店市场调研

第一,商品品牌调研。商品品牌调研主要是了解品牌社会知名度、文化内涵及经营产品种类、产品销售形式等。

品牌知名度会影响到该品牌产品的销售。品牌专卖店主要是帮助企业推广和营销产品,同时让商家获利。了解品牌营销方式更有利于专卖店设计。

第二,同行调研分析。主要调研当地和外地同品牌专卖店经营规模、经营状况、销售方式、销售产品类型、服务和室内环境等,同时对它们进行实力排名,分析服装专卖店成功的原因,如销售方式、商品质量、价格优势等;也要分析服装专卖店失败的原因,如是销售问题、商品问题,还是价格问题等,同行的调研分析也有助于专卖店进行设计定位。

第三,顾客信息调研分析。顾客信息调研分析是指调研专卖店目标顾客的消费能力、消费方式及喜欢的消费环境。消费方式是生活方式的重要内容,比如互联网的出现,改变了很多人的生活方式和消费方式,过去人们在实体店买衣服,而如今很多人选择在网店上购买衣服。

2.专卖店卖场设计

专卖店卖场设计是设计的核心部分。

(1)平面布局设计

专卖店的空间复杂多样,其经营的商品品种因店面面积不同而各不相同,但无论是经营哪种商品,专卖店平面格局都应该考虑商品空间、店员空间和顾客空间。

(2)入口设计

根据品牌不同,专卖店入口设计也不相同,一般低价位品牌商品专卖店可以做成开度大的入口。中、高档品牌商品的专卖店由于每天的客流量相对较小,其顾客群做购物决定的时间相对较长,并且需要一个相对安静、优雅的购物环境。因此,入口开度相对要小一点,并且要设计出尊贵感。另外,还要根据门面大小来考虑入口设计。无论入口设计形式如何,入口都应该是宽敞、方便出入,同时要在门口留出合理的活动空间。

（3）收银区设计

收银区通常设立在专卖店后部,这样更有利于空间利用。专卖店收银区设计要考虑到顾客在购物高峰时也能够迅速付款结算。所以,在收银台前要留有相应的活动空间。

3.专卖店陈列设计要点

（1）营造空间的"视觉焦点"

"视觉焦点"是最容易吸引顾客视线的地方,并且还具有传达商品信息、促进商品销售的作用。专卖店的室内可以用一处独特新颖的商品陈列来创造"视觉焦点",从而展现店铺的经营特色和风格。

（2）用色彩来主导陈列设计

有序的色彩主题带给整个卖场鲜明有序的视觉效果和强烈的视觉冲击力。

（3）便于顾客挑选和购买商品

无论对商品采用何种陈列方式,都应方便顾客挑选和购买,要让顾客直观地了解商品品种、特点和价格,不用问销售人员也能对商品一目了然,可以节约顾客的时间,也可减轻销售人员的工作负担。

（4）人性化设计原则

充满人性的陈列设计会给顾客带来亲切感,符合消费者购物心理,能提高店铺知名度。

（四）专卖店店面设计

专卖店店面是反映一个企业的窗口,在一定程度上能传达企业文化内涵、社会意识、城市风貌和地域文化。专卖店店面设计不仅需要一个好的创意,还要结合店铺的地理位置、建筑面积大小、建筑立面形式、经营特点和顾客购物心理需求等具体情况来决定。店面设计不仅要美观、新颖和独特,还应有潜在的商业价值。

1.招牌设计

招牌设计应新颖、醒目、简明,不但要做到造型美观,所用材料要耐久、抗风和抗腐,而且制作加工还应当精细。不同材料能反映出不同的气质,如石材显得厚重、庄严,金属则显得明亮、时尚,选用何种材料也会受到专卖店设计风格的限制。固定形式有悬挂、出挑、附属固定和单独设置四种形式。招牌除了美观,安全也非常重要。

2.店门设计

店门的材料在以往都采用硬质木材,也有在外部包铁皮或铝皮,制作较简便。我国已开始使用铝合金材料制作商店门。无边框的整体玻璃门属豪华型门廊,由于这种门透光性好,造型华丽,所以常用于高档首饰店、电器店、时装店和化妆品店等。明快、通畅、具有呼应效果的门廊才是最佳设计。

3.橱窗设计

顾客在进入专卖店之前,都会有意无意地浏览橱窗。所以,橱窗设计与宣传对消费者的购买情绪有重要影响。好的橱窗布置既可起到介绍商品、指导消费、促进销售的作用,还可以宣传企业文化与精神。当然,橱窗的展示不能只是让人看过后仅记住这个商品,它还代表着一种让人们享受生活的方式。

四、商业空间设计的典型案例分析

(一)案例一

该案例为一地处市中心的中高端商场,商场既是商业空间,又是展示空间,通常利用流线、柜面、展具的设计提高商品档次,刺激消费者的消费欲望,这是其与纯展示空间之间的本质区别。不过,在引导流线、拉长展示面方面,商场与展示空间有着异曲同工之处。

就目前的商场营销模式而言,通常空间的主要流线和场地划分由商场管理方承担规划,内容涉及流线走向、走道宽度、区域面积、场地形式等,基本原则是尽可能让所有的店面都与主流线有直接而明确的连接关系。一般而言,在此基础上进行招商,为实现空间整体氛围协调统一,商场管理方还会对每个入驻的商户提出店面装饰具体规范要求,最终将每间店面场地布局、壁面装饰、柜面摆放等落实到位的则是每一具体场地的商户自身,很多连锁型的品牌在装饰方式上都形成了自己相对统一的形式和风格,另外,不同的商品需要不同的展示形式,它们对展台、展架包括灯光的要求都是不一样的,设计的关键还是如何更好地衬托出商品本身的特征。

在本案例中,所有公共空间,包括走道、中庭、扶梯等的装饰都采用了一种"中性"的设计方式,米黄色、白色、蛋青色基本上都属于百搭色,而玻璃、不锈钢、釉面砖等材质和其他材料之间的搭配度也很高。因此,具备了使公共空间与其他特色店面兼容并蓄的条件。

另外,该案例还反映出箱包、鞋、首饰、女装、化妆品、男装等不同商品展示的不同形式和要求,箱包和鞋都是小件商品,需要台面摆放,结合灯光形成小范围的展示重点;首饰对灯光的要求颇高,灯光在首饰上形成的闪亮光泽正是首饰的魅力来源;化妆品柜台不仅需要设置试妆区,大面积广告灯箱也是必不可少的;服装是商场的主要经营项目之一,吊架展示是当前服装的一种主要展示形式,模特展示则是一种补充和吸引顾客的有效方式,可以最直观地反映店面自身的品牌特色。

(二)案例二

该案例为学生课程设计作业,课题背景为一单层面积约2000平方米的一层商业空间,主要经营内容为化妆品、箱包、手表、首饰等。作为商场的一层空间,不仅要解决本层的人流流通和疏散问题,同时还应兼顾其他楼层的人流疏散等。

因此,通道要适当偏宽。该案例以"风"为主题,通过"海洋风"的线索戏剧性地对各空间进行一系列串联,如将空间门厅处"海之巢"的雕塑作为一个空间序列的前奏,表现出一种平和、孕育的环境氛围;空中飘带式的造型结合高档首饰展示,形成了一种风和日丽、微风徐徐的海边温和气息,而通过LED灯光设置形成的光色变化十分丰富的箱包展示区则体现出一种梦幻而又神秘的海底趣景。另外,过道上的化妆品展示如同一个个小气泡在浮游,由鹦鹉螺的造型联想而成的半围合空间是女性化妆品专卖区,洋溢着温柔的氛围;而男士化妆品专卖区采用抽象的"飓风"形式,显示出一种彪悍的力量感。最后以一些原生态的岩石营造了一个海岛山洞式的首饰专卖区,嶙峋的石缝中散落着各种首饰,仿佛进入了一处藏宝洞,粗糙的材质与光洁鲜亮的首饰形成鲜明的对比,起到了良好的烘托作用。

对于一个场地面积偏小,但思维拓展余地较大的空间设计而言,这种具有一定故事情节的空间处理方式,妙趣横生,在统一中富于变化,在感性中折射理性,是一种非常有效的概念化设计形式。

第五节　酒店、旅馆空间设计

一、酒店、旅馆空间设计的发展

现代酒店、旅馆设计发展趋势。

(一)与城市发展相结合

在现代酒店、旅馆设计过程中要将建筑设计和城市发展有效地结合起来，与城市未来发展相联系。建筑不是独立存在的，而是与城市和谐发展相对应。因此，在酒店、旅馆设计过程中一定要对建筑整体进行综合性考虑，与功能综合体相联系，集吃、住、购物、休闲、娱乐、社交等于一身，同时可以作为接待、办会、展览、商务活动等场所，与城市发展达到共存，促使建筑与城市协调融合。

(二)体现智能设计

随着现代科学技术水平的不断发展，酒店、旅馆建筑设计一定要突出智能化特征。在经济与技术快速进步的时代，建筑设计已逐步向智能化演变，已经有越来越多的智能技术融入其中，在很大程度上促进了建筑设计向智能化方向的演进，带来较大的经济效益，也使建筑功能更加丰富，并做到与数字化技术融合，使设计质量及水准得到全方位提升。具有代表性的数字化技术是SOHO技术，此技术很好地融入高科技网络技术，能够提供舒适的酒店、旅馆环境，在高科技技术协助下完成分工细化，满足不同顾客群的需要❶。

(三)体现人文精神

建筑最终目的是为人所用，要坚持人文精神原则，将人文精神融入酒店、旅馆建筑设计中，促使建筑设计呈现出不同理念。设计中需要将环保观念很好地融入其中，环保观念也体现人文精神与关怀。在酒店、旅馆建筑设计中，要考虑并做好建筑生态设计，如太阳光、雨水、环保材料等使用与合理安排设计，最大限度上避免对自然环境的影响，打造出具有优美环境、周到服务、完善设施和鲜明特色的酒店、旅馆。

二、酒店、旅馆空间设计的基本划分

一般酒店、旅馆由以下四部分组成。

第一，公共部分：大堂、会议室、多功能厅、商场、餐厅、舞厅、美容院、健身房等。

第二，客房部分：各种标准客房，属下榻宾馆的旅客私用空间。

第三，管理部分：经理室，财务、人事、后勤管理人员的办公室和相关用房。

第四，附属部分：提供后勤保障的各种用房和设施，如车库、洗衣房、配电房、工作人员宿舍和食堂等。

---

❶陈光锋.酒店建筑——探讨商务旅馆客房设计[J].建筑工程技术与设计,2017(19):853.

三、酒店、旅馆空间设计要求

(一)大堂

不同的酒店、旅馆设计体现其功能配置和接待服务,为旅客带来休闲、交往、办公甚至购物的多重体验。大堂区区域功能配置通常情况下可分为以下基本区域,即入口门厅区、总服务台区、精品店、辅助设施区。

入口门厅区,第一时间接待、引导旅客。

总服务台区,为酒店大堂核心区域,包括总服务台(前台)、礼宾台、贵重物品保险箱室、行李房、前台办公大堂经理台(客户关系经理台)。总服务台(前台)是旅客最重要的活动区域,向旅客提供咨询、入住登记、离店结算、兑换外币、传达信息、贵重物品保存等服务。礼宾台属前台辅助设施。贵重物品保险箱室与行李房为旅客提供物品存放的服务。大堂经理台和客户关系经理台两者略有差别,大堂经理台主要统筹管理大堂中日常事务与服务人员,保证酒店高效运营,客户关系经理台主要用于处理宾客关系,休闲区通常为旅客提供休闲享受、商务洽谈的半私密空间。

精品店作为酒店大堂的特色空间之一,往往经营的是一些纪念性商品。

辅助设施区为商务旅客提供办公、通信等各项服务。

(二)休息处

此场所是供旅客进店、结账、接待、休息之用,常选择方便登记、不受干扰、有良好环境之处,可供客人临时休息和临时会客使用。为与大厅的交通运输部分分开,可用隔断、栏杆、绿化等设施进行装饰。休息处的沙发组按宾馆规模而定数量。大部分休息处位于大堂的一角或者靠墙的地方。

(三)商务中心

作为大堂中一个独立业务区域,商务中心常用玻璃隔断与公共活动部分相隔离。酒店商务中心是为满足顾客需要,为客人提供打字、复印、翻译、查收邮件及收发文件核对、抄写、会议记录或代办邮件、打印名片等服务的综合性服务部门,可按办公空间设计。配备齐全的设施设备和高素质服务人员为客人提供高效率办公服务,是酒店、旅店提高对客服务质量的基本保证。

(四)商店

酒店、旅馆的商店出售日用品、鲜花、食品、书刊和各种纪念品等。由于规模、功能与性质不同,位置也不同。小型的商店可以占用大堂一角,用柜台围合出一个区域,内部再设商品柜架。中型商店可以在大堂之内,也可通过走廊、过厅与大堂相连。大型商店实际上就是商场,它不属于大堂,其内往往有多家小店。

(五)客房设计

1.客房种类

第一,单人间。

第二,双床间。

第三,双人间。

第四,套间客房。

第五,总统套房。

2.客房的分区、功能和应用设计

客房分睡眠区、休闲区、工作区等。睡眠区常位于光线较差区域,休闲区常靠近侧窗,有些宾馆可设3床或4床的单间客房,为使用方便,其卫生间内最好设两个洗脸盆,浴厕分开。客房的装修应简洁,避免过分杂乱。地面可用地毯、木地板或瓷砖,色彩要素雅。墙面可用乳胶漆或壁纸饰面。

(六)设计任务书

1.设计任务

要求掌握完成设计任务的方法与程序,了解在设计、施工时容易出现的问题及解决问题的方法与策略,在设计的同时要综合运用各门学科的知识。了解当今市场装饰材料,思考并总结怎样运用好材料来丰富设计,做出经济、实用的设计方案。

2.设计理念

以人为本,融入现代和经济实用的设计理念,让人们感到温馨、舒适。合理地进行空间设计与划分,使室内设计的风格、功能、材质、肌理、颜色等突出特色,在住房条件和服务上,满足旅客需求,营造舒适、轻松而又富有特色的空间。

3.设计内容要求

第一,一层包括大堂、等候休息区、服务台、员工办公室、商务中心、餐厅等功能区。

第二,标准层主要设计成客房,要求设计类型有双床间(标准间)、双人间(家庭套房)、商务套房三种类型。

(七)图样表达

1.方案阶段

拿到设计课题以后,首先要了解业主的设计定位和宾馆等级。其次要了解业主投入资金的多少,这直接影响设计的水准。最后还应了解当地风土人情,只有分析并了解设计对象,才能明确设计方向,充分做好准备,合理、高效地进行系统设计。

出图要求如下:

第一,宾馆一层平面图、标准层的平面图(方案),可以是草图。

第二,入口外立面效果表现图。

第三,主要空间的透视效果图(大堂服务台、标准间客房)。

第四,设计方案说明。

做完平面和主要立面设计以后,要勾勒出空间透视草图,将空间的各个面及家具都要表现出来,在勾勒过程当中及时发现问题、及时修改,不断调整方案,直到客户满意为止。

2.施工图阶段

以上步骤完成之后,进行大样和施工图设计,最终完成全套图样。全套图样包括平面图、顶面图、立面图、效果图、节点大样图,此外还要给客户提供材料清单、色彩分析表、家具与灯具图表清单等。

出图要求如下:

第一,代层平面图、标准层的平面图细化设计。

第二,一层平顶图、标准层的平顶图设计。

第三,主要空间室内各界面设计及施工图绘制。

第四,主要空间透视效果图完善、修改(大堂服务台、标准间客房)。

第五章 室内设计的原理和应用技术

第一节 室内空间的组成以及设计程序

一、室内空间的组成

室内空间的所有物体均需通过一定形式才能表现出来,形式来源于人们的形象思维,是人们根据视觉美感和精神需求而进行的主观创造●。

(一)关于形

1.形的主要内容

(1)空间形态

室内空间由实体构件限定,而界面的组合赋予空间以形态,是具体形象的生动表现,是人们日常生活中存在的物体,容易识别,有生命性和立体感,同时影响人们在空间中的心理感受和体验。

(2)界面形状

空间的美感和内涵通过界面自身形状表现出来。墙面、地面等对室内环境塑造具有重要影响。因此,非常有必要对这些实体要素进行再创造和设计。

(3)内含物造型及其组合形式

室内的家具、灯具等内含物是室内环境中的又一大实体,是室内形态的重要组成部分,内含物可以美化室内环境,增加艺术感。

(4)装饰图案

这里的装饰图案是墙面上的壁画、地面铺设的图案、家具上的花纹装饰等,是具体形象的高度概括,图形简洁、抽象化、平面化,难以识别,这些装饰图案的形式或多或少地参与室内形态的构成。

2.形的基本要素

研究室内环境的形,包括实体的造型和它们之间的关系,都可将其抽象为

●文克君.住宅室内空间设计研究[J].建材与装饰,2017(25):75-76.

点、线、面的构成。室内点、线、面的区分是相对而言的,宽度、长度比例的变化可形成面和线的转换,从视野及其相互关系的角度决定其在空间中的构成关系。

3.形的表现形式

形即形状,以点、线、面、体四种基本形式表现,能给人带来不同的视觉感受。

(1)点

点以足够小的空间尺度,占据主要位置,可以以小压多、画龙点睛。

(2)线

点移动而形成线,人的视线足够远且物体本身长比宽不小于10:1时,就可视为线,用线来划分空间,形成构图。

(3)面

线的移动产生面,面在室内空间中应用频率很高,如顶面、地面、隔断、陈设等。

(4)体

体通常与量、块等概念相联系,是面移动后形成的。

(二)关于光

光是室内设计的基本构成要素,对光的运用和处理要认真加以考虑。

1.光源类型

光分为自然光和人造光。人造光能对称与色起修饰作用,能使简单的造型丰富起来。光的强弱虚实会改变空间的尺度感。

2.照明方式

对空间中照明方式进行合理设计能使人感到宽敞明亮,可以是直接照明也可以是间接照明。对于整体照明来说,为空间(如进餐、阅读等区域)所提供的照明使空间在视觉上变大,属强调或装饰性照明,重点突出照明对象,使其得以充分地展现。

3.照明的艺术效果

营造气氛,如办公室中亮度较强的白炽灯,现代感强。例如,粉红色、浅黄色的暖色灯光可营造出柔和温馨的气氛,加强空间感。明亮的室内空间显得宽敞,昏暗的房间则显得狭小。照明可以突出室内的重点部分,从而强化主题,并使空间丰富而更有生气。通过各种照明装置和一定的照明布置方式可以丰富室内空间。例如,利用光影形成光圈、光环、光带等不同的造型,将人们的视线引导到某个室内物体上。

(三)关于色

色彩不仅可以表现美感,还对人的生理和心理感受具有明显的影响,如明度高的色彩显得活泼而热烈,彩度高的色彩显得张扬而奢华。

色彩的高明度、高彩度和暖色相使空间显得充实,而单纯统一的室内色彩则对空间有放大作用。色彩具有重量感,彩度高的色彩较轻,彩度低的色彩较重,相同明度和彩度的暖色相对冷色较轻。

二、室内空间的设计程序

室内设计按照工程的进度大体可以分为三个阶段,即概念及方案设计阶段、施工阶段、竣工验收阶段。一般情况下,概念及方案设计阶段是确定方案及绘制施工图的阶段,这个阶段需与使用者反复讨论和修改,进行方案的最终确定;施工阶段是按照施工图的相关信息对室内设计理念进行表达的过程,以运用技术实现设计意向;竣工验收阶段是将施工的结果进行验收的阶段,这个阶段需根据验收的结果绘制竣工图纸,进行备案。三个阶段是按照顺序进行的,且相互联系。

(一)概念及方案设计阶段

1.概念设计

概念设计是根据客户的要求进行的效果最优化设计,设计可能比较夸张,设计理念往往比较先进,对实际施工过程的工艺及成本考虑相对较少。

概念设计是实现客户想法的设计过程,是通过概念设计建立客户对设计区域的最初认识,形成客户与设计者之间的沟通。

2.方案设计

方案设计是针对概念设计确定的效果进行更加实际的精细化设计。在方案设计阶段需要将成本及工艺等内容融合在设计的范畴之内,进行比较和综合思考。在方案设计阶段需要与客户进行多次沟通,在沟通的过程中寻求性价比较高、设计效果最能贴近概念设计的方案。方案经过双方确认后绘制施工图,施工图要求能够比较全面地说明设计的做法和相应的材质使用等问题,能够准确地指导施工实现设计成果。

(二)施工阶段

施工阶段是指按照施工图纸实现设计理念的过程。没有准确的施工,再好的设计方案也难以实现。施工阶段是方案设计阶段的延续,也是更具体的工作过程。

施工进场第一项是根据施工图的内容确定需要改造的墙体,对需要改造的墙体的尺寸、界限、形式进行标示。在业主书面确定的情况下,以土建方±1m标高线上,上返50mm作为装饰±1m标高线,并以此为依据确定吊顶标高控制线。确定吊顶、空调出(回)风口、检修孔的位置。施工进场前需要依据施工图的重要内容进行确认和对照,施工人员和设计人员对图纸中不明确的地方及时进行敲定。

硬装工程指在现场施工中瓷砖铺贴、天花造型等硬性装修,这些是不能进行搬迁和移位的工程。这些硬装工程是整个室内设计中主要使用界面的处理过程,需要大量的人力和工时,是室内设计施工过程中的重要环节。一般根据硬装工程的工序进行施工程序的划分。

先根据龙骨位置进行预排线,定丝杆固定点,安装主龙骨,进行调平,然后安装次龙骨。根据轻钢龙骨的专项施工工艺进行精确的制定与安装。

石膏板、瓷砖等装饰材料在进行安装前,需要进行定样,然后材料进场进行施工。小样的确认能便于客户和施工方的沟通,保证整体设计的效果。石膏板吊顶需要从中心向四周进行固顶封板,双层板需要进行错缝封板,防止开裂。转角处采用"7"字形封板。轻钢龙骨隔墙根据放线位置进行龙骨固定,封内侧石膏板用岩棉作为填充材料。

样板间中的木质材料(如细木工板、密度板)应涂刷防腐剂、防火涂料三遍。公共建筑的室内装修基材需要采用轻钢龙骨,以满足防火要求。

瓷砖需从统一批号、同一厂家进货,根据施工图将瓷砖进行墙面、地面的排布,确认无误后订货。

地面需要用1:2.5的水泥砂浆进行找平,并注意找平层初凝后的保护。由于地面重新找平,地面上第一次放线后线被覆盖,需要进行第二次放线。

涂饰工程施工前需要涂饰工做准备工作,涂料饰面类应用防锈腻子填补钉眼,吊顶、墙面先用胶带填补缝隙,先做吊顶、墙面的阴阳角,再大面积地批腻子;粘贴类应在粘贴前四天刷清漆,在窗框、门框等处贴保护膜,防止交叉污染。

湿作业应在木饰面安装前完成,注意不同材质的交接处。条文及图案类墙纸需要注意墙体垂直度及平整度的控制。工程中应注意各工种的交接与程序，避免对成品造成破坏。

瓷砖铺贴应注意对砖面层的保护，地面瓷砖用硬卡纸保护，墙面用塑料薄膜保护。地砖需进行对缝拼贴，从中心向四周进行铺设，或中心线对齐铺设，特别是地面带拼花的地面砖，要控制拼花的大小及范围。

木饰面安装一般都在工厂进行裁切，到场进行安装。组装完成后注意细节的修补，并进行成品保护。

地板铺贴应先检查基层平整度，然后弹线定位，进行铺贴。铺贴地板后及时进行成品保护。

墙体粘贴需提前三天涂刷清漆，铺贴前需将墙面湿润，根据现场尺寸进行墙纸裁切。

硬包应预排包覆板，等安装后进行成品保护。

玻璃一般情况下由工厂生产，到场后安装，然后进行打胶、调试。

坐便器及洁具、浴盆的安装需要按照放线进行对位。安装工程还包括灯具安装、五金件安装、大理石安装、花格板安装及控制面板安装。

（三）竣工验收阶段

在竣工验收阶段需要对细节进行检查，及时对工程中的遗漏之处进行修补，进行竣工验收准备及清理。

验收环节包括水电、空调管线在吊顶安装前是否完成隐蔽工程的调试，工程收口处的处理是否整齐，瓷砖铺贴对缝是否平直，墙纸对缝图案是否完整，五金件、门阻尼、插口是否使用方便。

验收合格后要及时绘制竣工图纸，对装饰装修工程进行说明，并通过竣工图纸进行表述。竣工图纸要进行相应的备案，便于日后维修时查阅。

第二节　室内设计的材料构造与采光照明

一、室内设计的材料构造

（一）室内设计材料

材料的力学性能和机械性能表现为材料的强度、弹性和塑性、冲击的韧性与脆性及材料的硬度和耐磨性。其中,材料的强度是指材料对抗外力的能力。弹性是材料在外力的作用下会产生变形,之后能够恢复至原来形状的性能。钢材和木材都具有一定的弹性,使用标准是能够承受较大变形而不会被破坏。脆性是材料遭冲击变形而被破坏的性能。硬度是材料局部抵抗硬物压入其表面的能力。耐磨性是材料抵抗磨损的能力,在地面材质的应用中耐磨性能尤为重要。根据类别不同,材料可分为木材、板材、石材、玻璃、瓷砖等几大类。

1.木材

木材在室内设计中经常使用,除了木材自身色彩和花纹装饰效果好之外,木材易于加工、取材方便的特点也使之成为室内装饰中的重要材料。木材的种类很多,不同的空间可以选择不同的木材❶。

2.板材

板材常用规格为长 2.44m、宽 1.22m。常用厚度有 3mm、5mm、6mm、9mm、12mm、15mm、16mm、18mm、25mm。市场上比较常见的板材有细木工板、密度板、刨花板、集成材、实木颗粒板和多层实木板。为了装饰外表面,还有防火板等板材形式。

3.石材

在室内设计中,经常使用的石材有大理石、花岗石和人造石材。

4.玻璃

常用玻璃根据使用特点可分为平板玻璃、装饰玻璃和特种玻璃三大类。

5.瓷砖

瓷砖按照其制作工艺及特色可分为釉面砖、通体砖、抛光砖、玻化砖及马赛克瓷砖。不同特色的瓷砖有各自的用途和特点,可以根据功能需要和风格的要求进行选择、使用。

(二)室内设计构造

在室内设计中,构造节点主要包括天花的构造、墙面的构造、楼地面的构造及细部的构造四个方面。由于室内设计施工工艺及使用材料比较多样,相对于建筑设计,室内设计中的构造节点较多。构造节点位置不同,所采用的处理形式也有所不同,在实际应用中构造形式灵活性较强,工艺更新速度较快。

1.天花的构造

天花根据构造形式主要分为直接式天花和悬吊式天花。直接式天花是指

---

❶曹梦媛.室内设计中装饰材料与构造的应用[J].明日风尚,2017(9):22.

在屋面或楼面的结构底部直接进行处理的天花,这种天花构造比较简单。悬吊式天花是通过吊筋、龙骨等进行悬吊塑造的天花,这种天花造型比较复杂,装饰效果好,适用范围也比较广泛,在公共空间和高档居住空间中都可以应用。

2.墙面的构造

墙面装饰从构造的角度可以分为抹灰类、粘贴类、钩挂类、贴板类、裱糊类、喷涂类六大类。每一类在基层与找平层的处理上均有很大的相似之处,在面层和结合层的处理上则有各自的特点。

3.楼地面的构造

楼地面一般由基层、垫层和面层三部分组成。地面基层多为素土或加入石灰、碎砖的夯实土。垫层是指介于基层与土层之间的结构层。面层又称为表层,即承受各种物理和化学作用的表面层。根据面层的不同,楼地面可以大致分为陶瓷类地面、石材类地面、木质类地面、塑胶类地面等。

4.细部的构造

室内设计除了天花、墙面和楼地面之外,其他部位的构造比较多,隔墙、隔断、楼梯栏杆与扶手及家具台柜等都是室内细部的重要组成部分。

二、室内设计的采光照明

在物理学中,光是一种电磁波,是一种能源的特殊形式,而不可见光则不能被肉眼直接感受。人们在认识世界时,80%的信息量来源于视觉,没有光就无法感知外界物体的形状、大小、明暗、色彩、空间和环境。

(一)常用光源的种类

1.自然采光

自然光由直射地面的阳光和天空光组成。自然采光节约能源,贴近自然,使人在视觉上、心理上感觉更为舒适和习惯。从设计的角度来看,采光部位、采光口的面积大小和布置形式将影响室内采光效果。

2.人工光源

在照明设计中,光源根据发光原理的不同,可以大致分成三种方式:热辐射发光、气体放电发光、电致发光。

(1)热辐射发光

即利用电流将物体加热至白炽状态而发光的光源,主要有白炽灯、卤钨灯。

(2)气体放电发光

这类光源主要利用气体放电发光,根据光源中气体的压力又可分为低压放电光源和高压放电光源,前者主要有荧光灯和低压钠灯,后者主要有金属卤化物灯和高压钠灯。

（3）电致发光

即将电能直接转换为光能的发光现象,主要指 LED 光源和激光。

(二)室内常用的人工光源

1.白炽灯

白炽灯是最普通的灯具类型。光色偏橙,显色性好,色温低,发光效率较低,使用寿命较短,装卸方便,是居住空间、公共空间照明的主要光源。

2.卤钨灯

卤钨灯属于热辐射光源,利用卤钨循环的原理提高光效和延长使用寿命,广泛应用于大面积照明和定向照明的场所,如展厅、广场等

3.荧光灯

荧光灯是一种低压放电光源,管壁涂有荧光物质。常用的 T8 型荧光灯瓦数主要有 18W、30W、36W 三种。瓦数越大的荧光灯,灯管越长。一般的 T8 型荧光灯的平均寿命为 6000h。

4.紧凑型荧光灯

紧凑型荧光灯又称为节能灯,自问世以来就以光效高、无频闪、无噪声、节约电能、小巧轻便等优点而受到人们青睐。

5.钠灯

钠灯是利用钠蒸气放电发光的气体放电灯,钠灯的光色呈橙黄色,适用于大面积照明,如广场照明、泛光照明、道路照明等。

6.发光二极管

发光二极管简称 LED 灯,具有体积小、功率低、高亮度、低热、环保、使用寿命长等特点。发光二极管已被广泛地应用于商业空间照明及建筑照明等。

(三)室内常用的照明灯具类型

室内照明灯具按其安装方式,一般分为固定式灯具和可移动灯具。

1.固定式灯具

固定式灯具是不方便移动的灯具,包括嵌入式灯具和明装灯具两类。嵌入式灯具主要包括嵌入式筒灯、嵌入式射灯等,明装灯具包括明装筒灯、明装射灯、吸顶灯、吊灯等。

2.可移动灯具

可移动灯具主要是指台灯和落地灯,普遍用于局部照明。可移动灯具灵活性强,可以满足各类空间环境的布光需求。

(四)室内照明环境设计

人的工作、学习、休闲、休息等行为都是在室内空间完成的,而室内灯光能否满足空间的使用要求,能否创造舒适的环境都直接影响着室内空间的环境质量。在进行室内照明设计时,应根据室内空间的使用功能选择不同的布光方式。

室内照明的目的一是在充分利用自然光的基础上,运用现代人工照明的手段为空间提供适宜的照度,以便使人们正确识别所处环境的状况;二是通过对建筑环境的分析,结合室内装饰设计的要求,选择光源和灯具,利用灯光创造满足人们生理与心理需求的室内空间环境。

(五)影响室内光环境质量的因素

在照明设计时,只有正确处理好以上各要素的关系,才能获得理想的、高质量的照明效果。

1.照度

作为衡量照明质量最基本的技术指标之一,照度不同给人带来的视觉感受也不同,因此合理的照度分配显得尤为重要。不仅要考虑照度与视力的关系,照度太高容易使人过于兴奋,照度太低容易使人产生视觉疲劳;还要考虑被观察物的大小及被观察物与其背景亮度的对比程度。

2.照度的均匀度

室内照度的分布应该具有一定的均匀度,否则人眼会因照度不均而产生视觉疲劳。因此,室内空间中灯具的排列形式和光源照度的分配尤为重要。

3.亮度分布

光源亮度的合理分布是创造室内良好光照环境的关键。亮度分布不均匀会引起视觉疲劳;亮度分布过于均匀又会使室内光环境缺少变化。相近环境的亮度应当尽可能低于被观察物的亮度,这样视觉清晰度较好。

4.光色

光色是指光源的颜色,生活中一般接触到的光色为2700~6500K,高色温呈现冷色,色温不宜高于4000K,如在办公空间、教室、医疗空间中适宜用冷色光源,商业空间适宜采用暖色光源,以营造热闹的气氛。

5.显色性

显色性是指不同光谱的光源照射在同一颜色的物体上时,物体呈现出不同颜色的特性。物体的表面色的显示除了取决于物体表面特征外,还取决于光源的光谱能量分布。

6.眩光

眩光通常分为直接眩光和反射眩光,灯具数量越多,越容易造成眩光。为避免造成眩光,可选用磨砂玻璃或乳白色玻璃的灯具,可在灯具上做遮光罩,同时应选择合适高度安置灯具,布光时适当提高环境亮度,减小亮度对比。

7.光与影

被照物在光线的作用下会产生明暗变化,可以以中低照度的漫射暖光作为环境照明,再以合适角度和照度的射灯形成清楚的轮廓和明确的光影关系,来突出物体的形态和质感。当灯光的光强、照射距离、位置和方向等因素不同时,光影效果产生变化,物体就会呈现出不同的形态和质感。借助灯光的作用,界面装饰造型的体积感得以加强,形成优美的光影效果。

(六)照明与空间设计的完美结合

室内设计是通过其涉及的一切类和分项工作的共同作用实现对室内空间的调整与完善。在这些分项工作中,空间设计与照明设计具有"形"与"神"的关系。

1.主次分明

室内空间有主有次,为凸显主要空间的主导地位,在照明的组织方式、灯具的配光效果等方面应做到主次分明,主要空间的照明设计可丰富,次要空间的照明设计要适当降低其丰富度,形成光环境的主次差别,但要遵循与主要空间统一的原则,不可以相差甚远。

2.满足空间公共性和私密性照度要求

空间照明应与空间使用对象的特征相符合,不同区域的照度按功能进行区别对待,形成既满足使用要求又具有节奏感的光环境。提高照度,可以满足人流集中和流动性强的空间的需求;适当降低照度,可以给人以宁静、舒适的感觉,满足人们对私密性的需求,如西餐厅、洽谈区、卧室等。

3.增强空间的流通性

人的活动具有秩序性。照明设计不仅要明确功能分区,还要对空间序列和空间中人的动态分布有所体现。空间流通性的体现手法要视各功能空间或功能区之间的界定方式而定,通常可以通过灯具的布置形式、照度变化、光通量分布变化、光源色变化等手段来增强空间的流通性。

4.利用灯光效果改善空间的尺度感

在对小面积的空间进行照明设计时,应采取均匀布光的形式去提供高亮度照明,使人对空间产生扩大感(空间观感大于真实尺度)。对于低矮顶棚,可采用高照度的照明处理使空间的纵向延伸感得到加强。对于走廊,可在墙面上进行分段亮化处理,以减弱走廊的深邃感。

第三节　室内设计的家具陈设与庭院绿化

一、室内设计的家具陈设

(一)室内设计的家具

家具自产生以来,就与人们的生活息息相关。人们无论是居住还是学习、工作、休闲娱乐等都离不开家具。据资料统计,绝大多数人在家具上消磨的时间约占全天时间的2/3,因此人们对家具的舒适性和艺术性的要求越来越高。同时,家具的风格、形态也影响着室内空间环境效果。家具的造型与布置方式对室内环境效果有着重要的影响[1]。

1.家具的发展与演变

(1)中国传统家具

中国是历史悠久的文明古国,在历史上形成了丰富的家具形态。从商周时期直至明清时期,中国传统家具的发展大致分为四个阶段。

第一个阶段是商周至三国时期。当时,人们以席地跪坐方式为主,因此家具都很矮,此时是低矮型家具的盛行时期。

第二个阶段是两晋、南北朝至隋唐时期。由于多民族文化的融合,当时形成了矮型家具和高型家具并存的局面。从古代书画、器具图案中可以看出,当时凳、椅、床、榻等家具的尺度已被加高。五代时,家具在类型上已基本完备。

第三个阶段是宋元时期。由于垂足而坐代替席地而坐成了固定的坐姿,供垂足坐的高型家具占主导地位并迅速发展。从绘画和出土的文物中可以看出,

[1]林华秋.室内空间与家具陈设有机融合设计[J].建筑结构,2021,51(7):153-155.

宋代高型家具的使用已相当普遍,高案、高桌、高几也相应出现,还出现了专用家具,如琴桌、棋桌等,家具造型优美,线脚形式丰富。宋代的家具燕几具有可以随意组合、变化丰富的特点。元代家具在宋代家具的基础上有所发展。

第四阶段是明清时期。经济的发展促进了城市的繁荣,同时也带动了中国传统家具行业的发展,形成了东方家具特有的艺术风格。在装饰上,求多、求满,常运用描金、彩绘等手法,使家具呈现出华丽的效果。"福""禄""寿""喜"等一些汉字纹都可直接加以应用。

(2)西洋家具

西洋家具在发展过程中也经历了一段漫长的过程,这里对古代家具、中世纪家具、文艺复兴时期家具、巴洛克式家具、洛可可式家具、新古典主义时期家具及近现代家具的风格进行简要介绍。

第一,古代家具。古埃及家具多由直线组成,支撑部位为动物腿形,底部再接以高的木块,使兽脚不直接与地面接触,显得粗壮有力,更具装饰效果。在古埃及时已经开始注意家具的保护,如家具表面涂有油漆或用石片、象牙等镶嵌装饰。

由于受到建筑艺术的影响,古希腊家具腿部造型常采用建筑柱式,或用优美的曲线代替僵直的线条,多采用精美的油漆涂饰,与古埃及家具相比显得自由活泼。

虽然古罗马时期木质的家具所剩无几,但仍有一些铜质家具被保存下来,呈现出仿木家具的华贵。雕刻内容以人物、植物居多,雕刻精细、华美。折凳在这一时期具有特殊地位,这种座椅腿部呈"X"形交叉状并带有植物纹样的雕刻,覆上坐垫,象征着权势。古罗马人善于用织物作为家具的配饰,如可以起到分隔空间作用的帷幔等。

第二,中世纪家具。随着罗马帝国分裂,西罗马灭亡,东罗马成为拜占庭帝国。拜占庭帝国继承和发扬了古罗马的文化,同时受到东西两种文化的影响。此时的家具沿袭了古罗马的形式,但造型由古罗马时期的曲线改为直线形。受东方文化影响,出现了用丝绸做成的家具的衬垫且图案有明显的东方艺术风格。

哥特时期由于宗教建筑盛行,家具的造型及雕刻装饰受到建筑风格的影响,大量采用建筑装饰图案,运用尖拱、扶壁及密集的细柱,其风格庄重、雄伟,象征着权势和威严,极富特色。

　　第三,文艺复兴时期家具。文艺复兴原意是对古典艺术的复兴,因此在这一时期,家具的造型、装饰手法受到了古希腊、古罗马时期造型、装饰手法的影响。早期家具具有纯美的线条、协调的古典式比例和优美的图案,流行以木材为基材进行雕刻装饰并镀金。后期常采用深浮雕、圆雕装饰,偶尔镀金。文艺复兴提倡人文主义精神,强调以人为中心而不是以神为中心,因此具有宗教色彩的装饰题材逐渐消失,取而代之的是富有人情味的自然题材。

　　第四,巴洛克式家具。如果说文艺复兴时期的家具具有高雅的古典风范,那么巴洛克风格的家具则以浪漫主义为出发点,追求的是热情奔放、富于动感、繁复夸张的新艺术境界,其最大的特点是使富于表现力的细部相对集中,简化不必要的部分,注重家具自身的整体结构。大量的曲线,复杂的雕刻,丰富的装饰题材,温馨的色调都是这一时期家具的特点。

　　第五,洛可可式家具。18世纪30年代,巴洛克风格逐渐被洛可可风格取代,洛可可式家具以其功能的舒适性和优美的艺术造型影响着欧洲各国。洛可可式家具造型纤细优美,常采用S形曲线、涡卷形曲线,以贝壳、岩石、植物等为主要装饰题材,常见的装饰手法有雕刻、镶嵌、油漆、彩饰、镀金,整体呈现出女性化的精致、柔美特点。

　　第六,新古典主义时期家具。巴洛克风格与洛可可风格发展到后期逐渐脱离家具的结构理性,重装饰而轻功能。在这样的背景下,以重视功能性、简洁的线条、古朴的装饰为主要特色的新古典主义风格逐渐开始流行。直线和矩形是这个时期的造型基础,家具腿部线条采用向下收缩的处理手法,并雕有直线凹槽。例如,玫瑰、水果、植物、火炬、竖琴、柱头、人物等都是这一时期常见的装饰元素。新古典主义时期的家具意在复兴古典艺术,但不是仿古或照搬,而是运用现代的手法和材质重现古典气质。

　　第七,近现代家具。19世纪工业革命后,西方率先进入了工业化时期。新材料、新工艺的产生使设计师原有的设计思路发生转变,家具的材料求新、造型求变已经成为当时的设计热潮。从这时开始,设计界存在两种设计思路:一种是走用手工技能创造新形式的路线,反对传统风格,追求一种可以代表这一时代的简单朴实、乡土气息浓厚的新家具形式,代表人物有威廉·莫里斯、奥托·瓦格纳;另一种是走工业化生产家具的路线,运用新技术将家具简化到无法再简化的程度,最具代表性的是由米夏尔·托奈特设计的14号椅,椅子以配件的形式成套供应,结构合理,价格低廉,为大众所接受,从此开创了现代家具设计的新局面。在这两种思潮的推动下,先后兴起了"工艺美术运动""新艺术运动""风格派""包豪斯学派""国际风格派"。

工艺美术运动。工艺美术运动是19世纪下半叶的一场主张复兴传统手工艺、探索手工艺与工业技术结合的运动。这一时期的家具提倡哥特式风格和其他中世纪风格,注重功能,造型简洁,代表人物是威廉·莫里斯。

新艺术运动。新艺术运动起源于英国的工艺美术运动,倡导完全抛弃各种传统装饰风格,彻底走向自然风格。自然中没有直线和平面,因此在设计中多用曲线和有机形态,这一时期的代表人物是麦金托什。

风格派。风格派本源自荷兰绘画艺术流派,后运用到建筑、室内和家具设计中。风格派家具设计的主要特点是将传统形态完全抛弃,以抽象的元素作为设计的主体,家具的整体形态呈几何结构,采用以红、黄、蓝三原色为主,黑、白、灰加以调和的色彩体系。风格派的代表作是赫里特·托马斯·里特维尔德的"红蓝椅"。

包豪斯学派。德国包豪斯学院的建立使现代设计教育的体系得以初步建立,被人们称为"现代设计的摇篮"。包豪斯学派提倡自由创造,反对模仿,主张手工艺和机器生产相结合,代表作有马歇尔·拉尤斯,布劳耶的"瓦西里椅"、密斯·凡·德罗的"巴塞罗那椅"、勒·柯布西耶的"大安逸椅"。

国际风格派。包豪斯学院被迫关闭后,德国许多著名的设计师来到美国,促使美国在第二次世界大战期间形成了美国国际风格。这种风格注重家具的功能性,家具形态以几何形作为造型元素,以完美的比例、精良的技术和优质的材料创造出结构合理、富于秩序美的现代家具。

2.家具的尺度、分类和作用

(1)家具的尺度

空间中的主体是人,人的生理、心理及情感都将作为设计的主要依据。因此,家具的设计、布置必须考虑人的生理尺度和心理尺度,遵循人的活动规律,使人在使用时感到舒适、安全、便捷。

为了使家具更适宜人的使用,研究人员对人体各部位的尺寸进行计测,观察人在生活、学习、工作、休闲等场所的行为方式,研究人与各类家具的接触部位和接触频率,为家具设计提供精确的数据参考,从而确定家具的造型、尺度及家具与室内环境之间的关系。

(2)家具的分类

根据用途分类,家具可分为实用性家具和装饰性家具。实用性家具按家具功能分为坐卧类家具、储存类家具、凭倚类家具、陈列性家具。

第一,坐卧类家具:供人们休息使用,起到支撑人体的作用,包括椅、凳、沙发、床等。

第二,储存类家具:储存物品、划分空间,包括柜、橱、架等。

第三,凭倚类家具:供人们工作、休息使用,起到承托人体的作用,包括桌、台、几等。

第四,陈列性家具:摆放和展示物品,包括陈列柜、展柜、博古架等。

装饰性家具可点缀空间,供人欣赏,包括花几、条案、屏风等。

根据结构形式分类,家具可分为以下几种类型。

第一,框架结构家具:我国传统的家具采用框架作为支撑结构,材料一般选用实木。

第二,板式家具:这是以人造板材为基材进行贴面工艺制成的家具。板式家具具有拆装容易、造型富于变化、不易变形、质量稳定等优点。

第三,拆装家具:突破了以往框架结构家具的固定和呆板的模式,充分发挥人的想象空间,体现了个性化、实用化的家居理念,其最大优点是容易拆装、组合,并且方便运输,还能节省保存空间。

第四,折叠家具:突破传统设计模式,通过折叠可以减少体量较大物品所占的空间,功能多样,使用灵活自如,便于携带,适用于小面积室内空间。

第五,充气家具:内置块状气囊,外罩面料种类较多,携带和存放极为方便。

第六,多功能组合家具:该类家具功能转换快,可以满足不同功能要求,灵活性好,可以瞬间释放空间。

根据使用材料分类,家具可分为以下几种类型。

第一,木、藤、竹质家具:主要部件由木材或人造板材、藤竹制成,纹理自然,有浓厚的乡土气息。

第二,塑料家具:主要部件由塑料制成,造型线条流畅,色彩丰富,适用面广。

第三,金属家具:一般指由轻质的钢和各种金属材料制成的家具,其特点是材料变形小,但加工困难。

第四,玻璃家具:玻璃家具一般采用高硬度的强化玻璃和金属框架,由于玻璃的通透性可以减少空间的压迫感,适用于面积较小的房间。

第五,石材家具:石材家具多选用天然大理石、人造大理石。天然大理石色泽透亮,有天然的纹路;人造大理石花纹丰富。石材制作的家具以面板和局部构件居多。

第六,软体家具:软体家具主要包括布艺家具和皮制家具,因舒适、美观、环保、耐用等优点越来越被人们所重视和应用。

(3)家具的作用

第一,限定空间。在室内空间中,除墙体可以限定空间外,家具也具备限定空间的作用,提高室内空间使用率和灵活性的功能。

第二,组织空间。在室内空间中,按照空间功能分区划分,将与之相适应的家具布置其中,虽然不同功能分区之间没有明显边界,但是可以体现出空间的独立性并被人感知。

第三,营造氛围。家具既有实用功能,又有观赏功能。家具的风格、造型、尺度、色彩、材质要与室内环境相适应,从而创造出理想的空间环境。

3.家具的布置原则

(1)室内家具布置要考虑家具的尺寸与空间环境的关系

在小空间中应当使用具有整合性的家具,如果使用过大的家具就会使整个空间显得比较狭小,而在较大空间中使用比较小的家具会使空间比较空旷,容易使人产生不舒适的感受。因此,在室内设计中应根据家具的尺寸与空间环境进行比较切合的搭配,使空间与家具相得益彰。

(2)家具的风格要与室内装饰风格相一致

家具的风格要与室内整体风格相一致,以使整体风格得到充分体现。在现代设计中,有折中主义和混搭主义,综合运用各种风格,但仅适用于特殊的空间环境。

(3)家具要传递美的信息,使人在使用的同时获得美的享受

家具也随着技术的更新发生变化,家具的款式和造型也不断更新。家具的舒适度得到不断提升,人们在使用家具的同时,也享受着家具带来的视觉美感和使用的舒适感。

4.家具的布置方式

(1)按家具在空间中的位置划分

第一,周边式。布置时避开墙的位置,沿四周墙体排列,留出中间位置来组织

交通,为其他活动提供较大面积。此种布置方式节约空间面积,适合面积较小的空间。

第二,岛式。与周边式相反,室内中心部位布置家具,四周作为过道。此种布置方法强调家具的重要性和独立性,中心区不易受到干扰和影响,适合面积较大的空间。

第三,单边式。仅在空间中的一侧墙体处集中布置家具,留出另一侧空间用来组织交通,适合小面积空间。

第四,走道式。空间中相向的两侧墙体布置家具,留出中间作为过道,交通对两边都有干扰,适用于人流较少的空间。

第五,悬挂式。为了提供更多的活动空间,开始向空中布置家具。悬挂式家具与墙体结合,使家具下方空间得到充分利用。

(2)按空间平面构图关系划分

第一,对称式。空间中有明显的轴线,家具呈左右对称布置,适用于庄重、严肃、正规的场合。

第二,非对称式。家具在空间中按照形式美的法则灵活布置,显得活泼、自由,适用于轻松的休闲场所。

(二)室内设计的陈设

就广义而言,陈设是指室内空间中除固定建筑构件以外所有具备实用性和观赏性的物品。陈设以其丰富的形式占据了绝大部分空间环境,能够烘托空间气氛,达到装饰空间的目的。良好的室内陈设能陶冶人们的情操,调节人们的情绪。

1.室内陈设的分类

(1)功能性陈设

功能性陈设指既具有一定使用价值又有一定观赏作用和装饰作用的陈设品,如家具、灯具、织物、器皿等。

(2)装饰性陈设

装饰性陈设重装饰轻功能,主要用来营造空间意境,陶冶人的情操,如艺术品、工艺品、纪念品、收藏品、观赏性动植物等。

2.室内陈设的布置原则

(1)统一格调

陈设品的种类繁多,风格多样,如果不能和室内其他陈设协调,必会导致其与室内环境风格相冲突,从而破坏环境整体感,因此布置时要注意统一格调。

(2)尺度适宜

为使陈设品与室内空间拥有恰当的比例关系,必须根据室内空间大小进行布置。同时,必须考虑陈设品与人的关系,避免失去正常的尺度感。

(3)主次分明

布置陈设品时,要在众多陈设品中尽可能地突出主要陈设品,使其成为室内空间中的视觉中心,使其他陈设品起到辅助、衬托的作用,从而避免造成杂乱无章的空间效果。

(4)富于美感

绝大部分室内陈设的布置是为了满足人们审美需求和精神享受,因此在布置时应该符合形式美法则,而不只是填补空间布局。

3.室内陈设的陈列方式

(1)墙面陈列

墙面陈列指将陈设品以悬挂的方式陈列在墙上,如字画、匾联、浮雕等。布置时应注意装饰物的尺度要与墙面尺度和家具尺度相协调。

(2)台面陈列

台面陈列指将陈设品摆放在桌面、柜台、展台等台面上进行陈列的方式。布置时可采用对称式布局,显得庄重、稳定,有秩序感,但欠缺灵活性,也可采用自由式布局,显得自由、灵活且富于变化。

(3)悬挂陈列

在举架高的室内空间,为了减少竖向空间的空旷感,常采用悬挂陈列。例如,吊灯、织物、珠帘、植物等。布置时应注意所悬挂的陈设品的不能对人的活动造成影响。

(4)橱架陈列

因橱架内设有隔板,可以搁置书籍、古玩、酒、工艺品等物品,因此具备陈列功能。对于陈设品较多的空间来说,橱架陈列是最实用的形式。布置时宜选择造型、色彩简单的橱架,布置的陈设宜少不宜多,切不可使橱架有拥挤的感觉。

(5)落地陈列

落地陈列适宜体量较大的装饰物,如雕塑、灯具、绿化等,适用于大型公共空间的入口或中心,能够起到空间引导的作用。布置时应注意避开人流量大的位置,不能影响交通。

二、室内设计的庭院绿化

室内庭院是指被建筑实体包围的室内景观绿化场地,是综合运用景观绿化、堆山筑石、室内水景、景观小品等手段在室内形成的园林景观。室内庭院绿化的设计在现代设计中占有重要地位,是现代设计中营造室内空间氛围的重要手段。按内容划分,可以分为室内绿化、室内山石、室内水景和景观小品四个部分,要根据不同的内容进行不同形式的室内空间环境的营造。

(一)室内绿化

1.室内绿化的作用

室内绿化不同于室外景观环境的设计,室内空间范围有限,植物的高度和生长习性都会受到限制。由于植物特征不同,一些植物可能会散发出不适于人长期接触的气体,在植物种类的选择上要有所取舍。在室内设计中,室内绿化要从以下几个方面进行考虑。

(1)功能性

第一,净化空气,改善室内生态环境。植物可以吸收空气中的有害气体,对空气起到净化作用,形成富氧空间。同时,植物可通过叶子吸热和水分蒸发调节室内的温度和湿度。

第二,对室内空间进行组织和强化。利用花池、花带、绿墙等对室内空间进行线状或面状的分隔限定,使被限定和被分隔的空间互不干扰。

第三,有利于空间的视线引导。绿化具有很强的观赏性,常能引起人们的注意,因此在入口两侧、空间的转折处、空间的过渡区域布置绿化能够起到暗示空间和视线引导的作用。

(2)观赏性

室内绿化的观赏性体现在植物自身的色彩、形态等具有自然美,特别是一些赏花及观叶植物能够带给人们愉悦感,一些绿植及花卉的特殊寓意能够给人一种心理上的暗示。

2.室内绿化植物的选择

室内植物应从两个方面选择。一方面要选择合适的植物。植物的种类繁多,其形态、色彩等千差万别,受到传统文化观的影响,某些植物还具有一定的象征意义,因此要选择和室内空间环境相协调的植物,这样除了可以起到装饰的作用外,还可以陶冶情操,满足人们的精神需求。另一方面要根据室内环境选择植物。植物的生长需要阳光、空气、土壤及适宜的温度和湿度,设计时应熟悉植物的生长特性,根据室内的客观条件,合理地选择和布置。

(1)按生长状态划分

第一,乔木。主干与分枝有明显区别的木本植物。乔木有常绿、落叶、针叶、阔叶等区别,因其体形较大,枝叶茂密,在室内宜作为主景出现,如棕榈树、蒲葵、海棠等。棕榈树竖向生长趋势明显,适用于室内空间净高较高的场所;蒲葵水平生长趋势明显,适用于比较开阔的空间。在室内植物种类的选择上,应根据空间特征和植物生长特性进行选择。

第二,灌木。与乔木相比,灌木的体形矮小,是没有明显主干、丛生的树木。其一般为常绿阔叶,主要用于观花、观果、观枝干等,室内常见灌木有栀子、鹅掌木等。在室内庭院中,灌木可以起到点缀、美化空间的作用,更适用于餐饮及办公空间的绿化。

第三,藤本植物。藤本植物不能直立,茎部弯曲细长,需依附其他植物或支架,向上缠绕或攀缘。藤本植物多用作景观背景,室内常见藤本类植物有黄金葛、大叶蔓绿绒等。

第四,草本植物。与木本植物相比,植物体木质部不发达,茎质地较软,通常被人们称为草,但也有特例,如竹。室内常见草本植物有文竹、龟背竹、吊兰等。草本植物在室内被广泛使用,成活率高,装饰效果好,成本较低。

(2)按植物观赏性划分

第一,观叶植物。一般指叶形和叶色美丽的植物。大多数观叶植物耐阴,不喜强光,在室内正常的光照和温湿度条件下也能长期呈现生机盎然的姿态,是室内主要的植物观赏门类。常见的有吊兰、芦荟、万年青、棕竹等。

第二,观花植物。指以观花为主的植物。花的种类繁多,花色各不相同,装饰效果突出。常见的有水仙、牡丹、君子兰等。

第三,观果植物。主要以观赏果实为主的植物。常用以点缀景观,弥补观花植物的不足,能产生层次丰富的景色效果。观果植物的选择应首要考虑花果并茂的植物,如石榴、金橘等。

3.室内绿化的布置

(1)室内绿化的布置原则

第一,美学原则。室内绿化布置应遵循美学原理,通过设计合理布局,协调形状和色彩,使其能与室内装饰联系在一起,使室内绿化装饰呈现层次美。

第二,实用原则。室内绿化布置必须符合功能要求,使装饰效果与实用效果统一。在选择上,应根据地域特点及温湿度特点,避免因选择不当造成植物死亡而导致成本增加。

第三,经济原则。室内绿化布置要考虑经济性原则,即在强调装饰效果的同时,还要考虑其经济性,使装饰效果能长久保持。

(2)室内绿化布置分类

室内植物大多采用盆、坛等容器栽植,栽植容器可分为移动式和固定式。移动式绿化灵活方便,可以在室内任意部位布置,但大型植物的栽植难度较大;固定式绿化则相反,被固定在室内的特定地方,可以栽植较大型的植物,较适用于大型空间。从植物组合方式分类,还可分为孤植、对植、列植、丛植和附植。

第一,孤植。孤植是室内常采用的绿化布置形式。选择形态优美、观赏性强的植物置于室内主要空间,形成主景观,也可以置于室内或空间的过渡处,起到配景和空间引导的作用。

第二,对植。对植主要用于交通空间两侧等处,按轴线对称摆放两株同类植物,对空间起到视线引导的作用。布置时应注意选择形态相近的植物,以对植形式进行设计的植物需前后或左右排列,在视觉效果上给人一种呼应感。

第三,列植。选取两株以上相同或相近的植物按照一定间距种植,可以形成通道以组织交通,引导人流,也可以用于划分空间。栽种方式可以选择盆栽或种植池。

第四,丛植。一般选用3~10株植物,并将其按美学原理组合起来,主要用于室内种植池,小体量的也可用盆栽来布置。对植物的种类并无要求,但要注意既要体现单株美感,又要体现形成组合的整体美感。

第五,附植。藤本植物、草本植物由于植物本身的特点,布置时经常依附在其他植物或构件上,这种植物布置方式称为附植,包括攀缘和垂吊两种形式。攀缘种植形态由被附着的构件形态决定,因此可以给设计师更大的想象空间,如常春藤、龟背竹等;垂吊种植是将容器悬挂在空中,植物从容器中向下生长,如吊兰、天门冬等,适用于举架高的室内空间。

第六,水生种植。按生长状态,水生植物分为挺水植物、漂浮植物、浮叶植物和沉水植物。根据各自生长特点,其种植方式有水面种植、浅水种植、深水种植三种。为获得较为自然的水景,常常三种种植方式组合运用。

(二)室内山石

在室内空间中使用山石造景,意在将自然景观用艺术的手法融入室内空间

155

中。掇山、置石是室内山石景观常用的表现形式,常配以水景和植物。石材给人的感觉坚硬、稳重,在空间中可以起到呼应植物、模拟自然景观形态的作用。

1.掇山

掇山是用自然山石掇叠成假山的工艺过程,是艺术与技术高度结合的创作手法。掇山整体性要强,主次要分明,在远近、上下等方面要体现空间层次感,以满足不同角度的观景要求。同时,要注意与周围水体和植物相呼应。

2.置石

山石在造景过程中除了可以掇山外,还可以散落布置,称为置石。按山石的摆放位置,置石可分为特置、对置和散置。

第一,特置。选择形态秀美或造型奇特的石材布置在空间中,作为空间的构景中心,营造良好的空间环境氛围。

第二,对置。在空间边缘处对称布置两块山石,以强调空间边界和用于视线引导。

第三,散置。将山石按照美学原理散落地布置在室内空间中,既不可均匀整齐,又不可缺乏联系,要有散有聚,疏密得当,彼此相呼应,具有自然山体的情趣。

(三)室内水景

水是生命之源,自古以来人类就择水而居,可见水对人类的影响深远。自然界中水体有静态、动态之分,自然山水园林注重动态的水景景观表现形态,室内空间中的水景常选择静态或动静结合的表现形态。

1.静态的水

静态的水通常指相对静止的水,可以营造宁静悠远的意境。室内空间中静水常以池的形式表现,可营造两种水景景观:一种是借助水的自身反射特点映出虚景,利用倒影增加空间的景观层次;另一种是以水为背景,水中放置水生生物,可置石、喷泉、架桥等以烘托气氛。按水池的形状可分为规则式和自然式。

(1)规则式水池

规则式水池是由规则的直线或曲线形岸边围合而成的几何式水体,如方形、矩形、多边形、圆形或者几何形组合,多用于规则式庭园中。

(2)自然式水池

自然式水池模仿自然山水中水的形式,水面形状与室内地形变化保持一致,主要表现水池边缘线条的曲折美。

2.动态的水

由于受到重力的作用,高处流往低处或者呈现流动状态的水称为动态的水。室内空间中动态的水常以喷水、落水的形式出现。

(1)喷水

喷水是指利用压力使水自喷嘴喷向空中,再以各种方式落下的形式,又称喷泉。水喷射的高度、水量及喷射的形式都可以根据设计需要自由控制。随着技术的进步,在喷泉中加入声、光的处理,极大地丰富了喷泉的造景效果。

(2)落水

流水从高处落下称为落水,包括瀑布、叠水、溢流。

第一,瀑布。地质学上称为跌水,即水从高处垂直跌落。室内瀑布形式又分为自由落水式瀑布、水幕墙。自由落水式瀑布是仿照自然瀑布形式,以假山石为背景,上有源口,下有水池。为防止落水时水花四溅,通常瀑布下方水池宽度不小于瀑身的2/3。水幕墙是指在墙体顶端设水源,水流经出水口顺墙而下的瀑布形式。水幕的透明性不仅能透射出墙壁的图案、色彩、质地,还能使墙壁因水流而呈现出不同的纹理特征。

第二,叠水。流动的水呈阶梯状层层叠落而下的水景,其随阶梯的形式变化而变化,可以产生形状不同、水量不同的叠水景观。

第三,溢流。水满后往外溢出的水处理形式。人工设计的溢流形态取决于池的形状、大小和高度,如直落而下则成为瀑布,沿阶梯而流则成为叠水,也有将器物设计成杯盘状,塑造一种水满外溢的溢流效果。

(四)景观小品

景观小品通常指在室内庭院中供休息、照明、装饰、展示之用的环境设施,其特点是体量较小,具有一定的实用功能,在空间中起点缀作用。常用的室内景观小品有座椅、桥、亭、灯具、雕塑、指示牌等。景观小品可以根据使用者的不同来选择,以体现使用者的文化修养和审美意趣。

第四节　室内环境的装饰设计

一、室内软装饰风格的发展

软装饰是室内环境设计的灵魂,对室内软装饰设计的研究,除理论概述外,还包括其发展的历史、现状、趋势及多样的风格。

当前,个性化与人性化设计日益受到重视,这一点尤其体现在软装饰设计上。人性化环境必须处理好软装饰,要对不同消费者的不同背景进行深入研究,将人放在首位,以满足不同消费者的需求。从室内软装饰的发展和现状可以看出,室内软装饰设计呈现出以下几种趋势。

(一)注重个性化与人性化

个性化与人性化是当今的一个创作原则。因为缺乏个性与人性的设计不能够满足人们的精神需求,千篇一律的风格使人缺少认同感与归属感,所以塑造个性化与人性化的装饰环境成为装饰设计师的设计宗旨。

(二)注重室内文化品位

当今,室内空间的软装饰多在重视空间功能的基础上加入了文化性因素与展示性因素,如增添家居的文化氛围,将精美的收藏品陈列其中,同时使用具有传统文化内涵的元素进行装饰,使人产生置身于文化艺术空间的感觉。

(三)注重民族传统

中国传统古典风格具有庄重、优雅的双重品质,墙面装饰着手工织物(如刺绣的窗帘等),地面铺手织地毯,靠垫用缎、丝、麻等材料做成,这种具有中国民族风格的装饰使室内空间充满了韵味,这也是室内软装饰设计所要追求的本质内容。

(四)注重生态化

科技的发展为装饰设计提供了新的理论研究与实践契机。现代室内软装饰设计应该充分考虑人的健康,最大限度地利用生态资源创造适宜的人居环境,为室内空间注入生态景观,这已经是室内软装饰设计必不可少的一个装饰惯例。有效、合理地设置和利用生态景观是室内软装饰设计必须充分考虑的因素,这就要求设计师能够将室内空间纳入一个整体的循环体系中❶。

二、室内软装饰的搭配原则与设计手法

(一)新古典风格

新古典风格以精致高雅、低调奢华著称,简洁的装饰壁炉、反光折射的茶色镜面、晶莹奢华的水晶吊灯、色彩华丽的布艺装饰、细致优雅的木质家具等组合在一起,创造出空间的尊贵气质,被无数家庭追捧。

新古典风格更多体现的是古典浪漫情怀和时代个性的融合,兼具传统和现代元素。一方面它保留了古典家具传统的色彩和装饰方法,简化造型,提炼元素,让人感受到它浑厚的历史文化底蕴。另一方面用新型的装饰材料和设计工艺去表现,体现出了时代的特色,更加符合现代人的审美观念。

1.新古典风格软装饰的色彩搭配

在色彩搭配上,新古典风格多使用白色、灰色、暗红、藏蓝、银色等色调,白色使空间看起来更明亮,银色带来金属质感,暗红或藏蓝色增加了色彩对比。

2.新古典风格细部软装设计

在设计风格上,装饰空间更多地表现了业主对生活和人生的一种态度。在软装设计中,设计师要能够敏锐地洞知业主的需求和生活态度,尽量结合业主的需求,将业主对生活的美好憧憬、对生活品质的追求在空间中淋漓尽致地展现出来。在墙面设计上,新古典风格多使用带有古典欧式花色图案和色彩的壁纸,配合简单的墙面装饰线条或墙面护板;在地面设计上,多采用大理石拼花,根据空间的大小设计好地面的图案形态,用大理石的天然纹理形成图案。

(二)现代简约风格

简约风格的空间设计比较简练,提倡将室内装饰元素降到最少,但对空间的色彩和材料质感要求较高,旨在设计出简洁、纯净的时尚空间。

现代简约风格在材质的选择上范围更加宽泛,不再局限于石、木、藤、竹等自然材质,更有金属、玻璃、塑料等新型合成材料,甚至将一些结构甚至钢管暴露在空间中,以体现结构之美。

(三)欧式风格

欧式风格是传统设计风格之一,泛指具有欧洲装饰文化艺术气息的风格,比较具有代表性的欧式风格有古罗马风格、古希腊风格、巴洛克风格、洛可可风

❶赖海平.浅谈室内环境装饰设计的风格[J].建筑工程技术与设计,2018(25):929.

格、美式风格、英式风格和西班牙风格等。欧式风格强调空间装饰,善于运用华丽的雕刻、浓艳的色彩和精美的装饰。

1.拱形元素在欧式风格中的应用

拱形元素作为欧式风格的常用元素可用作墙面装饰。

2.壁炉在欧式风格中的应用

壁炉在早期的欧式家居中主要是为了取暖,后来随着欧式风格的逐渐风靡,壁炉逐渐演变成欧式风格中的重要装饰元素。

3.彩绘在欧式风格中的应用

彩绘是欧式风格常用的一种装饰手法。在墙面造型中,一幅写实的油画可作为墙面背景,前面摆放装饰柜,搭配对称的灯具和花卉。

4.罗马柱式在欧式风格中的应用

罗马柱式是欧式风格中必备的柱式装饰,其主要分为多立克柱式、爱奥尼柱式和科林斯柱式等。此外,人像柱在欧式风格中也较为常见。

(四)地中海风格

地中海风格追求的是海边轻松随意、贴近自然的精神内涵,它在空间设计上多采用拱形元素和马蹄形的窗户,在材质上多采用当地比较常见的自然材质,如木质家具、赤陶地砖、粗糙石块、马赛克瓷砖、彩色石子等。

地中海风格的形成与地中海周围的环境紧密相关,它的美包括大海的蓝色、希腊沿岸的白墙、意大利南部成片向日葵的金黄色、法国南部薰衣草的蓝紫色及北非特有的沙漠、岩石、泥沙、植物等的黄色和红褐色,这些色彩组合形成了地中海风格独特的配色。在地中海海岸线一带,特别是生活在希腊、意大利、西班牙这些国家沿岸地区的居民的生活方式比较闲适,因此建筑风格充满了诗意和浪漫。以前,这种装饰风格多体现在建筑的外部,没有延伸到室内,后来逐渐出现在别墅室内装饰中,才开始慢慢被大家接受和追捧。

当然,在空间设计中,不能一味地堆砌元素,一定要有贯穿空间设计的灵魂。在地中海风格中,所有的装饰充满了乡村宁静、浪漫、淳朴的感觉,除了多采用铁艺的家具、花架、栏杆、墙面装饰外,就连家具上的装饰也多是铁艺制品。

马赛克的瓷砖图案多为伊斯兰风格,多用于墙面装饰、楼梯扶手和梯面装饰、桌面装饰、镜子边框装饰。在地中海风格中,有时甚至利用石膏将彩色的小石子、贝壳、海星等粘在墙面上作为装饰。

(五)新中式风格

新中式风格更多表现的是唐、明、清时期的设计理念,其摒弃了传统的装饰造型和暗淡的色彩,改用现代的装饰材料和更加明亮的色彩来表达空间。

1.新中式风格中传统与现代的结合

新中式风格并不是一些传统中式符号在空间中的堆砌,而是通过设计手法将传统的和现代的有机地结合在一起。整个空间多采用灵活的布局形式,包括白色的顶棚、青灰色的墙面、深色的家具,凸显明度对比,富有中国水墨画的情调和韵味。

中国作为世界四大文明古国之一,其古典建筑是世界建筑体系中非常重要的一部分,内部的装饰多采用以宫廷建筑为代表的艺术风格,空间结构上讲究高空间、大进深,造型遵循均衡对称的原则,图案多选择龙、凤、龟、狮等,寓意吉祥。生活在当下的人们对传统总有一种怀念和追忆。当传统的中式风格与现代的装饰元素碰撞后,褪去繁复的外在形式,保留意境唯美的中国清韵,融入现代设计元素,便凝练出了充满时代感的新中式风格。

2.新中式风格中家具形态的演变

旧式的纯木质结构家具借鉴西式沙发的特点,结合布艺和坐垫,使用起来更舒适。旧式的条案现在多用于空间装饰,其上放置花瓶、灯具或其他装饰,与墙上的挂画形成了一处风景。原来入户大门上的门饰现在也可以作为柜门上的装饰。

3.新中式风格对空间层次感的追求

新中式风格追求空间的层次感,多采用木质窗棂、窗格或镂空的隔断、博古架等来分隔及装饰空间。

4.新中式风格软装设计的装饰

在空间软装饰部分,可以运用瓷器、陶艺、中式吉祥纹案、字画等物品来修饰,如采用不锈钢材质表现传统的纹案作为床头的装饰,将优质细腻的瓷器花瓶作为床头灯等。但是,中式华贵典雅元素的运用要点到即止,多运用现代的元素,使其造型简洁。

(六)东南亚风格

东南亚风格以情调和神秘著称,不过近些年来,越来越多的人认为过于柔媚的东南亚风格不太适合家居空间。除了取材自然这一东南亚家居最大的特点外,东南亚的家具设计也极具原汁原味的淳朴感,它摒弃了复杂的线条,取而代之的是简单的直线。布艺主要为丝质高贵的泰丝或棉麻布艺,如床单和被套采用白色的棉质品,手感舒适,抱枕采用明度较低的泰丝面料,棉麻遇上泰丝,淳朴中带着质感。顶棚造型提炼了东南亚建筑中的造型元素,经简化处理,那一抹风情瞬间就体现出来了。

(七)田园风格

田园风格指欧洲各地的乡村家居风格,既具有乡村朴实的自然风格,又具有贵族乡村别墅的浪漫情调。

田园风格之所以能够成为现代家装的常用装饰风格之一,主要是因其轻松、自然的装饰环境所营造出的田园生活的场景,力求表现悠闲、自然的生活情趣。田园风格重在表现室外的景致,但不同的地域所形成的田园风格各有不同。

在田园风格中,织物的材料常用棉、麻等天然制品,不加雕琢。花卉、动物及极具风情的异域图案更能体现田园特色。天然的石材、板材、仿古砖因表面带有粗糙、斑驳的纹理和质感,多用于墙面、地面、壁炉等装饰,并特意将接缝处的材质显露出来,显示出岁月的痕迹。

铁艺制品造型或为藤蔓,或为花朵,枝蔓缠绕,常用于铁艺床架、搁物架、装饰镜边框、家具等。

墙面常用壁纸来装饰,有砖纹、石纹、花朵等图案。门窗多用原木色或白色的百叶窗造型,处处散发着田园气息。

利用田园风格可以打造出适合不同年龄人群的家居空间。年轻人可以选择白色的家具、清新的搭配,形成具有甜美感觉的田园风格;年纪稍大的人可以选择深色或原木的家具,搭配特色的装饰,形式稳重而不失高贵的室内空间。田园风格休闲、自然的设计使家居空间成为都市生活中的一方净土。

三、室内软装饰中其他要素的设计

对于室内软装饰中的各类装饰,我们在此主要研究灯饰设计、布艺设计的具体方法与实践。

(一)灯饰设计

1.灯饰设计的定义

灯饰是指用于照明和室内装饰的灯具,是美化室内环境不可或缺的陈设品。室内灯饰设计是指针对室内灯具进行样式设计和搭配。

2.室内灯饰的分类及应用

(1)吸顶灯

第一,吸顶灯的特征。吸顶灯通常安装在房间内部天花板上,通过反射进行间接照明,主要用于卧室、过道、走廊、阳台、厕所等地方,适合作为整体照明。

吸顶灯的外形多种多样,其特点是比较大众化。吸顶灯安装简易,能够赋予空间清朗明快的感觉。

吸顶灯现在不再仅限于单灯,还吸取了豪华与气派的吊灯,为矮房间的装饰提供了更多可能。

第二,吸顶灯的分类及应用。吸顶灯内一般有镇流器和环形灯管,而电子镇流器能瞬时启动,延长灯的寿命,所以应该尽量选择电子镇流器吸顶灯。环形灯有卤粉和三基色粉之分,三基色粉灯显色性好、发光度高、光衰慢,而卤粉灯管显色性差、发光度低、光衰快,所以应选三基色粉灯。

另外,吸顶灯有带遥控和不带遥控两种,带遥控的吸顶灯开关方便,更适用于卧室。

(2)吊灯

第一,吊灯的特征。吊灯是最常采用的直接照明灯具,常安装在客厅、接待室、餐厅、贵宾室等空间。灯罩有两种,一种灯口向下,灯光可以直接照射室内,另一种灯口向上,光线柔和。

第二,吊灯分类及应用。吊灯可分为单头吊灯和多头吊灯。厨房和餐厅多选用单头吊灯,通常以花卉造型较为常见。吊灯的安装高度应根据空间属性而有所调整,其最低点离地面一般不应少于2.5m。

第三,一般住宅通常选用简洁式的吊灯,主要安装在空间大的客厅,如水晶吊灯。

(3)射灯

第一,射灯的特征。射灯主要用于制造效果,能根据室内照明的要求突出室内的局部特征,因此多用于现代流派照明中。

第二,射灯的分类及应用。射灯的颜色有纯白、米色、黑色等多种,它的造型玲珑小巧,具有装饰性。

射灯光线柔和,既可用于整体照明,又可用于局部采光,烘托气氛。射灯的光线直接照射在需要强调的家具、器物上,能达到重点突出、层次丰富的艺术效果。射灯的功率因数越大,光效越好。普通射灯的功率因数在0.5左右,优质射灯功率因数能达到0.99,价格稍贵。一般低压射灯寿命长一些,光效高一些。

(4)落地灯

第一,落地灯的特征。落地灯是一种放置于地面上的灯具,其作用是满足房间局部照明和点缀家庭环境的需求。落地灯一般安置在客厅和休息区,与沙发、茶几配合使用。落地灯除可照明外,还可以制造特殊光影效果。一般情况下,瓦数低的落地灯更便于创造柔和的室内环境。

落地灯常用作局部照明来营造角落气氛。落地灯的采光方式若是直接向下投射,则比较适合精神集中的活动,如阅读;若是间接照明,可以起到调节光线的作用。

第二,落地灯的分类及应用。落地灯分为上照式落地灯和直照式落地灯。使用上照式落地灯时,如果顶棚过低,光线就只能集中在局部区域。使用直照式落地灯时,灯罩下沿要比眼睛的高度低。

落地灯一般放在沙发拐角处,晚上看电视时开启会有很好的效果。

(5)筒灯

筒灯是一种嵌入顶棚内、光线下射式的照明灯具。它的最大特点就是能保持和建筑装饰的整体统一。筒灯是嵌装于顶棚内部的隐置性灯具,属于直接配光,可增加空间的柔和气氛。因此,可以尝试装设多盏筒灯,减轻空间压迫感。有许多筒灯的灯口不耐高温,所以要购买通过3C认证(中国强制性产品认证)后的产品。

(6)台灯

第一,台灯的特征。台灯是日常生活中用来照明的一种家用电器,一般应用于卧室及工作场所,以满足工作、阅读的需要。台灯的最大特点是移动便利。

第二,台灯的分类及应用。台灯分为工艺用台灯(装饰性较强)和书写用台灯(重在实用)。选择台灯主要看电子配件质量和制作工艺,应尽量选择知名厂家生产的台灯。

(7)壁灯

第一,壁灯的特征。壁灯是室内装饰常用的灯具之一,光线淡雅和谐,尤其适用于卧室。壁灯一般用作辅助性的照明及装饰,大多安装在床头、门厅、过道等处的墙壁或柱子上。

第二,壁灯的应用。壁灯的安装高度一般应略超过视平线,在1.8m左右。壁灯不是作为室内的主光源来使用的,其灯罩的色彩选择应根据墙色而定,宜用浅绿、淡蓝的灯罩,同时配以湖绿和天蓝色的墙,这样能给人幽雅、清新之感。小空间宜用单头壁灯,较大空间用双头壁灯,大空间应该选用厚一些的壁灯。

3.室内灯饰的风格

欧式风格的室内灯饰强调华丽的装饰,常使用镀金、铜和铸铁等材料,以达到华贵精美的装饰效果。中式风格色彩稳重,多以镂空雕刻的木材为主要材料,营造庄重典雅的氛围。

现代风格的室内灯饰造型简约、时尚,色彩丰富,适合与现代简约型的室内装饰风格相搭配。

田园风格的室内灯饰倡导"回归自然"理念,力求表现出悠闲、舒适、自然的田园生活情趣。田园风格的用料常采用陶、木、石、藤、竹等天然材料,展现出自然、简朴、雅致的效果,所以适当的粗糙和破损是允许的。

4.室内灯饰的设计原则

第一,主次分明原则。室内空间中各界面的处理效果都会对室内灯饰的搭配产生影响,应尽量选用具有抛光效果的材料。同时,灯饰大小、比例等对室内空间效果造成的影响应充分考虑,如曲线形灯饰使空间更具动感和活力,连排、成组的吊灯可增强空间的节奏感和韵律感。

第二,体现文化品位原则。室内灯饰在装饰时应注意体现文化特色。

第三,风格相互协调原则。室内灯饰搭配时应注意灯饰的格调与整体环境相协调。

(二)布艺设计

1.室内布艺设计的定义

室内布艺是指以布为主要材料,满足人们生活需求的纺织类产品。室内布艺可以柔化室内空间,创造温馨的室内环境。室内布艺设计是指针对室内布艺进行的样式设计和搭配。

2.室内布艺设计的特征

(1)风格各异

室内布艺风格各异,其样式也随着不同的风格呈现出不同的特点。室内布艺常用棉、丝等材料,银、金黄等色彩。田园风格的布艺讲究自然主义的设计理念,体现出清新、甜美的视觉效果。

(2)装饰效果突出

室内布艺可以根据室内空间的审美需要随时变换,赋予了室内空间更多的变化,如利用布艺做成天幕,可柔化室内灯光,营造温馨、浪漫的情调;利用金色的布艺包裹室内外景观植物的根部,可营造出富丽堂皇的视觉效果。

(3)方便清洁

室内布艺产品不仅美观、实用,可以弱化噪声、柔化光线、软化地面质感,还可以随时清洗和更换。

3.室内布艺设计的分类及应用

室内布艺设计可以分为以下几类。

(1)窗帘

窗帘具有遮蔽阳光、隔声和调节温度的作用。窗帘的选择可根据室内光线强弱情况而定,如采光较差的空间可用轻质、透明的纱帘,光线照射强烈的空间可用厚实、不透明的窗帘。窗帘的材料主要有纱、棉布、丝绸、呢绒等。

窗帘的款式主要有以下几类。

第一,拉褶帘是用一个四叉的铁钩吊着并缝在窗帘的封边条上,制作成2~4褶的窗帘。单幅或双幅是家庭中常用的窗帘样式。

第二,卷帘是一种帘身平直,由可转动的帘杆收放帘身的窗帘,多以竹编和藤编为主,具有浓郁的乡土风情和人文气息。

第三,拉杆帘是一种帘头圈在帘杆上拉动的窗帘,其帘身与拉褶帘相似,但帘杆、帘头和帘杆圈的装饰效果更佳。

第四,水波帘是一种卷起时呈现水波状的窗帘,具有古典、浪漫的情调,在西式咖啡厅使用广泛。

第五,罗马帘是一种层层叠起的窗帘,因出自古罗马,故得名罗马帘。其特点是具有独特的美感和装饰效果,层次感强,有极好的隐蔽性。

第六,垂直帘是一种安装在过道,用于局部间隔的窗帘,其主要材料有水晶、玻璃、棉线和铁艺等,具有较强的装饰效果,在一些特色餐厅广泛使用。

第七,百叶帘是一种通透、灵活的窗帘,可用拉绳调整角度及上下落,广泛应用于办公空间。

(2)地毯

地毯是室内铺设类布艺制品,不仅可以增强艺术美感,还可以吸收噪声,营造安宁的室内氛围。此外,地毯还可使空间产生集合感,使室内空间更加整体、紧凑。地毯主要分为以下几类。

第一,纯毛地毯。纯毛地毯抗静电性能良好,隔热性强,不易老化、磨损、褪色,是高档的地面装饰材料。纯毛地毯多用于高级住宅、酒店和会所的装饰,价格较贵,可使室内空间呈现出华贵、典雅的气氛。它是一种采用动物的毛发制成的地毯,如纯羊毛地毯。其不足之处是抗潮湿性较差,容易发霉。所以,纯毛地毯要保持通风和干燥,经常进行清洁。

第二,合成纤维地毯。合成纤维地毯是一种以丙纶和腈纶纤维为原料,经机织制成面层,再与麻布底层合在一起制成的地毯。合成纤维地毯经济实用,具有防燃、防虫蛀、防污的特点,易清洗和维护,而且质量轻、铺设简便。与纯毛地毯相比,合成纤维地毯缺少弹性,抗静电性能差,且易吸灰尘,质感、保温性能较差。

第三,混纺地毯。混纺地毯是在纯毛地毯纤维中加入一定比例的化学纤维而制成。在图案、色泽和质地等方面,与纯毛地毯差别不大,装饰效果好、耐虫蛀,同时有着很好的耐磨性,具备吸音、保温、弹性和脚感好等特点。

第四,塑料地毯。塑料地毯是一种质地较轻、手感硬、易老化的地毯,其色泽鲜艳,耐湿、耐腐蚀、易清洗,阻燃性好,价格低。

(3)靠枕

靠枕是沙发和床的附件,可调节人的坐、卧、靠等姿势。靠枕的形状以方形和圆形为主,多用棉、麻、丝和化纤等材料,采用提花、印花和编织等制作手法,图案自由活泼,装饰性强。靠枕的布置应根据沙发的样式进行选择,一般素色的沙发用艳色的靠枕,而艳色的沙发用素色的靠枕。靠枕主要有以下几类。

第一,方形靠枕。方形靠枕的样式、图案、材质和色彩较为丰富,可以根据不同的室内风格需求来配置。它是一种正方形或长方形的靠枕,一般放置在沙发和床头。正方形靠枕的尺寸通常为40cm×40cm、50cm×50cm,长方形靠枕的尺寸通常为50cm×40cm。

第二,圆形碎花靠枕。圆形碎花靠枕是一种圆形的靠枕,经常摆放在阳台或庭院中的座椅上,让人有家的温馨感觉。圆形碎花靠枕制作简便,其尺寸一般为直径40cm左右。

第三,莲藕形靠枕。莲藕形靠枕是一种莲藕形状的圆柱形靠枕,它给人以清新、高洁的感觉。清新的田园风格中搭配莲藕形的靠枕有清爽宜人的效果。

第四,糖果形靠枕。糖果形靠枕是一种奶糖形状的圆柱形靠枕,其制作十分简单,只要将包裹好枕芯的布料两端做好捆绑即可。它简洁的造型和良好的寓意能体现出甜蜜的味道,让生活显得更浪漫。糖果形靠枕的尺寸一般长

40cm,圆柱直径为20~25cm。

第五,特殊造型靠枕。特殊造型靠枕主要包括幸运星形、花瓣形和心形等,其色彩艳丽,形体充满趣味性,让室内空间呈现出天真、烂漫、梦幻的感觉,在儿童房应用比较广。

(4)壁挂织物

壁挂织物是室内纯装饰性的布艺制品,包括墙布、桌布、挂毯、布玩具、织物屏风和编织挂件等,可以有效地调节室内气氛,增添室内情趣,提高整个室内空间环境的品位和格调。

4.室内布艺设计风格

(1)欧式豪华富丽风格

欧式豪华富丽风格的室内布艺做工精细,选材高贵,强调手工编织技巧,色彩华丽,充满强烈的动感效果,给人以奢华、富贵的感觉。

(2)中式庄重优雅风格

中式庄重优雅风格的室内布艺色彩浓重、花纹繁复,装饰性强,常使用带有中国传统寓意的图案(如牡丹、荷花、梅花等)和绘画(如中国工笔国画、山水画等)。

(3)现代式简洁明快风格

现代式简洁明快风格的室内布艺强调简洁、朴素、单纯的特点,尽量减少烦琐的装饰,广泛运用点、线、面等抽象设计元素,色彩以黑、白、灰为主调,体现出简约、时尚、轻松、随意的感觉。

(4)自然式朴素雅致风格

自然式朴素雅致风格的室内布艺追求与自然相结合的设计理念,常采用自然植物图案(如树叶、树枝、花瓣等)作为布艺的印花,色彩以清新、雅致的黄绿色、木材色或浅蓝色为主,给人以朴素、淡雅的感觉。

5.室内布艺设计的搭配原则

(1)体现文化品位和民族、地方特色

室内布艺搭配时应注意体现民族和地方文化特色。例如,茶馆的设计可采用少数民族手工缝制的蓝印花布,营造出原始、自然、休闲的氛围;特色餐馆的设计可采用中国北方大花布,营造出单纯、野性的效果;波希米亚风格的样板房设计可采用特有的手工编织地毯和桌布,营造出独特的异域风情。

（2）风格相互协调

布艺的格调应与室内整体风格相互协调,避免不同风格的布艺混杂搭配。

（3）充分突出布艺制品的质感

室内布艺搭配时应充分考虑布艺制品的样式、色彩和材质对室内装饰效果造成的影响。例如,在夏季,选用蓝色、绿色等凉爽的冷色的布艺制品,会让人感觉室内空间温度仿佛在降低;在冬季,选用黄色、红色或橙色等暖色的布艺制品,会让人有室温提高的感觉。

第六章　室内设计中的文化表现

第一节　室内设计与传统文化的关系

一、中国室内设计的现状

随着对外文化交流的展开,大量有关室内设计的书刊、画册出版,这些图书较多地介绍和展示了最新的国际设计动态,成为设计师工作中的主要参考资料。我们的许多业主对设计工作缺乏理解和尊重,一个工程设计方案经常十几天就要交图,设计费也压得很低,所以从客观上造成了不少设计相互拷贝,抄袭成风。

社会上有些人认为,房间装修得越丰富多彩就显得房屋的主人越豪华气派,有人则认为用高档材料装修就是高质量设计,更有人错误地认为大型与级别高的项目是好的作品而大加宣传,还有人认为家具越大越气派,大到竟然成了家具的奴隶。这种错误的虚伪观点严格地说是形而上学,只强调了物质而忽视了精神表现形式中的环境艺术问题。由于国内盛行方案投标,加上投标时间短促和评委经验不足,使得设计效果往往只趋于迎合业主的口味,而功能及设计元素的配合缺乏足够的重视。这种注重形式比较的方法使设计师始终处于被动地位,无法得到社会应有的尊重❶。

比起国外设计师,中国同行起步晚,况且20世纪90年代的室内设计只是装修和工程上的概念,还谈不上设计。在国外室内设计师必须是建筑设计师,并有家具作品,否则,不能称之为室内设计师。而中国部分设计人员既不懂建筑知识(在工作中经常有砸墙、拆窗现象),部分设计人员甚至对采光照明、空气流通、色彩搭配、陶瓷、染织和家具制造都了解不多,更谈不上文学修养和艺术欣赏。

进入21世纪以来,中国的室内设计得到了迅猛的发展,由学会主办的"中

---

❶张彪,杨强,邹妍.室内设计与传统文化[J].建筑工程技术与设计,2019(25):960.

国室内设计大奖赛"见证了中国室内设计水平的提高。在近年大赛评奖时,来自意大利的专家表示:中国室内设计的最高水平已经完全国际化。中国最好的室内设计师已经可以昂首进入国际舞台,尽管目前这样水平的设计师数量还是一小部分,却代表着中国室内设计行业迈出了一大步。但同时我国室内设计中也存在一些问题。

(一)盲目追求风格,缺乏文化内涵

在现代室内设计中,往往是设计师还没来得及对外来和本土的设计思想加以思考和理解,其设计形式就被盲目的复制或直接套用国外的设计,根本没有对本土的实际情况进行综合考虑与理解。主要体现在两方面:一方面是一味地追求西方"古典装饰风格",并应用于各种功能不同的室内空间环境,甚至将不同历史时期或不同设计风格的内容混于一室;另一方面是一味地追求所谓的"民族风格",在室内空间环境中到处充塞传统构件,照抄传统建筑形式,为了形式而形式。随着我国科技经济的发展及室内设计的发展,现代室内设计既要注重本土的传统文化内涵及地域特色,又要结合外来的设计思想,不断创新和发展。

(二)过度追求豪华装饰,装饰材料滥用

在现代室内设计中,多数设计师在理念上忽视了室内设计的文化内涵,设计手法单一,实际工作的经验不足,很难从总体上把握整个空间氛围的营造,同时业主与设计师单方或双方的艺术修养达不到应有的水准,造成装饰材料滥用及能源浪费。主要体现在两个方面:一是部分业主和设计师片面地追求"豪华气派"的室内设计风气,盲目地选择进口材料,对装饰设计缺乏合理性的考虑,可持续发展意识淡薄;二是部分业内人士在追求利益的驱动下,盲目抄袭或一味攀比造价,造成无谓的过多的设计,导致装饰材料的滥用与堆积。

(三)设计师整体专业水平不高,对传统文化认识不足

据不完全统计,目前中国有将近100万的室内设计师。在业内有一种普遍的认识,尽管设计师队伍人数规模庞大,但整体专业水平不高,缺乏能力强的设计师。其最直观的体现是在中国许多大型项目设计是西方设计师设计完成的,最终导致了大量的西方文化渗入到中国的室内设计中,体现了西方的价值观。同时在利益的驱动下,使得设计师盲目地迎合业主口味,只注重形式,而对传统文化所营造的空间意境及其深厚的思想文化内涵缺乏足够认识与重视。为此,中国的室内设计师需要不断地提高自身业务水平,加强对民族传统文化的研究,肩负起民族的责任,增强使命感。抵制大众化、低俗化、缺乏品位的设计作品,设计出符合现代人审美习惯的高素质、高文化品位的室内设计作品。

二、中国室内设计的发展趋势

(一)重视自然,和谐发展

我国室内设计经过几十年的发展,取得了一定的成就,但对自然环境的破坏也是有目共睹的。现代室内设计开始关注人与自然的和谐统一,注重自然环境的保护,以及强调天人合一的设计理念。在室内设计中如何节能、环保、可持续发展成为现代室内设计发展的重要话题。

随着人们生活节奏加快,工作压力增大,以及人们对环境保护意识不断地增强,人们开始向往自然,对生活环境提出了更高的要求。现在人们对室内空间环境不仅仅只满足其使用功能,更要满足其精神功能的需要。为此,在现代室内设计中应重视室内空间环境与自然环境的和谐,重视天人合一设计理念的体现。在具体的设计中强调自然色彩和天然材料的应用,采用民间艺术表现手法,运用具象的或抽象的设计手法,不断在"回归自然"上下功夫,创造出室内空间环境与自然环境和谐统一的室内设计作品图。

(二)以人为本,符合审美需要

现代室内设计基本的内容仍然还是以"人"作为设计服务对象的室内"空间环境"的设计。其设计的最终目的是满足人们的需求。人们的需求包括物质和精神两个方面:即物质功能与精神功能的满足。功能的满足是指满足室内空间性质所需要的功能,既包含人的功能需要,又包含环境的需要;精神功能是指室内空间所需表达的精神特征,包含满足人们各类心理需要、审美需要,以及文化认同需要等。所以,以人为本是室内设计的基石。现代室内设计在满足功能的基础上,要不断地探索和追求文化内涵、审美情趣和艺术价值,处理好人与空间的协调关系,创造出符合现代人审美需要的室内空间环境。

(三)注重民族特色,现代与传统并进

随着科学技术的发展,在现代室内设计中,设计师们运用现代科技手段,可以创造出人们理想的室内空间环境。但过分地强调高度现代化,人们虽然提高了生活质量,却又感到失去了传统。从历史文脉来看,传统室内设计处处渗透着人文思想,民族文化对室内设计的影响是非常大的。儒家的礼乐思想、道家

道法自然的思想、佛教的文化思想及传统的风水学等文化思想对室内设计的发展都起着非常重要的作用。另外,在全球经济一体化的浪潮下,外来文化不断涌入,在室内设计领域出现了新的艺术元素,如何处理外来文化与中华民族文化的关系成为对待文化思想的重要课题。因此,在现代室内设计中,将二者有机结合,注重现代与传统并进,在体现传统民族文化内涵的同时,吸收优秀的外来文化,不断创造出具有文化内涵、艺术审美价值的室内空间环境,推动我国室内设计的发展。

(四)注重技术与艺术的结合,可持续发展

随着科学技术的发展,新技术、新材料在现代室内空间中得到了广泛应用。目前室内设计的发展正向着高技术、高情感方向发展,并不断涌现出高技术、高情感化的设计作品。现代室内设计在满足功能需要的基础上,强调技术与艺术两者有机结合,创造出既重视科技,又强调人情味的设计。通过运用不同的表现手法,不断探索创新,创造出具有个性化、技术性与艺术性于一体的室内设计,推动着室内设计可持续发展。

三、室内设计的意义

(一)室内设计是一种文化行为

室内设计是一种文化行为,那到底什么是文化呢? 文化是人类文明在进步尺度上的外化。社会文化是由全体人民从事各项社会生产活动创造的,人创造环境和环境促进人类的健康和生产活动,都是创造文化的活动。人们的艺术欣赏和情感反应是多方面的,有理性的,也有感性的;有高雅的,也有通俗的,但有一个共同之处就是人们对社会生活和文化的认同。室内作为载体,一些文化现象都发生在其中。同时,它既表达着自身的文化形态,又比较完整地反射出人类文化史。它的文化内容主要表现在以下几个方面。

1.装饰风格

室内的装饰风格也是文化内容的集中体现。风格是不同时代思潮和地域特征通过创造性的构思和表现而逐步发展成的一种有代表性的典型形式。每一种风格的形成,都与当时当地的自然和人文条件息息相关,其中尤以社会制度、民族特征、文化潮流、生活方式、风俗习惯、宗教信仰等关系更为密切。

室内的装饰风格表现在室内空间的装饰构件和家具及陈设等。不同民族、不同历史阶段、不同地域的室内装饰风格是截然不同的。例如,18世纪中期的欧洲法国,室内装饰风格流行洛可可式,装饰构件及家具陈设追求最优美的曲线及形式,极尽奢华,而这与当时的清政府执政的中国室内装饰风格迥然不同。

2.环境气氛

人们赖以生存、活动的室内空间环境,无论是居室私密空间还是公用公共空间,人置身其间,必然会受到环境气氛的感染而产生种种审美反应。由于空间特征的不同,往往会造成不同的环境气氛,使人感觉空间仿佛具有了某种"性格"。例如,温暖的空间、寒冷的空间、亲切的空间、拘束的空间、恬静优美的空间、古朴典雅的空间。通常,规则的空间给人感觉比较刚性、单纯、朴实、简单、秩序;曲面的空间比较丰富、柔和、抒情;垂直的空间给人以崇高、庄严、肃穆、向上的感觉;水平空间给人以亲切、舒展、平易、安全的感觉;倾斜的空间给人以不安和躁动心理。同时,几乎每个室内空间都具有一定的方向性,只是程度不同而已。一般正几何形的空间具有向心性,稳定端庄;水平方向的空间性格比较开阔、舒展、平和;而垂直方向的空间性格与垂直线接近,引导视线向上,具有较强的纪念性。

这些室内"性格"的差异,赋予了各自不同的空间表情,引起人们心理的某些共鸣和震动,也使人有不同的审美反应,不可否认,室内的这种环境气氛的艺术活动,也构成了社会文化的一部分。

3.象征含义

所谓象征,就是用具体的事物和形象来表达一种特殊的含义,而不是说明该事物的自身,即借此而言他。室内表现的手段不能脱离具有一定使用要求的空间构成,而用一些比较抽象的几何形体及材料,运用各组成部分之间的比例、均衡、韵律、材质、色块等关系来创造一定的环境气氛,从而也表达特有的内在含义,从这个意义上来说,室内空间的营造是一门象征性艺术。中国室内装饰历来具有教化特征,中国民间的装饰文化历来具有象征性,而空间型制也有象征的教化性。例如,"居中为尊"这一思想是我国古代社会长期的共识,因此用对称的空间布局形式作为传统礼教的象征经久不衰。而在现代社会中,宗教建筑空间的象征含义运用也较多,如欧洲教堂中普遍的"十字形"处理。当然,这些象征也属于人类文化的范畴,不同的民族,不同的文化层次,由于认同性有差异也并非一切象征物都能在不同的社会得到普遍的认同,所以相对来说,象征这种文化也具有时代性、民族性和地域性。

(二)人对室内环境中的要求

在伴随人们每天学习、工作和休憩的过程中,必定是一个主题接着另一个主题的行为活动,最通俗的分类就是衣、食、住、行等。人类因为各自的谋生手段和性格等差异,在室内空间逗留的时间和所在的空间类型是有非常明显的差异的。但总体来讲,人对室内环境的终极目标是舒适。这个舒适包括了很多层含义,如归属感、安全感、荣誉感等。但从根本上来说,一是物质的;二是精神的。

1.物质方面的要求

"埏埴以为器,当其无,有器之用,凿户牖以为室,当其无,有室之用,故有之以为利,无之以为用",中国古代哲学家老子《道德经》中的这句名言一语道破了室内空间的真正意义。室内空间于人具有直接意义的是其中"无"的部分,所以"有"(门、窗、墙、装饰构件及空间形态等),是与之匹配的手段与形式。室内空间环境的直接目的是使用功能。例如,一个家,人们要正常生活大致要有起居室、卧室、厨房等就基本可以了;而一个音乐厅,因为对音质效果的重视,所以内部的空间布局与墙面的材质非常考究。

2.精神方面的需求

人类的追求是多方面多层次的,按照人本主义心理学家马斯洛对人类要求的划分来说,有以下五个方面和层次。

第一,生理的需求:饥饿、温暖、阳光等。

第二,安全的需求:回避危险和恐惧等。

第三,归属和爱的需求:社交、归属、亲情和友情等。

第四,尊重的需求:成就、力量、权利、名誉等。

第五,自然实现的需求:知识、理想、抱负等。

人们无论是独居还是群体活动,都期望从内心深处有个宜人的室内环境能满足人们这些不同层次的需求。但是,每个人因为工作性质、生长环境、成长历程和时代背景的差异,人生观、价值观、审美取向和喜好是有差异的,因此,其在特定行为中对室内环境的提出要求也是有差异的。例如,深受中国古文化影响的学者,自己的居室多墨宝,环境较"书"气和凝重味;而一些喜欢追星和时尚青年,则室内环境色彩较绚丽时尚感强;一些儿童空间之所以颜色鲜艳,装饰画面造型活泼率真,是为了满足人们对未来的期待遐想和美好祝愿。

(三)室内文化意境与人的影响

室内空间按照性质来分类有很多种,如有私密空间和公共空间,有商业空间和非商业空间,有动态空间与静态空间等。不同的室内空间形态,产生了不同的空间风格,塑造了不同的文化意境。这些室内文化对人的影响也是不同的,有直接的也有间接的。例如,大而开阔的空间,容易培养人的开阔胸襟;局促而狭窄的空间容易使人压抑,目光短浅等。

室内设计是创造和表达文化的行为。不同的室内设计风格,所呈现和传递交换给人的感官信息和内心体验是不同的。室内设计中,室内空间的立柱本身并没有情感,是因为观赏者把自己的情感移入了立柱。而设计师在设计创作时,把自身的体验和生活经历,投射到设计作品中时,甚至也把自己的幽默、勇气、顽强、安详等人类情绪投入到作品中,这就是设计师的审美移情作用。这种移情作用直接决定了艺术作品的艺术形态。也由此会直接感染艺术作品的受用者的情绪。这种设计师与受用者的一致互动构成了设计文化的传播。

室内艺术是特殊的一种艺术形式,影响人的方式也不同于其他艺术形式。这种特性在于三维的空间性。绘画虽然表现的可能是三维或四维空间的内容,但其所使用的语言是二维的;而雕塑作品虽然是三维的,但是它只能作为一种客体与人体分离,人们只是从外部来欣赏它;而室内空间则不同,它通过各个界面和元素将人包围在其内部的多维空间方式,就好比是一座大的空心雕塑品一样,人们可以进入其中来体会或感受空间的效果,或开阔、压抑、热烈、沉闷、秩序、自由等。

四、传统文化与室内设计

随着全球经济的一体化,导致全球设计趋同,中国现代室内设计已逐渐失去了民族性和地域性特征。为此,在现代室内设计中如何传承中国传统文化,设计出符合时代特点的具有文化内涵的室内设计是现代室内设计发展面对的重要课题。无视本土文化,忽视历史文脉的传承,抛弃本民族传统文化是根本没有出路的,没有根的民族不会创造出具有价值的室内设计的语言。每个民族、每个国家都具有优秀的文化传统,其室内设计的发展都受到了传统文化的影响,体现着丰富多彩的民族文化内涵。中国几千年的文化底蕴赐予我们重大的财富,为室内设计的发展提供了源泉。只有在传统文化传承的基础上不断地创新与发展,才能形成我们民族特有的设计理念,创造出具有丰富文化内涵的室内设计。传统文化影响着现代室内设计的发展,而现代室内设计的发展又是对传统文化的体现。所以,正确处理传统文化与室内设计的关系,是当前室内设计发展必须面对的问题。

(一)室内设计体现着传统文化

室内设计作为传承文化的一种载体,其本身就是整个社会文化的有机组成部分。无论什么时代的设计,以及何种风格的设计,都离不开其当时的特定文化背景,它总是与当时的文化紧密相连,并在一定文化语境中展开、发展和完成,设计内容都反映着不同的审美观与价值观,体现出当时文化的面貌。不同时期的文化具有不同的精神特征及文化心理结构,反映出不同的价值观和审美观。它们在建筑、室内、城市建设、工业产品、工艺品等设计领域中起到不可轻视的作用。文化是内容,设计是形式,人们总是根据丰富的经验对相关存在的一切印象进行加工、提炼,并形成室内设计的语言。从这个意义上来讲,历史的设计就是设计的历史。

(二)传统文化对室内设计的影响

室内设计无时无处不受传统文化的影响,一方面不同的民族、不同的国家都呈现出其独特的文化传统及地域特色,在不同时期或不同条件下,多多少少都会对当时的室内设计活动造成影响,并体现着多样性;另一方面室内设计师长期受到传统文化的熏陶,从设计语言、表现手段与方法到对设计认识的思维方式、审美观等方面都受其影响,在设计中自然而然地呈现出设计的民族特色与地域文化。例如,室内设计中质朴的艺术造型,精巧的装饰纹样,丰富多彩的吉祥语言都是传统文化思想给室内设计留下的印迹,体现着丰富的民族文化内涵。

中国的传统文化博大精深,它对中华民族的物质形态、生活方式,以及思维方式与审美情趣等方面有着重要的影响,对室内设计领域的影响也是深远的,从设计的形式、原则和评价到设计师与受众的思维方式和审美观等方面。例如,传统建筑室内外空间中所体现的"天人合一"的观念,重视与自然的和谐发展,正是一种和谐的思维模式和价值取向。另外,传统民居布局及室内装饰中讲究礼的法则,长幼尊卑、等级观念、伦理制度,空间形式上的动与静、虚与实、空灵通透,以及室内空间的层次感与细部装饰等都是当时的文化影响下的产物。中国优秀的传统文化思想,对现代室内设计发展仍具有十分重要的影响作用。现代室内设计理当秉承传统文化思想,以丰富的文化底蕴作为基础,营造出一种具有文化内涵的室内空间意境。

通过上述分析,我们可以看到,室内设计与中国传统文化是息息相关的。中国传统文化思想是室内设计发展的基础,中国文化追求的是精神层面和文化归属两者之间的有机结合,这点与室内设计的发展方向是一致的。室内设计的主要价值体现在于是否满足了人们精神层面需求。随着生活水平的提高,人们在物质方面的无需化,使人们对室内设计更注重精神层面的需求。中国传统文化在现代室内设计中的传承正反映了室内设计的特点及本质,同时中国传统文化还不断强调继承和发展,这些都符合现代室内设计的基本要求。所以,中国传统文化和室内设计的关系非常紧密,如何将中国优秀的传统文化在现代室内设计中继承和发展,是当代设计师所要研究的重要内容。只有设计师自觉地将中国传统文化精髓融入当代室内设计中,并不断地创新与发展,才能创作出符合现代审美的、具有文化内涵的室内空间设计。

第二节　室内设计中传统装饰的文化表现

中国传统装饰元素的魅力现已被国内外设计界人士认可。国际设计界越来越重视中式元素和符号的使用。西方设计界甚至认为:"没有中国元素,往往就没有贵气。"时下西方设计作品中最时髦的一种家居风格,便是以西方的装饰风格和家具为主,混合一到两件中式家具,往往产生极佳的效果。国内设计师在学习西方先进技术后,也在各种"舶来风格"的审美疲劳中开始做一些根植于传统的设计,来探求属于我们自己的现代风格,寻找传统中式室内设计的现代表达。

从受众的角度来说,传统装饰元素得以在现代室内设计中广泛应用,这和大众审美情趣是分不开的。毕竟对大部分的业主来说,骨子里在强大的中国文化背景影响下对本国传统风俗习惯、审美观念的本能认同。对外来风格的欣赏只是出于一时的崇洋媚外,并不是因为受了西方的文化教育而更接受西式风格。如今在我国的室内设计作品中中国传统装饰元素的广泛运用正是说明它在设计中具有极其广泛的社会基础。它们再一次受到青睐并非偶然,而是历史发展的必然[1]。

一、传统装饰元素的运用

(一)经典基础纹样的运用

传统装饰纹样在中国传统的室内设计中运用极为丰富,从天花、墙面、梁

---

[1]关贺恭,韩永红.室内设计中传统装饰元素的应用[J].中国文艺家,2019(2):172.

柱、门窗、家具到陈设物品、织物等,都大量地使用了这些素材。达到了无物不饰、无饰不巧的程度,是中国传统室内装饰设计的重要组成部分。在离我们年代比较近的建筑物里,我们仍然能够感受使用这些纹样的魅力。

现阶段我国的室内设计常用到的一些传统装饰纹样,也是传统装饰中运用得较多的纹样,因为这些纹样往往能够得到大众的认可和喜爱。例如,高贵吉祥的龙凤纹、婉约美丽的花鸟纹、富贵连绵的双钱纹、造型优美又寓意美好的几何纹等。传统装饰纹样中可供现代室内设计使用的素材数不胜数。通过设计师的挖掘让它们再次出现在各种室内空间设计中,是符合大众审美观念的。因为,在信息时代,人们能够通过博物馆、历史剧、电视讲堂、考古发掘等渠道了解到传统的室内设计。现在时代不同了,科学技术飞速发展,给人们带来了不同的生理和心理感受,这当然也要求室内设计符合时代需求。但是,一脉相承的文化使得这些纹样的寓意并没有改变,它们仍然代表了人们对美好生活、富贵吉祥的向往。通常的做法是把这些纹样用现代的手法进行诠释,运用在现代的空间设计中,使设计既能满足人们对功能与理性的追求,又能体现传统文化特质,满足人们更高层次的精神与心理需求。

1.龙凤纹样的运用

龙凤历来是动物装饰题材中的宠儿。"宠"字的组字都是由宝盖头下面一个"龙"组成。在封建社会对龙凤的使用是有限制的,只有帝王家才能使用,到了如今,没有了高低贵贱之分,它的使用就更是遍地开花了。它们气势磅礴、形态优美,又有"人中龙凤"之说来体现高贵吉祥、王者风范。何况我们中国人还以"龙的传人"自居,龙凤的地位和重要性可见一斑。于是在居室空间、餐饮空间、公共交流空间等都有用到。这里就以居室空间和餐饮空间为例来说进行说明。

在长沙老字号餐厅玉楼东的室内设计中多处用到了龙凤的题材。龙凤题材在这个餐厅中的使用既体现了它作为老字号的传统定位,也使餐厅的氛围更喜庆祥和,整个餐厅还配合使用了中国红的元素,也是为了迎合中国人"办酒"的习俗。现在人们的生活领地越来越小,逢年过节或是婚庆祝寿大多选择在酒店来举行。这里龙凤的纹样还是沿用了传统龙凤纹样的造型。

2.几何纹样的运用

几何纹样中的水波纹、回纹、冰裂纹、万字纹等都是现代室内设计中使用较多的纹样。在窗花、屏风、隔扇的传统装饰点依然被使用,并且还用在了电视背景墙、天花、铺地等装饰的造型中。现代设计师已经打破了元素的固定使用模式,配合新的造型和新空间对传统纹样大胆创新使用,使传统纹样在新时代有了新的生命力。例如,在广东佛山的LOLA(楼兰)项目中,设计师试图用当代的技术手段和审美重新演绎楼兰古城的神秘气息和高度文明。如今我们没有任何证据来重现当年的楼兰景象,只有一些传说和间接信息告诉我们它的关键词:风沙、海市蜃楼、宗教、石屋,所有的印象都成了实现这个空间的依据。设计师对这些信息进行提炼,用传统装饰元素和当代的工艺来再现我们心中的楼兰。从官袍中提炼黑和黄的色彩,从地貌中提炼出沙池的形态,从传统法则中提炼出方圆,从国画中提炼出"平静"的精神。最终寻找到的元素具象出一个精神需求大于视觉本质的空间。大面积水波纹的沙池做的墙面装饰,把进入这个空间的人们带到那个神秘而遥远、曾经繁华一时继而又烟消云散的地方。涡形水波纹形态优雅、宁静致远,简洁大方,在现代室内设计中的天花、织物纹样等造型艺术中多有用到,符合现代人追求简练又有意境的空间要求。

回纹造型方正,气质端庄,体现了中华民族友好和谐、海纳四方的高尚情操和独特的东方魅力。用回纹来装饰空间,可以营造出一种大气、正气的空间氛围和中国情怀。回纹分"回"字纹和单线雷纹两种。无论是用作边饰、铺地、陈设物品还是家具装饰等,都能收到良好的效果。无论是隆重场合还是私人空间,都同样适宜。特别是对于需要烘托民族精神的公共场所,尤为合适。例如,浙江宁波邱隘文化城中的邱隘剧场走廊一角,墙裙部分饰以金色铝板为材料的回纹造型,辅之以金黄色漫射灯带,空间体量穿插和光影处理形成富有层次感的空间造型,再加上明暗色调的对比,组织成一个时代感强烈、文化气息浓厚、个性特征突出的建筑空间。

冰裂纹看似乱而不乱,却蕴含严格的韵律,韵在于乱,律在于乱中有序。这种凌乱却又规律的造型,很有现代解构主义的表现方式,且体现了某种地域精神。传统纹样的繁复是有别于现代美术的一大特征,但传统图案的繁复绝不是简单的罗列、单纯的重复,它更加讲究在纷繁中体现出节奏和韵律,对比与调和,将疏密、大小、主次、虚实、动静、聚散等作协调的组织做到整体统一、局部变化,局部变化服从整体,即"乱中求序""平中求奇"这更增加了图案的层次和内涵,使其深受人们的喜爱。

冰裂纹在现代室内设计中的应用特别广泛,不管是在现代感强烈的建筑中,还是传统意识明显的空间营造中,都能展示出不同的效果,能够跟着空间感觉走。装饰部位也极为丰富,有铺地、窗花、天花、隔断、背景墙装饰等,造型像层层裂开的冰片,美感自然天成。如果整个长方形隔断用一种纹样,如纹路较密的双六边形纹样,其间点缀纹路较疏的冰裂纹,或者辅之以单六边形,就会使造型既整体又统一。

(二)叙事性纹样的运用

叙事性题材的纹样在传统设计中多以绘画、雕刻的形式出现。由于科技的发展,叙事性纹样在现代室内设计中的运用手法就更为多样化。这个题材的运用有一定的特殊性。因为叙事性故事题材内容会根据社会现实、思想观念的改变而发生变化。所以,孟母三迁、桃园结义这种年代比较久远的具有现实教育意义的题材会被近现代历史中的教育题材所取代。随着人类文明的进步,人对神的信仰越来越少,神话传说将永远只是过去的事了,现实社会也发生了翻天覆地的变化,人们的生活节奏前所未有地加快,生活压力也随之增长。这种题材大量地出现在电视剧、小说中供人娱乐消遣,而室内设计中鲜有出现。宗教经典除了出现在宗教建筑中,一些信教人士的居所和聚集场所倒也有装饰,但为少数。有一些需要反映传统文化定位的空间,如定位为"梦回唐朝"的餐厅会使用反映当时生活的仕女图及其他一些唐朝元素。这种定位也是为了迎合人们对盛唐文化美名远扬而产生的了解欲望,成为餐厅的卖点之一。

现代室内设计在叙事性纹样为题材的运用上还以近现代历史故事和当代文化生活题材更多一些。近现代历史故事经常出现在一些有纪念性意义的展示空间中。例如,2010年上海世界博览会城市最佳实践区中广州案例的墙面就用浮雕的手法、长卷的形式分"千年水城""十年治水""万年和谐"三个篇章,描绘了广州两千多年来形成的城市水文化积淀。近十年来广州市政府"举全市之力治水"的行动与成果,以及对未来城市生活的展望。选择"黄铜、不锈钢、木头、陶瓷、水"五种材料的综合搭配铸造而成,让参观者感受到壁画长廊的材质和铸造凸显了历史厚重感,灵动的弧度表达出城市之美、水之美,体现了"花城"水环境特点和历史文化的独特性。这种优美的长卷壁画形式的叙事手法真实地向世人展示了广州作为一个水环境治理模范城市治理水的历史成绩。

在纪念性意义的餐厅设计中,这种装饰手法也屡见不鲜。例如,锦州根据地餐厅,从餐厅名字、店员的红军服装、室内装饰都处处体现当时的历史场景。

当代文化生活题材在家居空间、商业空间这种与日常生活关系比较密切,且时代特征明显的空间里使用较多。例如,用孩子们喜欢看的动画片《喜羊羊与灰太狼》为故事题材的床品来装点儿童的卧室,或将此题材用时下流行的手绘墙的方式来装饰儿童房。商业空间里为了吸引小朋友这类刚性消费较多的人群也多使用他们喜欢的故事题材来装饰空间。

(三)典型传统色彩的运用

在中国传统装饰色彩白、黄、青、红、黑五色中,白的安静纯洁、黄的高贵热烈、青的活力生机、红的喜庆热闹、黑的幽远深邃,每种色彩都有其独特的专属魅力。在色彩配合方面,我国人民向来爱好鲜丽、明朗、愉悦和较强烈的积极色,不喜欢弱色和多次的同色。因此,除了这五方正色以外,金、绿、紫等色,也是我国装饰上的常用色彩和主色调。而凡是较强烈的颜色,是比较难处理的,历代能工巧匠,用自己的智慧多年积累下了一些配色经验和手法,是值得我们借鉴学习的。例如,在用色方面要掌握主调、懂得润色,手法上运用对比、调和使人不感到生硬刺激,反而庄重、鲜明、愉快。还使用勾边来使一色做统帅,让色彩达到丰富又和谐的效果。

1.中国红

在现代设计中最具有代表性的中国传统色彩莫过于红色,称为"中国红"。它已经成为了中国的一个符号,一种标志,代表的是中国人的热情、热血和鲜明的特性。我国古代木建筑中最高等级的、流传至今的宫殿建筑,就以红、黄二色为主色,故宫的红城墙,黄琉璃瓦就给世人留下了深刻的"中国印象"。这一切都深深地影响了传统色彩在现代室内设计中的运用。但凡想要表达中国传统的特点,就会用到红色,红色一直是中国人喜爱的色彩。吉庆日子到处张灯结彩,灯是挂的红灯笼,彩是结的红彩绸,至今如此。这就不难理解红色在中国现代室内设计中的广泛使用了。居室中的一整面红墙,餐厅中大面积的红桌布、红座椅等都是常用的手法。

2010年世界博览会在上海举行,中国馆的设计就显得尤为重要。世界博览会是一个全世界各个国家对本国科技、文化发展集中展示的舞台,一方面要展示各国文化特色,另一方面还要体现时代精神,引领世界发展趋势。在历届世博会中,中国馆都或多或少,或整体或局部地运用到了中国红,本次世博会也不例外,而且彻底地将中国红发挥到极致。中国国家馆是由中国工程院院士何镜堂先生设计,建筑外部全红,内部大部分是红色,辅之以中国传统建筑中经典的青砖灰。这种搭配也符合传统用色搭配法则,亮色配灰色,明暗、暖冷、强弱,形成对比和互补,达到统一。并且乍一看差不多的红色,其实是由四种红色组成,由上到下由深至浅。这种多层次的色彩处理手法是对人的感官体贴入微的表现,结合了时代特征,体现了现代设计人性化的一面。色彩肌理采用了灯芯绒式的表达方式,使色彩在不管是在白天还是黑夜,无论是开灯还是关灯,传达的效果都更稳定。中国国家馆用它浓烈的红色向世界人民表示中国的热情。

湖南大学法学院咖啡厅,是湖南大学建筑学院院长魏春雨教授主持设计的。建筑整体风格敦厚朴实中透着沉稳与理性,水刷石墙面稳重的自然色在阳光的照射下闪闪发光,三个中国红的长方形饰面连贯上下空间,位于下方的红色背景前用高椅背式的黑色矩形装饰,像三个正襟危坐的法官。红色饰面的座椅,白色地面,让法学院咖啡厅呈现出公正、严谨、理性的氛围,透露着湖南大学深厚的文化底蕴。

长沙白沙源茶馆,这是由著名设计师陈幼坚(Alan Chan)先生领衔设计的,据说设计师对色彩运用的灵感来源于北京故宫的古城墙。白沙源茶馆以红、白、黑三色为主色调,近千平方米的庭院皆采用了通透而又含蓄的红色玻璃墙体,沙发座椅通体使用大红,配上简练的白色天花,用洗练而又厚重的黑胡桃木栋梁作背衬,二楼采用了现代简洁造型的红灯笼,将传统色彩和文化氛围演绎到了极致。白沙源茶馆有着幽雅静谧的环境,古典现代风格结合的装饰,温馨贴切的服务,流连于此的客人在这里感受着传统和现代、东方和西方融合的茶文化,体会现代中式风格。

2. 富贵金

金、黄两色在传统装饰中通常搭配使用来营造富贵、华丽的感觉。运用黄色作底,金色勾边,或者镶金箔等手法来体现主人的尊贵感。在现代室内设计中,人们依然吸取了传统装饰手法和审美法则,结合当代技术条件,创造当代的华贵氛围。例如,在人民大会堂金色大厅的室内改造工程中,设计主题非常鲜明,即"中国的金色大厅"。这一设计思路和原则使空间定位清晰明朗。原有设计为常沙娜先生设计,风格细致淡雅,充满中国古典意味,天花采用中国古典建筑中的藻井造型,八边石材柱间的梁柱采用传统沥粉贴金的手法,色彩及纹样具有敦煌壁画温润调和的风格,因而被称为人民大会堂的"金色大厅"。

新的改造方案也沿袭这一风格,中央天花采用以花卉卷草等植物纹样为主的沥粉贴金彩画,与水晶吊灯上的射光共同配合,被照亮的沥粉贴金彩画在天花上熠熠闪烁,华丽精美。柱子用红色雕金花饰面,纹样采用缠枝牡丹,表现高贵典雅的装饰风格。墙裙的贴金花饰来自汉代画像石,寓意"金雀昌瑞",象征着繁荣昌盛。回廊四周的栏板由米黄色石材、清玻璃与镂空金属菱花花饰共同组成,地面也是铺的米黄色大理石材。整个色彩以金色为主,米黄、铜色为辅,红、绿色做点缀,最终营造出一个富有中式古典意蕴又华贵富丽的大厅,既反映了中国传统的装饰文化精华,又体现了人民大会堂新时代的新形象,同时具有能够承办重大国事活动的档次。

(四)汉字的运用

汉字作装饰有它得天独厚的优势。它本身具有一定的含义,表意性强。汉字是由图案简化而来的符号,本身具有装饰性。并且,中国的汉字字体种类极其多,有篆书、隶书、草书、行书、楷书等。每种里面还分很多种字体,如篆书还分大篆、小篆、叠篆和鸟虫篆等,其中鸟虫篆里又分鱼篆、鸟篆、龙篆、龟篆、虎篆等。每种字体都有其特有的造型魅力,这使汉字成为古今人们都喜欢用的装饰题材。它的表达形式多样,主要有三种:用诗词歌赋为内容的书法艺术表达,用单个表达吉祥意愿的汉字做造型来装饰,用汉字和寓意吉祥或象征吉祥的图案结合做装饰。

汉字书写的发展促进了书法艺术的发展,书法渐渐成为文人雅士的专有艺术。汉字图案的装饰特点有实用功能,于是走向民间,从此,书法和汉字图案便分道扬镳。因此,由书法装饰的空间往往文化气息较重,而用汉字组合图案装饰的空间就更民俗。

1.以诗、词、句的形式表达

诗词是文学作品中的精华,尤其是古诗词,往往是短短数行字中,就包含了无限的意蕴和情境。采用名人诗词曲赋的装饰方式能够传递一种浓浓的文化氛围,加强空间的儒雅气息。

这也是表达空间意境的方式,有一种情长意更长的韵味,能够强化空间主题。常用的手法有将合情合景的诗词内容用书法形式篆刻在主景观墙,或是直接将名人书法装裱后用来装饰空间。例如,在武汉东湖宾馆南山甲所的总统套房设计中,最先进入的是过厅,映入眼帘的便是金箔背景下的毛主席诗词《卜算子·咏梅》,与中式案台及青铜艺术品共同营造出深厚的文化氛围。总统套房的客厅高达4.8米,宽敞开阔,其沙发背景是一幅仿古"武汉三镇江景图",突出了地方特质,两组高大的做旧中式高柜与书法玻璃屏风展现了国粹精华。半透的夹绢书法玻璃屏风划分了餐厅与客厅的空间。主卧室卧床背景是毛主席的著名诗词《水调歌头·游泳》,其内涵不言而喻。

此设计中多处用到毛主席的诗词、书法,也是为了让来此下榻的国内外贵宾感受到毛主席曾经在这里生活、学习的气氛。

在中央悦城的样板房设计中,采用了我国唐朝诗人李白的著名乐府诗《将进酒》来抒写乐观、通达的人生态度,反映现代人及时行乐的心理。隽秀的字体刻在青色墙面上,配上中式靠椅,使空间呈现出古典文化气质,让奔波于繁忙生活中的人能够在这里找到一份安静,感到一丝人情上的关怀。

书法词句和现代灯光技术相结合而成的一种装饰手法。这种装饰手法能使文字能更引人注目,成为装饰中的焦点,和空间主题相呼应,起到画龙点睛的效果。

2.以单字的形式表达

汉字中的"福""禄""寿""喜""财"等字形成的装饰图案,是将汉字的字形构成加以美化(美化时往往要按照特定的需要),使之成为一种特殊的图案。既可以使人们在阅读过程中因形见意,也可以使人在思考过程中因意知形。符号性和表意性在这些为装饰而特意造型的汉字中得到了完美的融合,意形结合就成为了它们的特点。中国很多传统装饰元素的造型都为圆形,这些汉字也不例外,这种造型被称为"团寿""团福"等。圆有圆满、达成的意思,使之成为是常用的装饰元素,并且还发展了很多种形式。例如,寿字在装饰上大多采取古代篆书寿字的字头部分,作对称或美化上的加工,并逐渐演变,造型丰富,有百寿之多。字形长的叫"长寿",字形圆的,叫"圆寿"(无疾而终),也有用多字来表示,如"百寿图"。

3.以组合图案的形式表达

汉字与图案的组合,其审美意义与功利意义是相结合的。无论乡野、市,人们既取字形的构成美、又取其吉祥的含义。因此,诸如"福""寿""富贵""万""喜"一类的汉字图案特别多。民间艺术的观念,成为汉字图案发展的推动力量,汉字图案也常凝聚着民俗与民情。

我国传统汉字装饰中以组合图案的形式出现的装饰种类繁多,如福寿双全、五福捧寿、万寿五福等寿字和蝙蝠衔双钱组成同音,寓意福寿双全。

二、传统装饰元素的运用手法分析

(一)对元素的简单复制

传统装饰元素中有很多经典元素在历史各个时期都能保持旺盛的生命力,足以说明它们是具有一定代表性,以及得到了社会民众最普遍认可和接受的。对于元素的复制也是文化传承的必经之路,只有在掌握传统装饰元素的造型规律、运用手法和文化内涵的基础上,我们才会将其结合时代需要来作创造性发展。

在现代室内设计中,有一些空间是需要使用元素的传统造型来营造出空间氛围。例如,一些老字号餐厅,为了体现它的传统特色、悠久的历史及良好的口碑,就会以开店时的时代元素或流传的故事为主题来进行设计。并且传统装饰元素经历了几千年的沉淀和发展,它的适应性已经很强,造型艺术也十分成熟。虽然形式不变,但它的应用材料、装饰手法都有所变化,所以尽管是简单复制,仍然能体现时代特色。对于其中一部分造型简洁、概括性强,既富有形式美感又富含传统寓意的元素,我们可以直接采纳。例如,回纹、万字纹、水波纹等几何纹样,以及太极图、八卦图等有特殊寓意的纹样,还有经典的图腾等。对元素进行简单复制时,我们应注意:①要考虑元素本身的气质和内涵,符合空间定位,不至于造成元素使用突兀的情况;②元素运用不宜太杂、太混乱,同一空间中应尽量保持风格统一、主次分明。

(二)对元素的提炼变异

从传统装饰元素发展的历史上来看,各个朝代都具有不同的时代特色。唐的富丽雍容,宋的典雅秀丽,明清的纤细繁琐,都直接反映了当时的时代特性。那么到了当代,传统装饰元素势必也会结合时代特点来进行发展性运用、批判性继承。当然我们不是为了创造而创造,而是结合当代人的审美情趣和施工工艺来对元素进行提炼,以适应现代化的文化背景。现代装饰风格更趋向于简约大方,因此,对于传统装饰元素中造型繁复的一部分纹样、字体就需要进行概括、抽象地继承。提炼的前提是充分理解这些装饰元素的形式特点、组合方式,将其打散、变形,再运用现代艺术手法进行整合、重构,并合理地结合当代新材料、新技术来创造出传统装饰元素的当代模式。在这提炼变异的过程中,需要注意的是,不要做无理由地随意拼凑,在创造具有当代审美特征的传统元素时,还要保留其传统意蕴,这样才能让这些传统装饰元素神形兼备地流传下去。纵观历史,还没发现元素在流传过程中寓意失去或走样的案例。

(三)文化意境营造

对传统装饰元素的运用是文脉的一种延续。它诠释的是一股文化脉络,这股文化脉络在某种程度上是一种"软质",指的是精神层面的内涵。我们在现代室内设计中对传统装饰元素的运用最终将超越单纯对形式进行简单复制的过程,提炼元素,到达营造一种文化渗透力和场所精神的层面。形式是可以多变的,不变的是贯穿其中的文化脉络,这也是中华民族历经几千年的发展,却能始终保持一脉相承的文化传统的根基所在。现代人追求"简约而不简单"的内涵就在于意境的营造。现代灯光技术和新型材质也为用传统色彩和纹样来进行意境表达提供了更多的可能性。

在传统的室内装饰艺术中,人们习惯运用大量含蓄的表现手法,从造型元素到物品陈设,赋予这些特定空间以灵魂和精神内涵。这种隐喻的手法是通过一定的环境构成元素和方式来暗示环境本身以外的东西,它反映的是文化内涵、意象、心理感受、价值取向等较高层次的信息。通俗地说,就是在新时代用新工艺新材料满足新功能要求的空间设计,但是要营造相同的氛围,给人不同形式的相同感受。这就是对元素进行提炼并营造意境的过程。中国艺术思想讲究"意境",通过有形的物质世界,达到形而上的精神世界,与大自然融为一体,这就是所谓"外师造化,中得心源"的道理。对室内设计这样一门实用艺术来说,应在满足实际功能需求的基础上,传达一种"神韵"。这种神韵的传达也是对身心疲惫的现代人附庸风雅的心理满足,以及对田园环境的恶化、缺失的弥补。一方面我们在精神上需要一些古典文化意境,另一方面我们还需要现代化的设施来得到物质满足。

武汉东湖宾馆南山甲所的总统套房卧室的大面积玻璃落地窗,将室外美景引入室内,使室内外空间相互对话,紧密融合,强调人与自然的高度和谐,这也是传统空间处理上常用的借景手法。这种处理手法既反映传统文化精髓又体现时代特色。

在中央悦城样板房的设计中,设计师运用传统装饰元素中常用的圆门造型,搭配新工艺制作的玻璃珠帘,营造出一种"飞流直下三千尺,疑是银河落九天"的古典文化意境和神韵。

三、现代室内设计对传统装饰文化内涵的借鉴

传统装饰元素会随着时代发展、科技进步、人们生活模式的变化在使用过程中产生一定的形态变化和发展。但是,这些传统装饰文化的思想精髓却一直贯穿其中,成为一条主线指引着装饰文化的表达方式。在现代室内设计中,手法的运用毕竟只停留在浅层,要创造性地继承中国传统装饰元素,还需要抓住传统装饰元素的文化内涵,以此为准则来指导手法的运用。

(一)集美思想的体现

集美思想是图腾崇拜的来源。所谓"集美",通俗地说就是将一切美好的东

西集中在一个事物上的一种表现。这种理念一直是几千年来中国人精神世界和物质世界所追求实现的目标和愿望。龙、凤、麒麟等人造神物都是传统集美思想的体现。现代室内设计中集美思想主要体现在空间风格的多样化。

正如集美思想的产物麒麟集多种动物特点于一身，现代很多室内设计也呈现出集多种风格特点于一身的趋势。在信息时代，我们可以迅速了解世界各国的风土人情和设计风格，智能化交通让时空变换易如反掌。很多人既喜欢欧式的优雅，又喜欢现代的简约，还喜欢中式的古朴，对哪一种风格都难以割舍。对于人均用地很少的现代人来说，每一个室内空间都很珍贵，大多数的人室内活动时间比户外活动时间要多得多。于是，不管是商业空间、办公空间、住宅空间等，在设计中都尽量迎合人们的感官需求。在居住空间中，人们也都想把心中向往的、喜欢的物品和构件通通搬回家装饰起来。多元文化的融合就导致很多室内设计已经无法专属某一种风格，这也是时代特征在室内设计上的体现。

这种空间风格的多样化其实也是人们对完美集中追求的体现。对完美的追求无可厚非，人类发展就是一个不断追求完美的过程。我们发现了美好的东西，追求并拥有它，是人之常情。但是在某些时候，我们也应该理性地认识到，过度追求完美，想要集万般美好于一处的时候，最终得到的效果却违背了人们的初衷。提高大众审美意识，对人性弱点的克制在这方面也至关重要。

（二）吉祥如意的表达

趋吉避灾的基本意识是不受时代发展，人类文明进步所制约的。人们对吉祥、如意的渴望应该是世代相同的追求。追求的形式大同小异，表达的方法各有千秋。人的精力是有限的，生活越简单，对装饰的追求越复杂；生活越复杂，对装饰的追求越简单。不管是复杂还是简单，我们都能从中看出人们对美好生活的向往。千百年来，中国人深层意识中根深蒂固的民族情怀并没有淡化，其特定的思想意识、审美观念也并没有多大改变，人们还是追求"完整圆满"，喜欢听吉利话，结婚、乔迁会选个吉日，过年会贴挂年画、中国结，端午节会在家门上插艾草来驱邪扶正。在室内装饰设计中，也常把"福"字倒贴在门上或墙上，寓意"福"到、挂红灯笼、贴民间剪纸图案、用福、禄、寿、喜等吉祥寓意的汉字做装饰等。

所以，趋吉纳福的意识在中国人心目中始终未见淡薄，吉祥图案、吉祥色彩、吉祥观念长盛不衰。文化氛围在一定程度上的一致性，为传统吉祥装饰元素在当今社会的启用提供了生存的土壤和发展的条件。一些敏锐的设计师早已注意到了这一点,在室内设计充分运用了传统装饰元素来满足人们这一心理需求,并达到了可喜的效果。

(三)以人为本的宗旨

现代室内环境设计的根本目标是以人的需求为核心,满足人的生理及心理需求,确保人的安全和身心健康。随着社会经济的发展,人们对生活质量提出越来越高的要求,从而不断推动室内环境设计的发展。马斯洛将人类需要从低到高分成五个层次,即生理需要、安全需要、社会需要(归属与爱情)、尊敬需要和自我实现需要。马斯洛认为这五种需要呈递进关系,当低级需要得到相对满足后,高级需要就会产生,再要求得到满足。经过经济的快速持续发展,社会物质财富的急剧增加,人们生活基本进入了丰裕时期,当物质得到满足的时候,精神的需要就显得尤为重要了。人们希望设计的物能够更多地体现人情上的关怀和人性化的需求。设计不仅要实用,而且要适用,要在设计中赋予更多审美的、情感的、文化的、精神的含义。

现代室内设计已从单纯的表面装饰过渡到复杂的综合性系统设计工程中。以中国近几十年室内设计发展为例,20世纪80年代的实用主义,90年代的表面性装饰,21世纪初期的室内设计空间以更加关注人的精神功能和心理归属感为主题。不难看出,室内设计由简单实用到除实用之外蕴含各种人性化的精神文化因素的走向,正是这种需要层次逐级上升的反映。

以人为本的思想源远流长,它植根于我国优秀传统文化的土壤之中。其内容博大精深,包含着对宇宙、自然、社会和人生的多层面、多角度的凝视和解读。

(四)对立统一的规律

中庸之道是中国古代的朴素辩证法思想。辩证法思想对事物不做绝对的理解,肯定中包含否定,阐述了事物的相对性,认为一切事物都是运动、变化、发展的,不断向对立面转化,是从量变到质变的过程。世界上没有绝对的和一成不变的事物,不变的只是变化本身。其本质是批判的、革命的。中国传统文化中阴阳、五行学说、《易经》中也都有以柔克刚、阴阳相互转化、万物生生不息等理念。

对立统一规律是辩证法的三大规律之一,讲的是方圆、阴阳、浓淡、圆缺等对立面既对立又统一的矛盾转化过程。这一规律揭示的是客观现实的本质运动过程。现在很多优秀的室内设计作品中都体现这些元素的对比,运用对立统一的规律,让元素形成互补、造成一种心理转化,达到和谐共生的效果。例如,粗糙未打磨的沙石墙面,搭配材质精细光滑的地面,就会产生原始和人工相碰撞的现代效果;或是整体灰暗的色调,辅之以大红所形成的视觉冲击,使暗的不沉,亮的不艳;或是造型方正的格局中搭配以圆形来做点睛之笔,会产生意想不到的惊喜等。

四、中国传统装饰元素的文化内涵

(一)图腾崇拜

图腾崇拜对传统装饰元素的发展影响是巨大的。很多种被崇拜的对象本身就是中华民族几千年来的装饰要素。按中国古字本义,图是图像之意,腾是合婿之意。"图腾"一词具有"婚姻繁殖的标志图像"的含义,因此具有祖先的意义。原始人相信各氏族分别源于各种特定动物、植物或其他物种,某一种物种与本氏族有亲属关系或其他特殊关系,因而作为本氏族的象征和庇护者加以崇拜和进行保护。

我国的主要图腾物为"龙"和"凤"。龙产生于夏朝,凤产生于商朝,麒麟也是图腾的一种。这三种都不是现实中的动物,而是人们根据自己的期望用好几种动物的特点想象创造而成的。龙是中华民族发祥和文化开端的象征,是人们崇拜的图腾。至今我们还有"龙的传人"的说法,龙也是神武和力量的象征。"龙凤呈祥""龙为鳞虫之长"等观念的延伸,成为中国传统装饰纹样发展的骨干脉络。凤是凤凰的简称,在远古时代被视为神鸟而予以崇拜。它是原始社会人们想象中的保护神,经过形象的逐渐完美演化而来。凤是鸟类中最美的动物,居百鸟之首,象征美好与和平,能给人们带来幸福和吉祥。曾被作为封建王朝最高贵女性的代表,与帝王的象征——龙相配。龙和凤,是中华民族特有的传统装饰元素,它们或威武矫健,或雄伟潇洒,或高贵优雅。历代民间艺术家们以丰富的装饰语言和富有节奏感的线条,生动地表现龙凤多姿多彩的形象,构成它们各个时代不同的艺术风韵。龙凤组合的题材有很多,如游龙戏凤、龙飞凤舞等。

麒麟是传说中的仁兽、牛、马、鱼等动物的特点,神兽象征祥瑞。麒麟善良、吉祥,带有强烈的中国人的"集美"思想。据说孔子出生前,一只麒麟从天而降,一手执笔,一手拿纸,孔子的母亲亲手把玉书系在麒麟的一只角上,不久后孔子便出世了。所以,民间流传孔子是麒麟的化身。"麒麟送书"也有麒麟送子的说法,是人们喜闻乐见的装饰元素。

这些图腾的形象不仅成为了人们精神生活的寄托,也是力量的象征。它们都有人格精神,和人共融,为人所用。

(二)趋吉避灾

驱邪消灾、过幸福安康的生活是自古以来无论贫富贵贱、上至帝王将相、下至黎民百姓都关注的主题,趋吉避灾的思想观念渗透于人们生产、生活的方方面面。

吉兆即祥瑞、吉利的征兆。趋吉表示的是人们对吉祥的向往。表现吉兆内容的图像称为符瑞图,即祥瑞。以麟、凤、龟、龙"四灵"为题材的符瑞图历代都很流行,当代也是一样。一些建筑装饰、室内装饰、雕刻题材都运用到了这些题材。十二生肖纹饰也是吉祥纹饰的一种,其中"鸡"与"吉"谐音,被视为吉利之禽。以鸡为趋吉主题的有大吉大利、鸡食五毒、室上大吉等,在民俗活动中借以驱除瘟疫、镇邪消灾。吉的祥瑞标志还有八吉祥、八卦图以及民间流传的各路神,如财神、灶神等。金蟾、聚宝盆、牡丹这些装饰元素反映了人们对富足生活的向往。喜鹊、蜘蛛(俗称喜子)也因谐音而象征喜庆、吉祥,如喜鹊登梅寓意喜上眉梢。蝙蝠有变富、变福的寓意,蝙蝠组成的图案有五福捧寿、福从天降的含义。莲与鱼组合为"连年有余"。仙鹤、鹿、寿字纹、万字纹这些装饰题材的运用也都表达了人们长命百岁、万事如意的精神祈求。这些装饰题材都体现了人们对美好生活的向往,常与生活息息相关,如求平安、求功名、求财、求喜等。

在建筑的装饰结构上趋吉避灾的意识更是处处都有体现。中国传统木建筑最为忧心的是火患,因此屋脊上要装饰激浪降雨的鸱吻来求雨,山尖上装饰水性象征的悬鱼、惹草,天花上设藻井,装饰水草,为的是以水"克"火,祈福消灾。黑色在五行中为水,屋顶都用黑色,也是传统观念中也是用来避火患的一个手法。

还有大量运用谐音寓意手法的装饰,如"平(瓶)升(生)三级(戟)""福(蝠)寿(桃)双全(双钱)""鹿鹤(六合)同春"等图案,通过特定的形象组合传达吉祥的寓意,寄托了屋主祈望家宅平安、风调雨顺、繁荣昌盛的美好愿望。将福、禄、寿三星的塑像装饰在屋脊上,雕刻在屏风上,以保佑全家幸福、安康。

素有中国红之称的红色也是人们趋吉的一个象征。中国人在逢年过节、结婚生子、生意开张等隆重的日子都要用到红色。古代人结婚时从新郎新娘的服装到婚房的装饰全是红色,宝贝也爱用红布包着,到了逢年过节红色的氛围更加浓厚,深深体现了中国人民对红色作为吉祥色彩的喜爱之情。甚至血是红色的,所以血也可以用来消灾。鸡(吉)血就更是民间、宗教中的消灾必备品了,房屋落成之日也会用鸡血涂在建筑各个方位以示避邪。

(三)天人合一

"天人合一"是中国传统文化的基本核心。"人法地,地法天,天法道,道法自然"。老子将天人以道为基础而结合。"天"和"道"指的是天地万物和自然规律。道家对自然的认识非常深刻,他们认为,人类应该尊重自然规律的客观性、顺应自然,实行"无为而治",这样才能实现人与自然的和谐共处。提供人在实践活动中应顺其自然而不人为地强加干扰,在对待自然时应采取自然"无为"的态度。"无为"就是不作为,不放纵各种欲望去处事,应该顺其自然,尊重并遵守这种潜在的规律。董仲舒提出"天人合一"的原意,实际上是借人与自然的关系,说人与人的关系,即"天人合一合于人"。例如,天有阴阳刚柔,人有君臣男女。这叫"天人同构"。又如,天上出了"扫帚星"(其实也就是彗星),人间就要倒大霉。如果出了"祥瑞",则证明当今皇上是"尧舜之君"。这叫"天人感应"。再如,在中医中应用十分广泛的一条是吃什么补什么,如吃猪肾补肾,吃了鱼眼睛眼睛更明亮。从动、植物上都能找到与人体相对应的部位,这叫"天人相通"。这三条加起来,就是"天人合一"。

中国先秦哲学中天人合一的传统观念对传统文化有较大的影响,自然而然对传统装饰元素的运用和发展也有着巨大影响。例如,在建筑中以凤鸟装饰屋顶,就是天人合一思想的一种表现形式。凤鸟作为一种象征性的符号,具有丰富的精神内涵,它既可以指天地与太阳等自然神,同时也是对男性的(生殖)崇拜和对权势的崇拜。这也是天人同构的一种体现。新石器时期的人面鱼纹也体现了天人合一的和谐理念。天人感应指人与自然的沟通,人可以根据自然的反应来调整自己的行为,以适合自身的发展。古代人们也经常会认为一些奇异的事物是上天的旨意,或吉祥,或灾难。天人相通是人试图把认识到的世界万物都与人本身一一对应,来指导自己的行为,以取得服从自然规律的生存法则。比如,金、木、水、火、土对应人的心、肝、脾、肺、肾。人宜随日出而作、日落而息,不违反自然规律才得以健康长寿。

中国从远古时代就是本着"天人合一"的思想来生产生活。因此,大到国家疆域,小到民居装饰、服饰,都处处体现了这个法则的运用。传统装饰元素中的云纹、火纹、水波纹等就是对自然景象的抽象典型;外圆内方的金钱纹寓意了古人对宇宙"天圆地方"的有限认识;对大量动、植物的描绘刻画就更不用说,无一不是体现人们与自然界和谐相处的愿望。

(四)中庸之道

中庸之道贯穿于孔子的整个思想体系中,是孔子思想的核心。而中庸之道的核心思想是凡事要把握好度,不要太过,也不要不及。做人处事追求适量、适度、得当,不偏不倚为宜,越位和缺位都不合适。中庸,既深奥又通俗,是治国之道又是修身之法。吃饭看胃口,做饭讲火候,种庄稼要把握温度和湿度。治理国家,既要追求发展速度,又要兼顾社会安宁。中庸,既不是简单地折中,也不是纯粹的中间路线,追求的目标是在不同时空环境中,尽善尽美与无可奈何之间的最佳方案。它既是世界观,又是方法论。

中庸即中和。"中"与"和"这两个概念,既相互联系,又相互区别。"中"则是指处理事物矛盾的一种正确原则和方法,是实现这种统一的途径和标准;"和"是指事情的多样统一性或对立统一性,是矛盾各方统一的实现。这种境界,也就是强调人与社会、人与自然、人与人的和谐。中和就是指统一体的协调性和匀称性。中国传统美学与传统艺术主张"中和为美"。"和"是一个具有中国代表性精神的文字,是中国人追求的为人之道和处世原则。构建房屋、城池都讲究对称性布局,方正、四平八稳。在传统装饰元素上理所当然也体现了这个原则。

传统装饰元素在艺术处理上,多体现为多样统一、平衡对称的特点,并且随不同器形做出种种变化,协调适应。在构图的安排上,轻重、高低、虚实,尤其是力的照应,组合自然,颇具匠心。例如,太极图就形象化地表达了宇宙的阴阳轮转,互为图底,是万物生成变化根源的哲理。表现了宇宙的明暗和谐,象征了世界的圆满与平衡,富有浓厚的吉祥寓意。太极图在造型上给人一种互相转化、生生不息、对立统一的形式美。传统造型中的S型构图也是这种理念的派生。太极图式在民间称"喜相逢"(通常是两数、成双成对),运用时以"丹凤朝阳""龙凤呈祥"等形式出现。常将一对鹦鹉、一对蝴蝶、一对鱼、一对花等用S形构图,构成一上一下、一正一反、你追我赶、难分难舍的形式,给人以喜悦、和谐的美感。

唐代是中国历史上的经济文化盛世。唐代文化博大富丽、兼容并蓄,装饰元素蓬勃发展。唐代装饰元素的总体结构,力求在平衡和对称中取得安定和谐,远看清晰,近观耐看,整体与局部达到有机统一。充满活力的缠枝,成双的花鸟,明丽的宝相花等,都充分反映了这种精神。

第三节　中国传统文化在室内设计中的传承

随着中国经济的发展和城市化进程的加速,人们对室内建筑环境提出了更高的要求,不只满足于最基本的居住条件,而是不断向着室内环境的舒适性与精神享受等方面的追求。室内设计作为传承文化的一种载体,包含着深刻的文化内涵和文化精神。作为中国的室内设计师应该要加强对中国的传统文化的认识与了解,将中华优秀传统文化作为现代室内设计得以继承与创新发展的一个重要元素,形成具有中国特色的室内设计,满足人们对民族的、传统的情感寄托,体现了现代人的生活品位和审美特征。特别是当下西方文化大量涌入我国,在我国的室内设计领域出现了大量的西方文化元素,并逐渐呈现蔓延趋势。所以,更需要设计师将中华民族的优秀文化内涵与精神得以挖掘、传承、借鉴、创新,并结合西方设计思想,兼容并蓄,融会贯通,设计出符合中国现代人审美观念的室内设计❶。

一、传统文化在现代室内设计中传承的原则

(一)适中原则

从中国传统文化的精髓角度来看,中国人的为人处世方式一般情况下还是侧重于遵循"中庸"原则,注重客观实际,辩证地去寻找和发现解决问题的方法,反对走向极端,也不完全肯定或不完全否定某一方面。而这里提到的"适中"原则是指在强调整体协调发展的基础上,从时间、空间等多方面去加以思考,力求综合各种事物发展的要素与有利因素,提出最理想的方案与途径,寻求解决问题的最好办法。

当前,室内设计尽管受到西方思潮和文化影响,大量的西方文化元素出现在中国的室内设计领域,但是人们并没有失去自己的价值观与审美观。反而这种"中庸"心理经常在具体生活细节中涌现。为了顺应时代的发展,适中原则是在坚持整体协调发展的前提下,针对实际情况具体分析,作出最恰当的选择,以及最佳的解决方案。在现代室内设计中,应遵循人们的审美意识,符合传统形式美的法则,结合具体实际情况,反对一味地追求某种风格及个性,力求创作出

和谐统一、具有文化内涵的,同时又不缺性格与情感的室内空间环境。只有这样的室内空间环境才是永恒与健康的室内设计作品。

(二)整体原则

全面整体地思考问题,一直以来是中华民族传统的思维方式。就现代室内设计而言,设计师的大局观及整体意识是设计优秀室内作品的根本保证。在具体室内设计中,设计师应该具备对不同的室内空间环境整体把握的能力。室内空间环境设计是一个系统的设计,它涉及的面较为广泛,相关因素也较多,内容也更为复杂,除了包括室内光照、色彩设计和材质选用等室内物理环境设计,以及家具、陈设、构件、装饰、绿化等室内包含物,还包括时代性、社会功能、人文精神等方面。这些因素对现代室内设计的影响是非常大的,如何协调相关因素,就必须讲究整体原则。整体原则就是在室内设计中应全面把握相关因素的具体要求,综合整体考虑,协调统一,达到最佳状态。因此,现代室内设计应注重整体性,只有在整体协调的基础上,才能创造出功能合理、舒适优美、满足人们的物质生活与精神需要的室内空间,最终达到设计的真正目的。

(三)以人为本原则

从中国室内设计的发展趋势分析来看,现代室内设计仍然是以"人"为设计的根本出发点。设计中应该体现以人为本的设计理念,始终把满足人的需求,即物质和精神两个方面的需求放在首要的位置,一切围绕为人的生活、生产活动创造美好的室内空间环境。室内空间环境与人们的行为、心理紧密相关,需要设计师不断地深入研究。研究作为室内空间的活动主体的人在不同空间中发生的各种活动状态和心理感受,如人的视觉、味觉、嗅觉、触觉等。同时,在室内设计中,设计师要充分考虑到室内环境的各种要素,协调并处理好人与人,人与环境之间的各种关系,既要满足人的生理需要,又要满足人的心理需要、审美需要,以及文化认同需要,解决好实用、技术、经济、美观等问题,形成既具有民族文化与地域特色,又具有现代审美特征的现代室内空间。

二、传统文化在现代室内设计中传承的方式

(一)从传统文化思维方面借鉴

我国传统文化中的儒、道、佛三家的文化思想,强调事物的辩证统一,以及自然观上的"天人合一"。这种思想形成了中国特有的整体与辩证的思维方式,其中意象思维尤为突出。中国传统文化中的意象思维对艺术创作的影响是深刻而长远的。意象思维是一种创造性的思维,其显现出了富于灵感等特点。例如,我国传统民居建筑布局上讲究"对称"格局,以及传统的室内设计注重运用各种"隔断"造型等,其实都是中国传统文化中和谐统一、彼此关联的思维方式的体现。中国这种独特的思维方式是现代科学技术成功解开某些领域的强有力的思想武器。而将这种思维方式转化到室内设计上,通常会促进创意的形成,它是人们在潜意识方面存在的思想意念。一个好的思维创意能够逾越妨碍人类之间互相交流的因素,从而有利于到达更高层次的交流和沟通。因此,在室内设计过程中,设计师应将自己的创作思维和中华民族传统的自然观、哲学、思维方式等方面紧密联系,融会贯通。只有这样才能创作出既具有传统文化内涵,又体现了现代人的审美取向的室内设计作品。

（二）从传统文化神韵方面借鉴

纵观中国传统艺术发展史,意境的创造历来占着至关重要的位置,不论是绘画艺术、雕刻艺术、书法艺术,还是建筑、园林艺术等都蕴含着对"意境的追求"。"意境"是中国传统艺术所追求的一种艺术境界,它揭示了艺术审美的心理特征,蕴含着丰富的审美内容,其美学特征是自然传神,韵味深远。例如,中国传统的室内空间布局上多数采用"框、显、遮、借"等手法,运用做工精致,图案精美的落地罩、屏风、博古架等进行空间划分,使空间曲折掩映,隔而不断,彰显"山重水复疑无路,柳暗花明又一村"的层次之美。另外,中国传统室内空间的家具与陈设也非常讲究,如明清家具、艺术品、工艺品、书画作品等运用,不仅展示了明快、质朴的艺术风貌,而且在美学与使用功能上都达到了和谐的统一,体现了古人非凡的审美意境。中国传统文化的神韵,在室内空间布局、家具与陈设中的反映,不仅具有形式上的符号特征,更具有人文精神的内涵。因此,在室内设计过程中,设计师应立足本民族的传统文化,深入研究和提炼其精神、思想观念、审美习惯等方面的内涵,领悟其艺术神韵,创造出符合现代人审美观念的室内设计作品。特别是在当下,西方文化的大量涌入,呈现多元文化现象,更需要设计师对中国传统的艺术形式进行借鉴与运用,延其"意",传其"神",注重兼收并蓄,融会贯通,形成具有时代特征的室内设计。

（三）从传统文化符号方面借鉴

中国传统文化艺术在经过长久的历史凝集后,已逐渐形成各具典型文化内涵的图形和纹饰。其中既有传统象征性的、比喻意义的图案,也有古代传统图腾、传统宗教纹饰等。这些传统文化符号经过岁月的磨炼,具有极强的象征内涵,在当今仍然有着积极的实用意义。将这些典型的、具有代表性的传统文化符号当作设计元素融入现代室内设计中,运用现代的设计语言来诠释其文化内涵,是创造具有传统文化内涵的现代室内空间环境的最有效方法。通常的做法有两种:一是直接截取传统设计元素的精华部分,进行艺术加工与提炼,并结合现代的功能与科学技术,使其得到延续和发展;二是有意识地改变传统设计元素之间的组合,进行打散重组,使之成为一种既具有民族文化,又具时代特点的全新视觉设计元素。在现代室内设计中,不仅要让传统文化符号得以借鉴与运用,而且更要结合现代的科学技术,运用新材料、新工艺,使其内涵得到延伸、拓展与新的突破,从而使新与旧、古与今形成密切的联系。但是,反对为了形式而形式,应注重功能与形式的完美结合,既要讲究形似,又要讲究神似,这样才能创作出具有民族文化内涵的室内设计作品。

三、现代室内设计中传统装饰元素的传承与创新

用现代手法诠释中国传统装饰元素,本身就是对传统装饰元素的传承与创新。西方的强势设计文化对我国的现代设计产生了很大的影响,曾一度使我们的现代设计颠覆了传统,在现代室内设计中对中国传统装饰元素的利用和挖掘是文脉传承的体现,也是具有远见卓识的设计师为寻找属于中国的现代设计做出的努力和探索。目前,国内设计行业处于一个兴旺发达的时期,设计文化日趋成熟,对于现代中国设计也渐渐找到了方向,传统装饰元素成为中国的现代室内设计中最具代表性的一个因素。从一些好的设计作品中可以看出,对于传统装饰元素的运用并不仅仅是根据这些元素的历史使用情况来模仿运用,而是根据现代人的生活观念和生活方式创造性地使用,让这些元素从内而外地被现代人所接受。"内"就是体现在它的文化内涵,"外"就是体现在它的物质形态。这种创造性又体现在:第一,元素运用不拘泥于它的传统形态;第二,用现代材料和灯光技术等其他物质成果来搭配协调使用,使之满足现代人的审美和实用需求。

成都万科房产公司售楼中心也是林伟设计的,在这个设计中,从建筑外观到室内装饰都运用了传统装饰元素中的编织纹和中国红作为主题装饰,并以中国传统民间剪纸的形式出现。设计师认为:室内设计是建筑设计的延伸,室内外景观需要相互映衬、融合、呼应,空间要通透。整个建筑像是包裹在一张大红色的编织纹和剪纸中,室内的屏风隔断、天花、扶手等地方也大量地运用这些元素。建筑外观的剪纸形式借助于钢材料才得以运用,室内的这一元素则以木材

来表现。钢材料运用于室外起到坚固的防御作用,而室内的木材运用则更体贴、温和,给人以舒适感。这种新材料和传统元素的结合,以及传统材料的新运用都是传统与现代结合的切入点。

除此之外,中国传统装饰元素在这里随处可见,从喜庆的中国红到深沉的古桐木,从印花灯罩到生肖陈设物品,从植物图案的墙饰到装饰结构上的方圆对比,处处体现了中国的传统意蕴。无论是建筑外观还是室内设计,处处都设计得干净利落,简洁理性。单一的装饰主题反复运用使空间整体统一、和谐自然,传统装饰元素的运用使建筑空间充满中国式的诗情画意,既体现了中国文化追求人和自然和谐相融的"天人合一"思想,又给人以强烈的现代感。这种传统装饰元素与现代设计手法的结合使空间展现出中国现代设计的氛围,既是传统的,又是现代的,并且具有中国特色。

在上海恒隆广场牡丹66餐厅,以牡丹花为装饰主题。牡丹花纹是传统装饰元素中植物花纹的代表,被称为花中之王,象征富贵、美满。此餐厅中的天花饰以一朵朵浮雕形式的盛开的银色牡丹,采用现代poly材质,餐厅的银、黑二色显示出超时代的魅惑和酷炫,又表达了传统的吉祥寓意。一大片银色牡丹绽放于天花吊顶上,与黑色图腾砖遥相呼应、对立统一,营造出现代牡丹园的意境。餐厅取名66,也隐含中国人"六六大顺"的美好愿望,是对人们趋吉意识的一种考虑。

现代室内设计中应用的元素应该是现代科技发展、文化生活、思想观念的体现。动植物、自然景观、日月星辰等自然元素当然是永恒不变的,增加的是随着科技发展而制造的各类产品。例如,汽车及汽车配件、飞机、动画片的主角、吉祥思想的新时代产物吉祥物等,这些也都成为现代室内设计中的装饰元素,而这些元素也将成为后人眼中的"传统"。

再如,在广州本田企业形象展示厅中就用汽车零部件来做墙面装饰,排列位置按真车模拟摆放,配以汽车花纹做底饰,来突出空间定位,也反映其品牌的专业性。冷峻的色调极富超现代的气息。

动画片也是时代发展的产物,里面的一些经典造型和人物深入人心。例如,米奇老鼠就以其乐观向上、聪明机智、乐于助人、有修养的完美的化身受到全世界人们的喜爱,以它的形象做装饰元素的空间设计数不胜数,如居室空间中的小孩房、商业空间中的儿童用品店等。

现代吉祥物的产生也给传统吉祥图形增添了新的内容。吉祥物是作为一个形象代表创造的,具有一定的美好寓意。例如,世博会、奥运会等,为了这些活动圆满成功,东道国会选定一种有本国或本地区特色的动物作为吉祥物。吉祥物的设计具有形象生动、欢快喜庆的特点。熊猫作为我国国宝级动物,就多次成为吉祥物,熊猫盼盼和福娃的形象也因此成为装饰元素的一种。福娃是2008年北京奥运会的吉祥物,是五个拟人化的娃娃,它们的造型以熊猫为主体,分别融入了传统鱼纹、宋代莲花纹、传统火焰纹、藏羚羊及沙燕风筝的形象。分别代表海洋、森林、火、大地和天空,应用了中国传统艺术的表现方式,强调以人为本、人与动物、自然界和谐相处的天人合一的理念。每个娃娃都代表着一个美好的祝愿:繁荣、欢乐、激情、健康与好运。设计师提取了传统装饰元素的造型和内涵,创造了新时代的具有本国特色的吉祥图形。

四、传统与现代有机结合促进现代室内装饰文化的发展

传统装饰元素中不管是各类纹样、祥瑞图案还是色彩运用和汉字都被等级制度、传统观念所左右。几千年的封建制度消失了,传统却随着历史的滚滚洪流冲到了现代文明的河床上。不管主动还是被动,我们都无法抛弃,也不能抛弃。对传统的保护与发展不是靠少数精英的振臂高呼,也不是靠一群精英的摇旗呐喊,而应该是靠广大人民的共同力量,我们每个人都在有意识或无意识地对传统进行传承和发展。

笔者认为传统装饰元素在现代室内设计中的发展需要体现出现代文明的中国精神,提高设计师和业主的职业情操和审美意识,共同促进现代装饰文化的发展。

第一,对传统装饰元素的运用必须体现现代文明。所以,只是照搬是不行的。老祖宗的东西不是不能搬,是不能"只搬""照搬",要搬,也得赋予现代化的内容。每当说到"古为今用"的时候,都要谈到"取其精华、弃其糟粕"。可是何谓精华?又何为糟粕?昨日之精华未必是今日之精华,昨日之糟粕也未必是今日之糟粕。关键还是要结合现时代的实际需要来有机选择。不能生硬地为了延续传统而做传统,这也不符合"传统"的本质。

第二,必须体现中国精神。照抄西方国家也是不行的,之所以现在无数人开始对本国的传统无限神往,一方面是因为人文精神的附着力,文化的附着力所决定的;另一方面是设计越来越缺乏地域性的恐慌。学习先进是必要的,但终究还是要结合本国实际情况立足发展。学的是方法,不是形式。虽置身于世界,还得根植于传统。如何在传统的基础上,伴随现代文明的发展来进行传统

装饰元素的创新是我们应该做的事情。

第三,必须体现个人情感。现在设计界的抄袭现象不胜枚举。针对性的个案设计毕竟不是批量生产,缺乏对业主的喜好、环境的分析及设计师自身特点表现的设计可以说是设计中的"垃圾"。另外,设计师的职业水准也有待提高,在这样一个速成的年代,也有人学了几个软件就开始做设计,对元素的内涵谈不上理解也运用得糊里糊涂,这种现象可以说很普遍,在设计中缺乏对业主的人文关怀。

第四,就是要普及传统文化教育,提高大众审美意识。这是真正决定文化发展方向的一个重要出口。即使是优秀的、合格的、有思想、有见解、有创新意识的设计师也有无奈的时候。因为设计师面对的人群决定了他们的设计是否能被接受。当前,设计风格的混乱、设计师的盲目抄袭、脱离文化环境的多种"舶来风格"肆意横行,这都跟大众的审美取向有关系。只有极少数已成大师的设计师也许在设计时能够束缚得少一些,绝大多数的设计师不得不迎合大众口味,设计被改得面目全非也是常有的事。传统装饰元素的内涵在这个时代可能渐渐地不为很多人所知,如果只是设计师一厢情愿地坚持运用,固然是有一定的传承作用,但也必然会使这些元素缺乏生命力。

对于传统装饰元素的创新不是一个理论问题,而是一个实践问题。人们的实践,才是文化的源泉。昨天的创新是今天的传统,今天的创新将是明天的传统。我们每代人都出生在一定的文化环境中,自然而然地继承了上一代人的传统文化。同时,再根据自己的经验和需要对传统加以改造,在传统中注入新的内容,抛弃不合时宜的部分。不需要对已不适用的部分恋恋不舍,就像每个人老了都会怀念从前,可是哪怕只是想回到前一秒,也不可能。人的历史是如此,世界也是一样。传统给予我们的是让我们站在巨人的肩膀上一代代往前发展,让这个巨人像雪球一样越滚越大,而不是抱着它一起融化。我们且不讨论发展脚步越来越快是否真的对人类和我们的生存环境有多大的好处,或者说我们真的需要这么跑步前进吗?可是发展就是如此。有果必有因,有得必有失。现在有不少"秦时明月汉时关"的无奈和叹息。这种情绪可以理解,但是没有必要。作为推动时代发展的一分子,我们应该少一些感叹,多一点行动。也只有在这个基础上,才可能产生出能代表本国传统装饰元素发展的有影响力的人物、思想和作品,使传统装饰文化在新时代焕发新活力。

第七章 中国传统建筑元素在室内设计中的应用

第一节 中国传统建筑元素的概述

中国是四大文明古国之一,它拥有上下五千年的悠久历史,中国疆域辽阔、民族众多,中国文化源远流长、博大精深、灿烂多姿,而中国的劳动人民也用他们的智慧与汗水创造了丰富的建筑文明。

一、中国传统建筑元素的内容

本书中所指的"中国传统建筑元素"在概念上只是广义的,传统建筑既可指思想与文化的沉淀而所表现出的一种物质形式,如传统观念、思维模式、生产方式、审美观念、设计方式等概念抽象的、内在的、无形的"软传统";也可指建筑物上部装饰空间的屋顶部分、中部装饰空间的屋身部分和下部装饰空间的台基部分等实体的、外在的建筑结构,即有形的"硬传统"。中国传统建筑元素除了从"软传统"和"硬传统"来划分以外,还可分为"宏观"与"微观"两大类。一类是从宏观上来看,传统建筑元素包括传统建筑的布局方式、组合方式、立面造型等;另一类是从微观上来看,是指对于建筑构件、建筑装饰、建筑色彩的运用及创作。本书选取了有形的传统建筑元素作为研究对象,研究其在会所室内设计中的运用。

二、中国传统建筑的基本特征

中国传统建筑元素的种类及样式不仅丰富多彩,而且蕴含着丰富的文化价值和美学价值,这构成了中国传统建筑元素最重要、最鲜明的特征❶。

中国传统建筑主要分为宫廷建筑、园林建筑、地方性建筑三大类,因此它们的特征及风格也是有所差异的。

宫廷主要是封建帝王执政和生活的地方,现如今保留下来的主要是北京的紫禁城和沈阳的故宫。在古代,礼可以说是统治者用以治国的根本,礼是一种

---

❶方燮.传统文化元素在建筑设计中的应用分析[J].百科论坛电子杂志,2021(24):2632-2633.

思想,也是一种行为规则,礼的核心思想和主要内容就是建立一种等级制度。因此,宫廷建筑在布局与规划上最明显的一大特征就是讲究轴对称、讲究礼制,主要通过建筑房屋的深度、宽度、装饰样式等方面来反映。宫廷建筑除了讲究礼制以外,还运用了五行学说的理念,因此,在宫廷建筑中屋顶都采用中央色——黄色,黄色代表着土地的颜色,在当时的农业社会制度下,土地的颜色是一切颜色的根本。红色代表着太阳与希望及吉祥的意思,因此,在宫廷建筑中,红色大多运用于墙面、门窗、立柱等。

园林建筑主要指北方一带的皇家园林和苏州、扬州一带的私家园林,园林建筑与宫廷建筑的色彩对比强度正好相反,园林建筑不喜色彩鲜明的对比,反而追求自然、素雅、平静的色彩感觉,所以一般采用黑、白、灰的色彩基调,然后通过周围环境及绿植的映衬来渲染园林的整体氛围。

地方性建筑主要指寺庙、祠堂、住宅或商铺等,如布达拉宫、安徽古徽州民居、三国名相诸葛亮的武侯祠等,地方性建筑就要根据不同的地域、不同的民族、不同的宗教等因素来分析它们的建筑特色。地方性建筑不似宫廷建筑那般讲究,主要是由当地的自然及地势决定它的布局与结构。例如,地方性建筑里的名人建筑——武侯祠,其建筑色彩基调主要是深褐色的立柱、门窗和灰瓦屋顶,从色彩特征来讲与园林建筑差不多,多以黑、白、灰为色彩基调,十分朴素、自然,因此地方性建筑同样具有极高的历史价值和文化价值,也是古建筑里的瑰宝。

以上主要从布局及色彩方面来分析了三大类建筑的特点,但是总体来说,中国传统建筑都有一个共同点,就是多以木构架为结构体系,而建筑的柱、枋、梁等构件都是露明的,需要装饰。我国传统建筑的装饰多种多样,装饰色彩、构件等也是十分细致,但是为了建筑的整体与和谐统一,以及有主次、有规矩的原则,我们不难发现,在我国传统建筑上的结构连接部分和框架部分是装饰最多的,如斗拱、雀替等部位;门、窗等沟通内外空间的部分,也是装饰的集中表现地。因此,我国古建筑的装饰手法不仅讲究主次之分,而且把握了细致入微的原则,整体上看起来繁简有序、相得益彰。这也就是我国建筑文化如此受世人瞩目的原因。

我国传统建筑无论在布局、色彩、装饰等方面都充分展现了它的美学价值、实用价值及文化价值,这些便构成了中国传统建筑元素最鲜明、最基本的特征。

三、中国传统建筑元素的分类

我国的传统建筑元素在历史的沉淀和演变下呈现出丰富多彩的形态，传统建筑元素涵盖面广，包括传统建筑色彩、传统建筑纹样、传统建筑材料、传统建筑构件四大类，而每一类又包含着丰富的内容，它们不仅具有装饰价值和审美价值，还具有文化价值，因此，探究传统建筑元素的分类有助于更深层次地了解传统建筑元素。

（一）材料与构件

1.中国传统建筑元素之材料

"五材并举"一词是指依据不同材料的特性恰到好处地加以运用，"五材"指金、木、水、火土这五种基本的物质组成元素，也指包含所有材料的意思。土、木、石、砖、瓦这五种材料在我国传统建筑当中运用十分广泛，它们各自的功能也得到了最大化运用，因此，"五材并举"在我国传统建筑的建设上是十分重要的。材料可以说是建筑物的生命源泉，也是建筑物的根本。

土，"土"与"木"这两个词在我国传统的建筑语言当中其实是一体的，叫"土木"，所指建筑，在柳肃所著的《营建的文明：中国传统文化与传统建筑》一书中曾说过："北方起源于'土'，原始时代所居住的洞穴的主要建筑材料就是土，原始人由'穴居'到后期的'半穴居'其主要材料都是土"。"土"虽然质地粗糙，但是从情感上来讲它具有质朴性，不同地域的土质地也不同，因此"土"也具有地域性。

木，"木"的起源在南方，南方气候不同于北方，南方比较湿热、山水较多，所以为了解决通风透气、防雨防潮等问题，人们用树枝等木材搭建"巢居"，在发展到后来的"干阑式建筑"与地面建筑，木材在我国传统建筑中占据很重要的位置。在我国古代建筑中斗拱、柱子、木枋等构件都是由木材加工制作而成的，它们起到了很好的连接与着力作用，小到桌椅等家具，大到房屋建筑，木材从里里外外到方方面面都在营造着人们的生活，它有自然的纹理，朴素且清香，我国古代传统建筑离不开木材。木材不仅具有强度高、隔热性能高、保温性能高、能吸收紫外线、生态环保等性能，而且还具有一定程度的抗震性能，但是它也具有易生火灾易腐烂等劣势。木材的弹性和韧性都比较强，容易加工与涂饰，因此，木材在我国装饰材料的发展过程中占据了很重要的地位。

石，我国古代建筑的石台基、石栏杆、石墙体、精美石质雕刻等都离不开石材，石材具有很强的耐久性和强度，其质感或光洁或粗糙，其品种也繁多。石材用作石梁柱、石墙体等上面时是结构性运用,而用于石质雕刻和地面铺砖时是非结构性运用,因此,石材的运用分为结构性运用和非结构性运用两类。

砖,砖一般多为青灰色,具有凹凸不平的肌理,由于砖具有很强的抗压耐磨性,而且用黏土烧制砖也是比较容易的工序,因此,黏土砖是当时比较易得的材料,运用也比较广泛,砖的使用大大增加了传统建筑的耐磨性与使用寿命。砖多用于墙体等装饰中,由于砖具有保温隔热等物理属性,因此,砖用于墙体中能够给建筑空间起到良好的生活作用。

瓦,和砖一样,瓦的制作也是利用黏土烧制而成,瓦的种类丰富,有光洁精致的琉璃瓦、朴素雅致的青瓦等。在我国传统建筑中瓦主要起到隔挡雨水的作用,我们的祖先用他们的智慧,运用高超的铺瓦技术为我国各式各样类型的传统建筑起到了防水的作用,因此,瓦在传统建筑中具有很好的保护作用。

2.中国传统建筑元素之构件

我国传统建筑多以木结构为主,而且每一个构件基本上都可以作为独立的一种建筑装饰,因此,每一个建筑构件都是不同的工艺、不同的特色,其结构极其细致入微。

屋顶空间建筑构件包括瓦当、滴水、屋脊、屋瓦等。屋身空间建筑构件包括天花、藻井、墙面、梁架、雀替、柱、斗拱、枋、门窗等。台基部分建筑构件包括地面装饰、台基、台阶、柱基等。

滴水和瓦当都是属于屋檐部位的,它们是重要的构件和装饰部位。滴水所指的是瓦沟最下方的那一块瓦,由于雨水会顺着这块特制的瓦而滴下,雨水就不会聚集在屋顶。滴水也有一些装饰纹样,如文字、花卉等。

藻井是属于室内顶棚上的一种构造,建筑的顶部向内凹陷,外方内圆,然后将其用雕刻或者彩绘的形式进行装饰。我国的传统建筑多是木结构,因此防火方面是很注重的,而"藻"是水里的生物,取名藻井是用来压制火灾的,因而藻井不只是顶部装饰的一部分,它还具有逢凶化吉等美好寓意。

斗拱是属于我国传统建筑中的独特建筑构件,斗拱的组织与比例及大小在历朝历代都是不同的,可根据斗拱的演变,去鉴定一个建筑物所处的年代,认识斗拱是探究传统建筑的基础。自春秋战国时期斗拱便开始运用于建筑上,到了两汉时期,墓室等地出现了一些斗拱的痕迹;再到唐朝,斗拱的发展便越来越成熟,它已经成为建筑中重要的结构构件,并且造型精美;宋元时期和明清时期斗拱逐渐转变成一种装饰性构件。从这些朝代的斗拱发展与演变来看,都体现了我国古代匠人们的建筑艺术水平。

我国的传统建筑装饰构件元素涉及方方面面，并且非常广泛，其结构也是细致入微的，并且在整个建筑物中起到了突出主次与重点、协调与统一的整体作用。

（二）色彩与纹样

1.中国传统建筑元素之色彩

建筑的色彩与建筑本身是密不可分的，建筑的色彩在建筑中起到了创造气氛和传递情感的作用，色彩就像是建筑的外衣，它在建筑艺术中占有极高的地位。而建筑色彩文化经过我国几千年历史长河的千锤百炼，为我们提供了良好的创作源泉，是非常值得我们去借鉴的。由此可见，探究传统建筑色彩是探究民族文化的必经之路，也是能够为设计师们的设计实践起到辅助作用的。

历代的宫殿建筑都呈现出上面是广阔而碧蓝的天空，中间是有着金黄色琉璃瓦的屋顶和红柱子、红门窗的建筑，下面则是宽广的白色台基和青砖，这样一个从上至下色彩对比鲜明的画面。而江南园林呈现出来的是白墙灰瓦、清水绿树围绕的宁静、自然的优雅氛围。再看一些寺庙等地方性建筑，如西藏的一些寺庙，在紫蓝色天空的映衬下，屋顶上的金色装饰及红色与白色的墙体显得格外的粗犷和艳丽，犹如浓妆艳抹一般。可见我国的建筑色彩是丰富多彩的。《营建的文明：中国传统文化与传统建筑》一书中说："建筑是礼仪制度中很重要的一个方面，建筑中的礼制主要表现在两个方面，一是建筑等级制度，二是礼制建筑。"建筑中的色彩也是表达等级之分的重要途径之一。在我国传统建筑中，色彩对比强烈、丰富多姿，不仅充分展现了我国传统建筑的魅力，而且饱含着丰富的建筑色彩文化内涵。随着社会文明的进步，我国的建筑色彩将会越来越成为人类生活中重要的审美对象。

由此可见，传统建筑色彩是传统建筑的显著标志，也是传统建筑的重要组成部分之一，它传达着我国丰富多彩的历史文化内涵。

（1）中国传统建筑色彩的发展

中国建筑色彩的发展是随着我国传统文化的发展而发展的，因此，建筑色彩蕴含着深厚的历史文化底蕴。我国古代社会是具有很鲜明的等级制度的，当时的思想、文化等方面都受到了等级制度的严重影响，当然，当时的建筑及室内设计等也是受到了等级制度的制约和影响。我国的传统建筑色彩就好像统治阶级权利的一种象征，它具有等级色彩、尊卑色彩、政治色彩等形象。从秦、汉、魏、晋、隋、唐、宋、元,再到明、清时期,建筑色彩逐渐发展变化直至成熟。

早期,我国的传统建筑色彩比较纯粹、原始,所反映出来的传统文化也是很原始、很简单的,如白色代表纯洁、黑色代表深沉、红色代表热烈、绿色代表宁静等,都是体现出每一个色彩本身的意义。富贵阶层的宫殿、官邸等建筑,为了烘托出威严、高贵华丽的效果,因此在装饰上多运用青瓦或黑瓦及彩绘或油漆着色等方式来达到这样的目的。到了汉代以后,建筑的材料由原来的土砖或者夯土逐渐变成砖、瓦、泥石等,随着建筑材料的变化,它所赋予的建筑色彩文化意义也更加丰富。自北魏时期以来,制釉技术逐步发展,琉璃瓦也开始出现在唐宋时期,随着制作砖瓦技术的不断提高,琉璃瓦的着色也越来越丰富,因此也进一步丰富了我国的传统建筑色彩,后来又出现了琉璃砖,到了宋朝,琉璃砖的使用相对较成熟。唐代的等级制度划分十分明确,在皇室宫殿建筑上主要采用黄色,彰显出皇室的雍容华贵;在官宦的府邸,主要是青色、红色、蓝色作为主色调;而如果是普通平民人家的屋舍主要是黑、白、灰三色,由此可见建筑色彩是等级、权利、富贵的象征。而到了元代,它的建筑色彩是对于宋代建筑色彩的进一步继承与发展,由于元朝各民族文化、宗教的融合与交流,对于传统建筑的意识形态也注入了新的元素,元朝的建筑主要呈现出比较粗犷的特点,因此在色彩运用方面也是比较考究的,色彩图案或雕刻都是秀丽多姿、颜色绚丽。直至明、清时期,我国传统建筑色彩的发展开始走向成熟,建筑色彩所包含的文化意义也逐渐走向定型,而且越来越具有制度化、越来越具有政治意义。

(2)中国传统建筑色彩的分类

由于我国古代社会的等级制度和文化背景,因此我国的传统建筑色彩最鲜明的特征就是具有等级之分。由于时期和地域的差异,建筑色彩也是各有千秋。我国的建筑类型主要分为宫廷建筑、园林建筑、地方建筑三大类,而它们的色彩特征也是不一样的。

(3)中国传统建筑色彩的特征

中国传统的建筑色彩反映着我国的等级制度。颜色本身是没有任何意义的,但是随着阶级化的出现,色彩被披上了政治与宗教的外衣。我国从西周开始到明清,建筑色彩就代表着严格的等级制度。在西周时期,色彩就用于明辨贵贱和等级;到了先秦时期,就有规定不同等级的建筑的柱子用不同的颜色,而在清朝就有明确规定,黄色琉璃瓦只限用于宫殿、庙、陵等,王公府的屋顶只允许用绿色琉璃瓦,而对于普通老百姓是不允许用任何彩色的琉璃瓦,等级制度相当分明。因此,天子居住宫殿的屋顶色彩就是黄色琉璃瓦,王公贵族府邸的琉璃瓦就是绿色的,而大臣们和普通老百姓的瓦是灰色的,由此可见我国的建筑色彩等级制度十分明确。

中国古代建筑色彩体现了一种时代风尚。从南北朝到隋唐时期,宫殿和寺庙的建筑大多是白墙与红柱,而在柱、斗拱等处绘上各种彩绘,屋顶则是以黑色和少许绿色琉璃瓦覆盖。到了宋金时期的宫殿建筑,一般是白色的台基、红色的墙面、柱子及门窗、黄色和绿色的琉璃瓦,斗拱与额枋等处绘有青绿色彩画。到了明清时期,对于彩色的运用就更具有制度化了,宫廷与坛庙最喜欢的建筑色彩就是白色的台基、屋顶用黄绿色琉璃瓦装饰、墙面和柱子及门窗采用朱红色。由以上可以看出,我国的建筑色彩形成了那个时代标准化与格式化的格调。

中国的古代建筑色彩具有浓厚的哲学思想。我国的道家思想与儒家思想对我国的建筑色彩观念起到了一定的影响作用,如"五行"这一哲学理念就深刻地影响着我国的建筑色彩,从汉代发展到周代的阴阳五行理论就将五色所表示的方位具体化了,如青绿色表示东方、白色代表西方等。儒家的色彩观念里强调"礼"和"仁",这些哲学理念都深刻反映了我国的建筑色彩装饰,例如宋朝比较喜欢使用高雅清淡的色调,其无论是室内还是室外的,都追求稳重的艺术效果。

2.中国传统建筑元素之纹样

由于我国人类社会发展的初期,生存环境较恶劣、生产工具较原始、生产力较低下,人类的原始祖先将"图腾纹样"化作一种求生的希望或者比喻成美好寓意作为对生活的寄托,这也象征着我国纹样的诞生。我国传统的纹样有着五千年的悠久历史,它饱含着丰富的历史文化特征,纹样与人类的思想、民俗习惯、意识形态等密切相关,不同地区与不同民族有着不同的历史与文化,所以它们的图腾寓意也是不同的。因此,我国的传统建筑纹样是我国传统民族文化的象征,它具有民族性、地域性和文化性。

传统纹样依据不同主题、形状、寓意、题材等分类,种类繁多复杂,包括几何纹样、器物纹样、吉祥纹样、植物纹样、祥禽瑞兽纹样、人物纹样、动物纹样等。

第一,几何纹样又名抽象纹样,主要用于一些青铜器与陶瓷上的装饰,它主要包括席纹、雷纹、连珠纹、回纹、条纹、万字纹、锁纹、弦纹、蒲纹、谷纹、勾云纹、云纹、绳纹、绳络纹、盘长纹、方格纹、乳钉纹、旋涡纹、锦纹、龟背纹等,几何纹样多以曲线或者直线的形式存在。在传统建筑中回纹、云纹、冰裂纹等运用比较多,冰裂纹多出现在传统建筑的门窗或隔断上,回纹与云纹在传统家具或门窗等装饰上运用较多。

第二,器物纹样主要是祥云和器物组合在一起的图案,一般这些器物与佛教和道教都有关,它们一般是神明手中所持的法器,因此具有辟邪或者逢凶化吉的作用,主要包括山水纹、波浪纹、博古纹、绶带纹、太极图、八卦图、如意等。

第三,吉祥纹样包括杂宝纹、八卦纹、璎珞纹、宝杵纹、一根藤、岁寒三友(松、竹、梅)、竹报平安、连中三元、三阳开泰、海屋添筹、玉堂富贵、功名富贵、福禄寿禧等,这些纹样都被古人赋予了吉祥、美好的寓意。

第四,植物纹样种类多、形式丰富,而且很多植物纹样还因为植物本身的特征而被赋予了各种美好的寓意或者品质,受到人们的喜爱,如四君子(梅、兰、竹、菊)、卷草纹、石榴纹、团花纹、柿子纹、莲花纹、忍冬纹、水仙、长春花、折枝花、宝相花等。

第五,祥禽瑞兽纹样包括四神纹、麒麟纹、龙纹、凤鸟纹、狮子纹等,这类纹样一般都在宗教或者是政治领域占据很重要的位置。

第六,人物纹样包括佛教与道教,或者是神话人物的形象,如飞天纹、人面纹、舞蹈纹、婴戏纹、仕女纹、高士纹、农耕图、八仙纹、五伦图、牛郎织女、嫦娥奔月、女娲补天、十八学士、麻姑献寿、和合二仙、五子夺魁等,此类纹样多以当时社会时期人类的生活状态为原型,表达出不同阶层人们的生活状态,也传达对劳动者美德的一种赞扬之意。

第七,动物纹样所指的是被人类赋予了吉祥寓意的飞禽走兽,如喜鹊、鸳鸯、仙鹤、蝴蝶、孔雀、鸡、羊、龟等。

由于我国古人聪明的智慧将其日常生活中出现的动物、植物加上情感上的色彩,然后将其进行抽象的变形和美化,最终形成这些具有不同意义的丰富多彩的纹样,它们充满了情趣与美好的寓意,是我国悠久历史的一种沉淀,也反映着我国历史文化或者说建筑文化的一种演变,因此,我国的传统纹样具有顽强的生命力和颇高的文化魅力。

第二节　传统建筑元素在会所室内设计中的应用

一、材料与构件元素在会所室内设计中的运用研究

建筑的形成需要材料的支撑,而构件又是连接建筑每一个部分的重要物件,因此材料与构件都是建筑的根本。而在现代室内空间设计中,材料也是不可或缺的部分,将传统建筑材料运用于现代会所室内设计中的同时也是可以将传统文化引入进来的。我国传统的构件元素其造型极其美观,如斗拱、瓦当、门窗等构件元素,它们具有精致的造型或美观的纹样,将其妥善地运用于会所室内设计中,不仅能传承传统建筑文化,而且可以达到传统美和现代美的结合。

(一)材料元素的运用

1.体现自然美的木材运用

我国的传统建筑最大的特点就是以木料为主要构材,因此,我国传统的木材是室内设计中很重要的材料之一,它也是体现民族特色的重要设计材料。传统的木材用料是我国传统文化中的一块瑰宝,它能够代表我国的民族文化与民族特色。设计与材料是相辅相成的,材料的质感与色泽是能够直接影响设计作品的整体效果的,木材作为一个具有五千年悠久历史泱泱大国的民族特色化的材料,它在当代设计形势下是很受欢迎的❶。

随着社会的不断发展与进步,室内设计的竞争日趋激烈,在全球化的时代背景下,民族的、本土的设计语言越来越受重视,本土化设计要求设计师能够深入地了解我国民族化的材料与文化,并将其妥善地运用于室内设计中。木材具有容易让人接受的良好触感,而且木材的某一些强度与重量的比值比一般金属的比值都要高,它是属于质轻而强度高的材料,并且它具有天然美丽的花纹,有良好的装饰性能,而木质材料温润,其软硬适度的材料质地与我国儒家思想里的中庸思想有些相似,其文化特性极强,因此,木材在家具与室内设计中运用得比较广泛。

(1)木材在门窗中的运用

在我国的传统建筑观念中,门既可以是独立入口的门,也可作为建筑中不

---

❶许回收.传统建筑元素在展馆室内装饰设计中的应用[J].建筑工程技术与设计,2020(12):1138.

同位置所对应的不同的门板。随着工艺水平的提高,木材在门上的应用也逐渐增多,形式也越来越多。一般门的制作是将门框作为一扇门的基本形式,然后将薄的门板镶嵌在其中,这就是"软门"。"软门"的装饰感是极为丰富的,它的工艺水平也是极高的。后来有了"隔扇门","隔扇门"主要是由格心和裙板两部分组成,木工运用传统木材拼出方格、花格等纹样样式,然后在裙板处运用浮雕等手法来装饰,最后便制作成了传统的造型门。在现代,传统的木材在门里的运用一般有实木门和实木复合门两大类,实木门以木材作为门芯,然后经过抛光、开料等一系列工序才能制作完成,实木门的门板装饰大多是继承了传统门窗装饰中的线性表达,其材料大多会选择纹理、色泽和质地较好的胡桃木、柚木等木材。实木复合门轻且阻燃性很强,在目前的市场上它的种类更为丰富、价格更为优惠。

窗和门在建筑当中是属于一个体系的,隔扇门如果做成不完全落地的形态,可称为槛墙,而窗可作为幕式墙,这些都是我国传统建筑当中立面装饰的载体。木材在我国建筑的门窗设计中运用最为广泛,大多用作美化与修饰构件的作用。

我国传统木材在门与窗上的运用特点主要是:在门窗的设计中,一般会使用漏雕等技术和纹样相结合的样式,然后巧妙地将其线条感表达出来,并与墙体很好地结合。在现代很多室内设计中也把握了这一设计特点,然后运用现代的审美进行了一些改进,如著名设计师梁志天设计的上海九间堂,在入户门的设计中就运用了隔扇门中的"格心"木材装饰。在会所的室内设计中,我们也可以将这样的入户门设计借鉴过来,既可以把传统的韵味表达出来,也具有丰富的线条美感。

(2)木材运用于承重结构

在我国传统建筑中常见到的梁柱、雀替、斗拱等承重结构中其材料都是木材,这样的承重结构设计是非常具有民族特色的,如果运用到现代的设计中来也是极具民族特色的。例如,上海世博会中国馆的设计,它的设计理念就是将传统沉重结构简化而成,从外观上来看大气而具有民族化气韵,而在现代的室内设计中,承重结构大多是使用钢筋、混凝土等材料,然后运用木材进行装饰贴面,这样可以营造一种稳重大方的室内氛围。在会所室内的设计中,也可以运用这样的手法,不仅可以营造出会所空间大气的感觉,最主要的是稳重典雅的会所氛围是现代消费者所喜爱的。

（3）木材在顶面、地面、墙面中的运用

在现代室内设计中，传统的木材在天花与地面中的运用也是比较常见的，特别是在地面中的运用比较广泛。地面铺砖材料多种多样，木砖也是很常见的地面铺装材料，一般多以实木、红木来做地面铺砖，这两种木材的保暖性较强，因此，在室内空间设计及装修中也是深受人们所喜爱。

传统的木材在天花中的运用是设计师为了表达中式美学的重要设计手法之一，木材在运用于顶面上时主要有三种方式：天花、卷棚、藻井。这三种都属于顶面的结构形式，天花是指平坦的顶面，藻井是指具有穹顶结构的顶面，卷棚是指向上弯曲的拱形顶面，其形状是筒形的。天花和藻井的装饰在古代一般都是采用彩绘，其彩绘图案一般是一些吉祥的纹样，藻井的结构多以木条搭建，绘上色彩丰富的纹样彩绘，能够装点出富丽堂皇而且大气的室内环境。相比藻井而言，卷棚就相对比较素雅，它不喜装饰彩绘图案，主要运用木条来装饰，这样更加能够彰显出木条本身的特性和质感。

2.体现质朴美的石材运用

石材在建筑上的使用是十分广泛的，它相较于木材来说具有更持久的使用性，石材也是人类历史上最早使用的建筑材料之一。石材在我国的建筑上运用也是很广泛的，如石材质墙体、石材质雕刻、石材质台基等，石材的运用在建筑当中可分为结构材料和非结构材料两大类。

（1）石材用于结构材料

在建筑当中，石材质墙体、石材质梁柱等都是以石材作为结构材料的，在室内设计当中石材的运用较多，石墙和石柱在室内设计中常常可见，人类社会经历了从大小不一的天然石材到现如今有标准大小尺寸的石砖，这得益于加工技术和开采石材的工具的进步。在我国的传统建筑中，石墙体分为条石墙、虎皮石墙、碎拼石板墙、卵石墙四类，它们依据加工程度与石材的种类来划分。

虎皮石墙看上去是不规则的，它的石材是毛石，其石块与石块之间留有缝隙，十分美观，整体看上去像虎皮一般，这样的墙体在园林、居民建筑中经常使用。在会所的室内设计中也可运用虎皮石墙来作为一种装饰，形成一种石材的肌理感，营造一种安静的空间氛围。

卵石也是由许多形状大小不一的石头组成，看上去十分灵动，也具有十分强烈的肌理感，运用于会所的某一区域的墙面装饰可以形成一种韵律，传递出石材的表现力，达到一种很好的意境。

虽然石墙起到了结构支撑的作用,但是由于其具有良好的肌理质感,所以在会所的设计里可以将其运用作装饰,从而达到一种质朴的效果。

(2)石材用于非结构材料

在我国的传统建筑空间当中,地面铺砖多以石材为主,如故宫建筑外的地面就是用条石铺设而成,整齐而有规律,营造了一种庄严的氛围。而在我国的一些园林建筑中,地面铺设就相对活泼轻松一些,因为要营造一种放松和静谧的氛围。所以,在会所空间的某些特定区域,如通往包间的走道、通往屋外花园的走道、室内花园等这些场所可以用一些石砖来铺设,营造一种安静悠闲的气氛。

石材在我国传统建筑中除了用来做地面铺设,它还可用作石栏杆、石狮子等。在会所中,如要设计一种新中式或中式的风格,在门头处可运用石材雕刻石狮子,这是作为进门的一个装饰,这也是古代建筑中常用的装饰手法,沿用到现代来,可达到一种古朴的艺术效果。

(二)构件元素的运用

1.具有民族特色的传统门窗元素的运用

我国传统的门窗造型是几千年历史文化积淀下来的珍宝,五千年的历史年轮给我们留下了丰富的门窗元素,每一件门窗都深深地反映着我国优秀历史文化。在现代全球化的时代背景下,具有传统文化意蕴的室内设计是更具有吸引力的,而在会所市场越来越发展的今天,传统性与文化性的设计将更能深入人心。对于传统的门窗元素的运用无非就是对其形、意和神这三大块面的把控。

设计师越来越注重对文化内涵的追求,随着门窗元素在设计中的广泛运用,越来越多的空间喜欢用门窗的造型来做装饰。在经济全球化的带领下,文化越来越多元化,既有个性又具有时代特色的设计,越来越受人们喜爱。在将门窗元素融入会所设计中时,可以简化一些门窗造型里的过于复杂的装饰,然后融入一些其他风格的元素,并利用门窗的造型,在会所空间中作隔断或者屏风等装饰。

门窗元素的形虽然早就根植于人们的心中,并形成了一个比较具象的形态,但是对于门窗元素的运用绝不能够简单地复制。首先设计师需要对门窗元素的历史根源和文化内涵了解透彻,其次将其与现代的新型材料进行结合,或者是将一些复杂的门窗造型进行一些简化和省略,最后将其运用进会所室内设计中。

在整个会所里见到最多的就是对传统菱形网状门窗造型的运用,设计师把原有的外墙体拆除,然后运用玻璃落地长窗,它的外面用菱形网状格包围,格子之间是疏密有序的,屋外的阳光可以从格子的间隙间照射进屋内,形成的光影若隐若现,也似波光粼粼的湖面,这种感觉就像水墨画一般,层次感极为丰富。屋内与屋外的结合,不仅解决了潮湿阴暗等问题,而且也使整个空间充满了自然情趣,处在这样的空间里可以透过菱形格望到西湖及其周围的景色,大自然的婀娜多姿尽收眼底,呼吸间仿佛可以嗅到屋外自然的气息,让人觉得放松和愉悦。

传统的门窗元素运用于会所室内设计中,主要目的是希望将传统门窗元素所蕴含的文化韵味和其意境渗透进会所空间,从而使得会所空间具有传统的气息。意境的一种传达主要是想通过门窗元素来传递出传统文化的内涵,表达对中国文化的一种自豪感,这也算是满足现代人对于精神文化的一种追求了。因此,想要达到这种效果,就要充分地去认识到传统门窗的意义,然后将其与现代的一些材料或者设计手法相结合,形成传统和现代的一种交融。只有将传统的门窗元素的意境充分地了解,才能巧妙地运用于现代会所设计中来,并向世人呈现出具有中国特色的会所室内设计。

2.具有吉祥寓意的传统天花藻井的运用

(1)藻井的形式美感和文化价值

传统的藻井是传统建筑构件元素中很重要的一个部分,它属于室内顶部空间的装饰部分。在室内的天花中最显著的位置做一个圆形、方形或者多边形的凹陷空间,然后绘制图案或者雕刻一些花纹从而形成了"藻井"。藻井的样式丰富,装饰图案也极其美观。在现代的室内设计中,藻井可用于顶部空间的设计中,它能够起到良好的装饰性作用,同时也具备一定的功能性。藻井它独特的结构形式能够烘托出空间的氛围感,而且使空间具有很强的透视感和凝聚力。它是传统建筑里打造具有民族风情的室内空间的重要设计手法之一。

藻井不仅形式感极强,而且也具有美好的祝愿意义,我国的古代建筑多以木材为主要原材料,因为防火是古人最注重的,而"藻井"一词从它的名字就看出来它与水是分不开的,再联系到古代的风水学,藻井便具有了防火的美好愿望。由于藻井的结构是上圆下方,起源自古代的天窗的形式,这也符合"天圆地方"的中国古代宇宙观,因此在古人看来藻井是"天"的象征,便被古人视作"天人合一"的理念,传递出对"天"的一种敬畏感,古人把天地看作万物的根本,"天人合一"是古人遵循的人与自然和谐相处的观念,这也成了中国的正统文化思想。例如,北京天坛的祈年殿,其藻井是圆形的,作为"天"的象征,人们抬头仰望藻井中的龙凤纹时,好像在从地面向藻井望去,从而和天在沟通,传达出一种敬畏的情感,它高耸威严的形态的确让人心生敬畏。从情感的角度来说,藻井在室内的运用的确能够给人庄严的感觉。

(2)藻井的传承与简化

我国的藻井无论从形式还是装饰上来看,都是比较复杂的,特别是传统建筑中很多藻井中的纹样和色彩都相当丰富,如果将其直接运用于现代室内设计中来是过于复杂的,而目前室内设计的吊顶设计越来越趋向扁平化,为了顺应现代室内空间的整体风格,设计师也要将其进行简化和创新。

二、色彩与纹样元素在会所室内设计中的运用

全球化进程的加速,使得各国、各民族间的文化交融越来越密切,从而导致民族性、传统性、地域性越来越缺失。我国的现代会所设计在经历一番抄袭和模仿国外的时期以后,开始思考要挖掘出我国具有民族特色的内容。我国的传统色彩和纹样在我国的历史文化中占据很重要的地位,它对于我国的设计也具有深刻的指导意义。我国的色彩与纹样主要受到技术、材料、等级、意识形态等多方面的影响,通过分析传统建筑色彩和传统纹样,然后提炼出一些对于现代会所设计有帮助的色彩元素及纹样元素,然后将其归纳总结,并恰当地运用进会所室内设计中来。

(一)色彩元素的运用

1.传统色彩在室内空间界面中的运用

传统建筑色彩是随着历史的演变而不断发展的,因此在历史的年轮中它也是一种文化的象征。合理地将传统色彩运用于室内设计也会使得室内空间具有文化韵味,对于色彩文化设计师不能完完全全去直接模仿或继承,而是需要吸收传统色彩和传统色彩文化的精华部分,然后再加以发展和创新,只有这样才能巧妙地将色彩元素里的文化运用于室内空间中来,真正做到"神似"而不是简单的"形似"。

(1)传统色彩在墙面中的运用

墙体是室内空间的一个大背景环境,因此不宜大面积使用跳跃的色彩,应该使用清新淡雅的色调,而我国的传统建筑色彩包括色彩艳丽的宫廷建筑色彩和以黑白灰色调为主的江南建筑色彩。因此,我国的传统建筑色彩从总体上来看是对比比较强的,这是我国传统建筑色彩的一大特征。

(2)传统色彩在天花中的运用

天花在我国传统建筑中是用来遮盖屋梁以上部分的,在我国古代,天花大多数是以纹样彩绘的手法来进行装饰,纹样图案所占面积也是比较大的。在现代室内设计中,天花是趋向越来越简单化,正所谓"扁平化"设计,天花的设计有些是利用材料本身的颜色,有些是利用现代的一些材质。总而言之,现代人对于天花的设计不会像古人设计得那么复杂。

(3)传统色彩在地面中的运用

在室内空间中,地面的装饰是不可或缺的一部分,一般地面的设计都是运用纹理及色泽美观的地砖,或者地毯等地面装饰材料,但是也有一些设计师结合主题然后用一些图案来表达其设计创意。在地面上运用图案来装饰和点缀是最能表达艺术风味和艺术风格的一种地面设计手段。

在我国现代室内地面设计中,传承了部分古人设计地面铺装的传统韵律美,然后运用现代人的审美标准,将地面铺装设计成简洁明快的效果,既简单大方,又不失时代感。

我国传统建筑色彩在地面中的运用,大多是以纹样图案或者小面积框边的形式出现,很少有大面积在地面中使用传统的建筑色彩,因为,传统建筑色彩的颜色大多较深和较艳,不适合大面积作为地面铺砖。例如,在地面中运用传统纹样回纹和江南建筑色彩里面的深褐色作地面装饰,"回"字表达一种回归、圆满等美好寓意,传递一种传统纹样所特有的传统文化精神,深褐色的回纹装饰给浅色地面起到了点缀作用,让简洁的浅色地面显得更加丰富,装饰性更强。

2.传统色彩在会所家具与软装陈设品中的运用

软装陈设品在室内空间的作用就像山丘上的树,树干上的绿叶,绿叶上的红花,它主要是起到了提升空间氛围和增强空间格调的作用。在软装陈设品的设计上主要注意它与空间整体风格及色调的协调统一。例如,在东南亚风格的空间里,在软装陈设品的设计上尽量选择实木、藤、竹等材质,这样它们自然古朴的材质质感能渲染出空间自在、惬意的氛围。

家具与软装陈设品在会所环境中起点缀与装饰的作用,它能够很好地增强空间的层次感和弥补空间设计上的一些缺陷,因此,在一个空间中家具或陈设品的颜色可以稍微艳丽或者稍微浓重一些,这样才可以在浅色墙面与地面的对比下,衬托出整个空间的层次感。在某些情况下,家具的色彩是为了呼应整个空间大环境,设计师会将家具的颜色和整个空间的大色调统一,而软装陈设品绝大部分情况下是起点缀整个空间作用的,因此,软装陈设品的色彩基本不会和整个空间的颜色一致。

(二)纹样元素的运用

随着全球化的脚步加快,国外的思想与文化迅速而猛烈地涌进中国,并渗透到各个领域,国家与国家之间、地区与地区之间的差异日渐缩小,设计理念逐渐走向一体化。中国作为四大文明古国之一,拥有上下五千年的悠久历史,祖先留给了我们灿烂的历史文化,但是随着外来文化的引进,我国深厚的传统文化受到了强烈的冲击,我国的民族文化陷入了困境,我国的会所室内设计也出现盲目学习国外风格的现象,在这种情形下,只有深入发掘我国优秀民族文化,继承和弘扬我国的传统文化,并将中华传统文化的重要组成部分之一的纹样元素运用到会所室内设计中来,才能形成具有中国传统风味的室内空间设计,形成一条具有民族特色和地域特色且顺应全球室内空间设计潮流的道路。

为了顺应这种发展潮流,满足人们对于会所环境的奢华、舒适、浪漫等不同特色的要求,设计一个具有传统文化气息且高贵典雅的会所空间是切实可行的,它能够满足人们内心对于精神文化和物质享受的双重追求。接下来通过对传统纹样元素分析,然后将其进行传承与创新,并运用到会所室内设计中。设计师可以把传统纹样中较好的纹样题材或纹样形式直接运用进会所室内设计中,也可以利用现代的设计手法和设计理念将传统纹样元素进行提取、打散重构、组合、夸张创意等,使它们既具有传统内涵又具有现代美感,符合现代人们对于美的观念。以现代人的设计思维和现代的设计材料、技术巧妙地结合,并将传统纹样元素概括总结成现代的设计符号,最后设计出具有传统韵味和现代审美情趣的会所空间。

在中国上下五千年的历史长河中,中国传统纹样历经了发展与演变,纹样形式多样、种类繁多,内涵丰富,提供给我们了充足的借鉴与学习的空间。但是,对于纹样元素的直接提取与运用,并不是直接全盘照搬照抄,而是提取其中好的纹样样式,直接运用到会所室内设计中。现在很多的室内空间对于纹样元素的直接运用更多的是针对一些形式感强或者是内涵丰富的传统纹样,对其形式美感的吸取、吉祥色彩的运用和创作方法的领会,以及对于传统纹样的内涵的吸收。

在现代的室内空间中,对于传统纹样的直接应用还是比较常见的,传统纹样的题材多样、寓意吉祥,我们可以直接选取,如人物纹样、植物纹样、器物纹样等都具有浓厚的吉祥寓意和地域特征,在现代的会所室内设计中,可以将其直接运用在一些家具的设计或者是隔断设计中,它们装饰感强烈。

我国传统纹样当中的几何纹样种类很多,它们的形式感和美感都很出众,在室内空间当中也是广泛运用,如冰裂纹、云纹、回纹、锁纹等,这类纹样在最初是表达一种对生活的美好寓意和寄托,而现代对于这些纹样的使用,更多地只是注重装饰美感,而忽略了对于纹样美好内涵和寓意的传承。在运用纹样的时候需要把握两点:①不要将多种纹样元素同时使用,为了避免出现过于烦琐和累赘的现象,只需要选择一至两种纹样同时直接使用就好;②在做一个设计的同时要找到与此设计的理念相契合的传统纹样,不能够单纯地追求装饰美感而生搬硬套。

第三节　陕南羌族建筑装饰艺术在室内设计中的应用

一、羌族建筑形态的特点

(一)羌族建筑概述

1.建筑类型

(1)居住建筑

第一,乡村居住建筑。这一地区人们还是以务农为主,一部分青年在外务工。住宅多为大家庭,与长辈同住。长期以来受到地理环境的影响,乡村民居建筑多是两到三层为主,高山寒冷地区多是平顶的独栋式建筑,墙体较厚,开窗面积较小,注重保温,河谷地区主要采用坡屋顶,利于排水,开窗面积较大,更注重采光。建筑平面由火塘作为主体展开,底层为牲畜圈,二层为起居、厨房等生活空间,三层为卧室,厕所一般独立设在屋外或者设立于底楼的牲畜间。建筑材料选用多为砖、石、木,部分采用土做外墙装饰。色彩并不明亮与所处环境良好贴合❶。

第二,城镇居住建筑。城镇居住建筑同乡村居住建筑是不同的,原因是城

---

❶唐琦,王少婧.多元文化在羌族建筑装饰艺术中的体现[J].中华文化论坛,2013(2):149-154.

镇人们大多数不是以务农为主,因此家庭成员结构也有所不同,是以小家庭为主。城市的地区多为平原地区,建筑平面则是以人们的主要活动场所客厅展开,厕所已经放入室内,建筑的外观较为工整,并加入了羌族的元素,如白石、窗栏及贴石的外墙装饰。材料的选择主要为砂、石、水泥和瓷砖,颜色相比较于乡村住宅明度稍大,但也加入了对环境的考虑,并不显得突兀。

居住建筑无论是乡村还是城镇都给人平易近人的感受。

(2)公共建筑

第一,办公建筑。办公建筑主要在乡镇当中,行政办公建筑单体造型多以对称为主,一般办公建筑就要随意一些,形态更为多变。因为地震原因,平面都较为工整,没有采用异形的,只是通过凹凸进行处理,利用实体墙和窗户营造出虚实变化,设计出不同的造型。因为办公处理的需要,开窗较多,立面处理更为通透。另外,因为建筑体量比居住建筑大,所以没有再采用砖石结构,都采用现代抗震的框架或者框剪结构。在颜色选用上注重沉稳、大气。

第二,教育建筑。羌族所在的大部分地区都受到了汶川地震的影响,教育建筑受到了不同程度的破坏,有些进行了重建,有些进行了加固。不过加固的建筑形态也大体上同新建的建筑拥有类似特征。现在所见的教育建筑形式主要是从西方传入,我国传统的学堂类似于民居的建筑类型,同现在普遍使用的已经大有不同。但是,如今的教育建筑也没有完全抛开传统,只是笔者认为现代建筑的构造和形态更适合学生和老师的使用。

教育建筑形态构成相对于办公建筑来说就灵活得多,大面积的开窗,墙面利用阳台做出凹凸感,让整个建筑显得活泼。教育建筑一般都不是单独的一栋,所以建筑组合之间交通流线的组合也是值得注意的,层高进行了严格的控制,一般不超过四层,结构多采用框架和框剪结构。颜色上较为简洁,黑白灰的组合,在稳重中透出一些活力。

2.分布特点

过去的羌族建筑大多数沿岷江干流与支流黑水河、杂谷脑河及其大大小小的溪流河谷地区分布。在河谷中又分谷地、半山腰和高半山的垂直分布三种情况。河谷底部的冲积平原地区,因为土壤肥沃、交通便利、靠近水源等因素作为优先选择;半山腰的地方,有耕地,也可以依山势范围,这也是良好的选择;在高半山分布的建筑由于交通不便的原因,具有天然的防御优势,不过并不是如今人们优先选择居住的地方,当然也因为这些原因,高半山的羌族建筑较为古老,为我们研究羌族建筑最传统的建筑形态提供了良好的实物参照。

如今的建筑分布最为相关的因素是交通。乡村当中的公共建筑,如学校、办公楼一般都分布在乡村主干道附近,方便人员进出,而且如果有意外情况发生也能够很快地疏散。城镇当中的建筑分布相比乡村来说,建筑分布更为集中。居住建筑一般就按照城市规划的划分修建,沿着街道布置建筑区域,形成居民区和公共建筑区域。同时还因为每个地区所处的环境不同,分布也发生改变,拥有河流的,会沿着河流布置;拥有山地的,也可以靠近山地集中布置。

不过羌族建筑的分布当中也出现了一些问题,尤其是建筑形态缺乏羌族建筑的个性,跟使用者及环境产生距离感,有些也对城市的天际线失去了控制,一部分是城市天际线显得很平,没有起伏;另一部分是高低起伏没有韵律感。这些问题都应该在设计当中注意,修筑一个既能够满足人们的使用,又具有美感的建筑群。

(二)羌族建筑形态构成元素分析

1.入口空间

门作为出入口,这只是门的基本定义,但进一步分析,通过门从一个空间进入另一个空间,门起到了界定空间的作用。门内是内部空间,门外是外部空间,以门为连接点,内外空间清晰明了。

(1)外凸类

外凸形式的门,主要是仿照汉族的垂花门形式。垂花门屋顶前檐的两根柱子不落地而悬在空中,柱子的顶端雕刻成花状作为装饰。让外凸的结构成为人们的视觉焦点,引起人们的注视。垂花门的形式就是将醒目的符号、标志及细部装饰来对门头进行重点处理,加强节点的明晰性,以此来强化入口的存在。

(2)内凹类

内凹型增加了建筑的层次感。空间的丰富变化能够引起人们的好奇心,过于单调重复的视觉环境会产生生理上的厌倦,让人有枯燥乏味的感觉。内凹型就是利用空间产生突变,增强入口空间的场所感,以此来吸引人的注意。

(3)平门类

平门类是最常用的一种门的形式。当整个建筑的造型已经足够丰富的时候,不用再利用门丰富造型,这个时候,简单的空间反而更能够吸引住人们的视线,能够迅速地找到入口位置。

2.望楼

望楼是在高处建一个可以瞭望的地方,一般建于碉楼之上,遇到紧急情况或者发现敌人来袭,可以提前做好防御。如今已经不涉及防御的问题了,更多的是作为一种建筑形态的装饰部分,或者传统碉楼保留下的部分,作为游客观光使用。

3.挑台

羌族的挑台有两种形式,一种是类同于现代建筑当中的阳台,属于室外活动空间,采用石材贴面和木材作为栏杆,整个挑台的形态具有羌族建筑的特色,也能够很好地与现代生活相互融合;另一种是封闭式的,挑出部分用柱子支撑,不属于人的活动空间,增加了外部形态的多样性,为石材贴面的形态中添加了不同的因素,打破了厚重的空间感受。挑台多用木材,挑出部分不多,这是为了整体稳定性。

4.屋顶

羌族建筑由于所在地域不同,人们对于建筑的诉求不同,所以屋顶主要有两种类型,一种是平屋顶,多出现于高原高山寒冷地区;另一种是坡屋顶,多出现于平原湿热降雨较多的地区。平屋顶能够为提供大面积的晒台,便于粮食的晾晒,羌族因为历史原因很重视对粮食的储备。坡屋顶当中羌族非常有特色的便是片石屋顶,同其他坡屋顶的功能是相同的,只是用片石当作瓦片,这种屋顶形式同羌族石材资源丰富有关,同时也表现了羌族工匠的高超技艺。

5.勒色

勒色是羌族宗教的核心建筑,主体为土石台建筑物:"勒色为石砌立方体或锥柱体。纵截面为等腰梯形,两腰凸凹。勒色本体分为内外,上、中、下结构象征天、地、人。勒色的外部上中下分别以三块方形石板为台面,均有圆形穿孔,上下对应。"

勒色多建筑于碉楼、民居的最高处或者山顶上。勒色是羌族建筑最自然的、最神圣而又经济、简略的精神符号之一。作为表达信仰的符号,它没有带给人沉重压力。以小、经济、实用的有限形式,象征了羌族信仰精神的无限指向。

6.碉楼

碉楼具有很强的军事防御功能。在院落式羌族建筑当中,碉楼多位于墙的转角处。这样做不仅能加固外围墙体的整体稳定性,同时碉楼作为一个强有力的军事防御要素能够让每一个建筑群都有一个防御功能建筑。碉楼多由夯土和石块共同构成，没有统一的尺寸，按照经济能力修筑，多有收分。碉楼当中还留有很多射击孔洞，这些小细节都反映出碉楼的防御功能。如今羌族建筑当中仍然延续了碉楼的建造，可是使用功能发生了很大变化，传统的碉楼改成了居住使用的房间，只是采光性不好。新建碉楼建筑当中已经不再预留枪洞，只是作为羌族最具特色的建筑形态，传承了下来。

二、羌族建筑艺术在室内空间中的转换

（一）羌族建筑艺术在室内空间中的创新转换背景

在羌族建筑艺术的应用上，已经有很多前辈做出贡献，在笔者的资料收集和分析之中虽然有不少可圈可点，但是大都没有走出生搬硬套、材料堆砌的使用圈子，优秀的地域文化空间设计仍然需要我们不断努力创新。特别是近几十年来，新科技、新材料的出现与发展，地域文化下的建筑艺术形式也发生了质的变化。新材料、新技术似乎对现在的地域文化做出了全新的解释。羌族建筑艺术本来的一些传统的应用手法已经不能满足现在的空间的使用，大量地应用传统设计手法不但造价昂贵，也不符合时代的发展，所以，羌族建筑艺术在室内空间中的新型转化应用势在必行。

（二）羌族建筑空间布局在室内空间中的转换

笔者已经对羌族建筑艺术特别是羌寨的科学布局做了详细的介绍，同时也对羌族民居的建筑构造做了详细的说明。经过笔者归纳，羌族建筑的基本特点有三个，其一就是羌族建筑选址一般都讲究依山傍水而建，在建筑选址上选取有利地形，便于防守；其二就是羌族的独栋建筑一般都最少有两层，在建筑空间中布局功能全面，一般都具有门厅、客厅、主室、灶房、储藏室、卧室等基本功能布局，有些民居或官寨在自身成为一个独立的功能体系的基础上还建有碉楼，所以大多羌族建筑的功能布局是非常完善的；其三就是羌族建筑的内部动线极为合理，出于防御的考虑，羌族建筑的内部动线灵活多变，由入口处进入建筑主体，房屋一般有多个出口可通向外部空间，同时有些碉楼有过街楼相连，可跨街窜巷，碉楼屋顶家家户户可以相互连接沟通，真正实现了一寨是一城，一城是一碉的格局。

在了解了羌族建筑构造以后，如何把羌族建筑艺术应用到现代室内设计空间中，就是我们研究的关键。在背景中笔者有提到，大多设计师在地域文化应用上，往往都是把地域中的材质进行重新堆砌，在空间格局的应用上，也存在相

似的问题,经过笔者归纳主要分为两种:一种是直接运用羌族的民居或官寨的结构布局,这种方式虽然保留了羌族建筑结构的空间布局原样,但是并不适应于所有的建筑类型空间。就拿青年旅舍来说,一般的民居结构虽然完善,但是远远不能满足一个青年旅舍对于客房空间、活动空间等空间的要求,同时居住空间的人流动线设计和公共空间的动线设计有着非常大的区别,所以说直接使用羌族或官寨的格局是不可取的。另一种完全使用现代的建筑功能结构,把羌族的建筑装饰手法应用到空间中去,这也是现在大多数设计师所应用的设计手法,但是这种设计方式虽然解决了功能布局的问题,但是完全失去了羌族建筑艺术的趣味性,这也不是设计师的上上之选。笔者认为,在此基础上,可以保留一些羌族的建筑结构形式,装饰也好,功能也罢,这样会有更好的效果。同时,这样的应用转换羌族建筑的布局形态,既不是对过去羌寨建筑形式的生搬硬套,也不是对羌族原有结构布局的过分依存,形成了自己的理论应用框架,那么,什么样的空间都可以根据羌族的动线布局提取其有用的部分进行合理化的设计。

(三)羌族建筑构件在室内空间中的转换

无论是青年旅舍,还是其他的室内空间,对羌族建筑构件的应用,一定要有创新性的转换,羌族的建筑构件种类繁多、五花八门,但是文化特征比较明显的地方主要集中在羌族的门窗、中心柱、民居的屋顶"勒色"及羌族的"房号"和挑梁等建筑构件,下面笔者对这几样比较有特色的羌族建筑构件进行分别研究说明。希望通过笔者的研究可以对羌族建筑艺术中的这些构件在室内空间中的应用起到一定的参考价值。

1.羌族建筑的门窗在室内空间中的转换

上文提到羌族建筑的门窗受汉文化影响严重,但是大小尺寸等一些细节上又与汉文化有着很大的区别,因此也形成了自己独特的特色,我们在室内空间中的应用上要推陈出新,提取羌族建筑中门与窗的一些羌族地域文化特色比较明显的元素进行设计,如羌族建筑中的花窗,我们提取其最能表现羌族文化的部分,窗户上的羊图腾图案和窗子边上的羊角卷曲的图案。图案选择合适,但是我们不能直接使用,因为直接使用并没有创新性,这样直接地去使用最多就是可以体现羌族历史上的建筑原貌,无法体现其"动态性"地域文化。所谓的动态性地域文化是随着时间的发展发生着变化的地域文化,也就是说羌族原来的这些图案的提取我们要进行新的加工处理,图案可以变换材料表现,用现在的建筑材料表达。例如,羊头的图案笔者认为可以用不锈钢材质表现其特点,在空间变换上,窗花上的图案可以应用到前台装饰或者隔断的装饰之上,从界面上发生变化,也是一种创新式设计理念。另外羌族民居中的门神石敢当,它是羌族地域文化和汉文化融合的一个表现,一般被应用到室外的空间之中,笔者觉得这种极具装饰性的图案在建筑空间内部使用也是非常具有特殊韵味的。可以把其理解为一个雕塑品应用。不但可以提升整个空间的文化氛围,而且可以保留比较朴实的地域文化特征,这样的设计是把地域文化中动态性的特征当作固态来用,这是对羌族建筑构件的创新应用。

2.羌族建筑的中心柱在室内空间中的转换

羌族的中心柱在建筑艺术当中举足轻重,它与羌民的角神、门神等处于同等重要,是羌族地域文化的重点所在。但是,现代的建筑结构已经发生变化,过去羌族建筑是以夯土结构为主,大都是以墙体承重,房屋内部的中心柱是游牧民族帐篷中心柱文化的演变,是游牧民族对于祖先的一种崇拜。而现在的建筑形式大都是整体框架结构,柱子数量众多,一般出现在建筑的边缘地带,数量比较多,没有必要每一根都进行装饰,同时也已经偏离了中心柱"中心"的限制。在这种情况下如何在室内空间中应用中心柱文化就是我们创新设计的关键所在了。笔者对中心柱的创新转换应用原则概括为两点:其一,如果柱体数量大,选择主要柱体进行装饰,其他柱体可以辅助装饰或隐藏。其二,如果是墙体承重结构建筑,没有明显柱体在建筑空间内部之中,可以在不影响建筑美观与布局的情况下添加装饰柱体。在装饰应用上可结合羌族的宗教文化,突出其神秘性色彩,也可结合新型材料应用,这就比较灵活多变了。

3.羌族建筑屋顶的装饰在室内空间中的转换

羌族的屋顶上常见放置白石的塔子,前文有提,羌族称其为"勒色",是地道的羌族产物,装饰于建筑物的最高处,象征着宗教信仰和民俗习惯,这也算是羌族建筑艺术的一个重要组成部分。在对塔子的创新应用上,笔者认为可以从其建筑形式上创新变化,首先可以对其形状进行归纳创新,塔子分为三层,非常有规律性,我们可以就其规律性创新应用,可以将其应用到室内空间之中作为一个装饰性的艺术品,也可以就其特别的形状将其设计成台灯或椅子等空间家具或装饰构件,起到地域文化的代表作用,同时还可以对其材质进行替换,不一样的材质会产生不一样的视觉冲击力。

4.羌族建筑房号在室内空间中的转换

房号的建筑艺术是羌族建筑艺术中所独有的,其建筑形态极为特殊,多以万字符有关联的形态演化而来。一些考古学家和建筑学家目前对其的解释还是颇有异议,有些学者认为是"万字符"的演变,有些学者认为是"太阳纹"的一种变化,还有些学者认为是对姓氏相同的羌族部落的一种区分。但是,不论哪种说法,羌族房号具有非常强的装饰性是毋庸置疑的,所以从装饰性上分析,笔者认为可以在现在的室内空间中大做文章。

第一,可以作为装饰画的元素被应用到室内空间之中,其特有文化图案可以起到很强的装饰效果。

第二,就其神秘感作为公共空间之中的神秘感装饰物,因为不是所有的饰品都是可以解释的,为羌族地域文化下的装饰艺术的神秘性起到很好的烘托作用,神秘性的地域文化是旅游文化中吸引旅客的一大亮点。

第三,从其功能性上分析,笔者认为这种符号可以就其形状进行装饰设计,如放大它的倍数也许可以就其形状做一个特殊的窗户,这是功能性的创新,同时我们也可以打破常规的"房号"理解形态,本来羌族的"房号"是对姓氏相同的羌族部落的识别,我们可以将其创意为青年旅舍中房间的房门符号,每间房都有其自身的房屋符号,房号的创意也可不必太过守旧,可以根据羌族文化创作一些新的具有代表性的符号。没有必要只限制在"万字符""太阳纹"这两个概念之中。

5.羌族建筑中的挑梁在室内空间中的转换

对于羌族的挑梁,是我们合理创新羌族地域文化在空间中应用的一个重要点,我们知道基本上所有的羌族本土建筑都会有挑梁延伸出来,这是羌族建筑的本土文化特色,也是羌族建筑功能的必须,羌族建筑的挑梁一方面起装饰作用,另一方面是为了可以搭建更多的建筑做的前期铺垫。羌族建筑的挑梁过去一般都是为了搭建过街楼或延伸出房间使用的,近代以后主要是装饰作用,这充分体现了地域文化的动态性,对建筑本身的影响。笔者在研究挑梁的创新型应用时,希望把羌族的挑梁文化应用到室内空间中去,弱化其建筑功能,增加其装饰功能,同样在材质上也可以大胆创新,也许可以体现出不一样的地域文化效果。

参考文献

[1]鲍艳红,国娟娟,彭迪,等.商业空间设计[M].合肥:合肥工业大学出版社,2017.

[2]曹梦媛.室内设计中装饰材料与构造的应用[J].明日风尚,2017(9):22.

[3]陈光锋.酒店建筑——探讨商务旅馆客房设计[J].建筑工程技术与设计,2017(19):853.

[4]陈露.建筑与室内设计制图[M].合肥:合肥工业大学出版社,2019.

[5]陈永红.住宅空间设计[M].北京:中国建材工业出版社,2020.

[6]方燮.传统文化元素在建筑设计中的应用分析[J].百科论坛电子杂志,2021(24):2632-2633.

[7]耿暖暖.室内设计理论基础课教学及考试改革探索[J].教育教学论坛,2015(36):129-130.

[8]关贺恭,韩永红.室内设计中传统装饰元素的应用[J].中国文艺家,2019(2):172.

[9]黄玉枝.餐饮空间设计[M].沈阳:辽宁科学技术出版社,2017.

[10]赖海平.浅谈室内环境装饰设计的风格[J].建筑工程技术与设计,2018(25):929.

[11]李中.探讨现代建筑的室内装饰装修设计[J].建筑工程技术与设计,2018(27):34-57.

[12]林华秋.室内空间与家具陈设有机融合设计[J].建筑结构,2021,51(7):153-155.

[13]盛繁.室内设计施工图纸深化流程与注意事项研究[J].华东纸业,2021,51(6):179-181.

[14]时培文.中国传统风水文化在室内设计中的运用分析[J].艺术科技,
　　2019,32(1):211-212.

[15]孙小铭.设计沟通价值——室内方案设计思考[J].城市建筑,2015(20):10.

[16]唐琦,王少婧.多元文化在羌族建筑装饰艺术中的体现[J].中华文化
　　论坛,2013(2):149-154.

[17]汪丽媛.室内设计美学分析和应用[J].长江丛刊,2018(16):92,104.

[18]王沛.室内设计的发展应用[M].成都:电子科技大学出版社,2015.

[19]文克君.住宅室内空间设计研究[J].建材与装饰,2017(25):75-76.

[20]许回收.传统建筑元素在展馆室内装饰设计中的应用[J].建筑工程技
　　术与设计,2020(12):1138.

[21]张彪,杨强,邹妍.室内设计与传统文化[J].建筑工程技术与设计,
　　2019(25):960.

[22]张克刚,徐健程.浅析办公室空间设计[J].明日风尚,2017(7):398.

[23]赵晓菁.现代室内设计的风格探索[J].明日风尚(下旬),2021(5):
　　101-103,149.

[24]周方舟.浅谈中国传统文化在室内设计中的传承[J].工业设计,2018
　　(5):63-64.

[25]朱亚明.室内设计原理与方法[M].长春:吉林美术出版社,2019.